日本建築学会 編

まちの居場所

ささえる／まもる／そだてる／つなぐ

鹿島出版会

Chapter 1
「まちの居場所」の広がり

Chapter 5
パブリックシェルターとしての
「まちの居場所」

Chapter 12
私有を共有する居場所

Chapter 2
「まちの居場所」の
背景と意味

Chapter 10
誰もが役割をもてる
施設ではない場所

Chapter 7
戸外の居場所

Chapter 13
使いこなしによって
自ら獲得する
「まちの居場所」

Chapter 3
当事者による
場づくりの時代

Chapter 8
「福祉」の視点で見た
「まちの居場所」

Chapter 11
「まちの居場所」としての
公共図書館

Chapter 6
フリースクールは
なぜ居やすいか

Chapter 14
「まちの居場所」の
アイデアガイド

Chapter 15
「まちの居場所」の
ブックガイド

Chapter 4
生きる希望を失わせない
環境

Chapter 9
人びとをつなぐ
プラットフォームと
プレイスメイキング

はじめに

　1990年代後半から、「居場所」概念の社会浸透とともに、さまざまな「まちの居場所」がつくられてきた。その多くは既存建築物を転用したケースであり、既存の建築物やまちを見直し、まちなかにおける人びとの生活の質の向上・改善を目指す「まなざし」によって生み出されてきた。

　このような流れの中、日本建築学会建築計画委員会では、1996年4月に「環境行動研究小委員会」が発足し、2000年4月には、同小委員会傘下に「場所研究ワーキンググループ（WG）」が設置された。そこでの議論の中心は、全国各地のまちかど・まちなかで、興味深い「居場所」が生まれつつあり、この現象を人間─環境系の視点から考察することであり、このような「新しい場」をいかにして計画すべきか（計画できるか）といった命題に取り組むものであった。

　また、「まちに居場所は増えたのか?」といった端的な疑問に対して、建築計画研究および環境行動研究に関わる者が、どのように応答し、どのような空間を「居場所」と呼び、どのような論考を重ねているのかを明示する必要性もあった。

　この議論は、2005年の日本建築学会大会における建築計画部門懇談会「街角の居場所の創出　実践者を迎えて」でひとつの区切りを迎えた。懇談会のまとめでは、「場所の価値」「実践の取り組みの価値」「関係の価値」「人の価値」という四つの価値が示され、ある空間がある人びとにとって「居場所」となるには、「ある目的に向かってつくる」という従来の計画論ではなく、「ある状況に臨機応変に対応しながらつくる」という新しい計画論が必要であることも示された。

　また、「街角の居場所」の実践者は、単なる施設の維持管理者ではなく、その場に居る人びとにとっては、実践者自身が環境であり、実践者の振る舞いや実践者がつくり出す空間も環境であり、そういう環境と人びととの関係を丁寧に紡いでいく必要性も指摘された。

　懇談会の後も場所研究WGにて議論が継続され、その成果は、2010年に東洋書店より刊行された『まちの居場所　まちの居場所をみつける／つくる』（日本建築学会編）に結実された。同書では、当時の最新の事例として、「ひがしまち街角広場」「佐倉市ヤングプラザ」「下新庄さくら園」などのフリースペース、「親と子の談話室・とぽす」などのコミュニティカフェ、「いちょう団地」などの居住空間、「御射山公園」「湊町リバープレイス」などの都市空間を含めた19例の「まちの居場所」が紹介

されている。また、「まちの居場所」がどのようにみつけられ、つくられるのかが詳細にレポートされている。さらに、「まちの居場所」とは、計画論によってつくられているものではなく、自然発生的に生まれており、柔軟な運営により、状況に応じて変化することが可能であることや、公共施設以上に公共性が高いこと、人と人とのリアルなつながりが生まれやすいことなどが示されている。

2010年以降も、「まちの居場所」は成長を続けた。この流れを受けて、場所研究WGは、研究対象を、物理的な空間を伴う「まちの居場所」に焦点化し、「『まちの居場所』研究ワーキンググループ」と改称し、議論を続けてきた。

2010年刊行の『まちの居場所』の成果に立脚し、「まちの居場所」のその後の動きを研究するとともに、「まちライブラリー」の多様な展開、「武蔵野プレイス」などの公共図書館の変貌、「居場所ハウス」などの東日本大震災からの生活再建支援のための居場所、「あがらいん」「ひなたぼっこ」などのパブリックシェルター、「西圓寺」などの地域に開く福祉の居場所など、2010年以降に生まれた最新の事例研究を行った。その結果、「まちの居場所」をみつける、つくるとともに、「まちの居場所」に関わる「ささえる」「まもる」「そだてる」「つなぐ」という視点の必要性に行き着くことができた。

建築の計画・デザインの方向性は、いまや「よりよくつくる」から「よりよく使いこなす」へとシフトしている。「まちの居場所」に関わる支援・保全・育成・継承などの課題、「まちの居場所」づくりにおける「あるじ」やファシリテーターなどの役割や課題については、個別の「まちの居場所」のケーススタディとフィードバックを超えて、「論考」のレベルにまで普遍化させる必要性がある。本書は、そのような必要に迫られて企画されたものである。

さらに、本書は、2012年4月から現在までの「まちの居場所」研究WGの研究成果である。2015年2月には執筆者がレジュメを持ち寄って拡大研究会（環境行動研究小委員会・「まちの居場所」研究WG共催）を行い、その内容をほぼ固めた。

本書は3部構成となっている。Part 1は、総論として、3人の論者が、「まちの居場所」をめぐる最新の動きを論じている。まず、田中康裕が、2000年以降、従来の施設とは異なる「まちの居場所」と呼ぶべき新しい建築タイプが同時多発的に形成されていることを指摘し、居場所の意味に言及しながら、「まちの居場所」の広がりについて論じている。次に、橘弘志が、そもそも「まちの居場所」という呼称がどのようにして生まれたか、それは「場」や場所、あるいは単に「居場所」と呼ぶ場合とどのような差異があるのかなどについて、従来の建築計画学におけるビルディングタイプではうまく説明できない「まちの居場所」の特性

を取り上げながら、その社会的意義、相互浸透的意味について論じている。そして、鈴木毅が、もはや現代は、お仕着せの施設では生活者が必要とする「場」にならず、必要な「場」は、当事者が自らつくる時代であることを指摘している。Part 1では、現在の「まちの居場所」の多様な展開を、俯瞰的な視点で論じている。近年の建築計画学・環境行動論に軸足を置いた研究成果として、普遍化されたレベルに達したと自認している。

　Part 2は、10人の論者が展開する研究・実践活動を通した「まちの居場所」に関する論考である。まず、三浦研による「マギーズセンター」に関する論考、石井敏による制度の隙間を埋めるパブリックシェルターに関する論考、垣野義典による既存の学校に居ることができない子どもたちが、なぜ「フリースクール」には居ることができるのかという問いへの応答を掲載した。これらは、人間が人間らしく、「個」としての尊厳を保ちながら生きていくための「居場所」と言うことができる。次いで、厳爽による単体の「高齢者の居場所」が地域へと展開し、高齢者が住みやすい状況になっていることへの論考、松原茂樹による福祉の視点からの「まちの居場所」に対する論考を掲載した。これらは、福祉的な視点で「居場所」を論じたものである。さらに、林田大作による地域コミュニティのためのプレイスメイキングによって人びとがつながっていく状況への論考、田中による東日本大震災の被災者支援・自立支援のために設立された居場所ハウスの継続的な調査、運営者(あるじ)・利用者(参加者)・地域資源の有機的関係性に関する論考を掲載した。これらは、地域固有の問題解決やコミュニティデザインの場面において「居場所」が重要な役割を果たしていることを論じている。また、小松尚による「まちの居場所」としての公共図書館の多様な展開に関する論考、吉住優子による本来私有であるはずのインドネシアの「バレバレ」(縁台)が共有されている状況に対する論考、小林健治による近年の公園・商業施設などの「使いこなし」を軸とした考察を掲載した。これらは、公共建築・公共施設の「居場所」としてのあり方を論じながら、「まちの居場所」が従来の公・共・私の境界を超越し、それらをつなぎ合わせる役割を担っていることを論じている。どの論考も、執筆者が研究者として、また、時には実践者として関わった「まちの居場所」の実例が詳しくレポートされ、論考を通して、次の時代を切り開くための建築計画的・環境行動論的知見を示している。これから「まちの居場所」をより深く研究しようとしている人、あるいはすでに実践している人は、Part 2を入口として、横のつながり(ネットワーク)を形成してほしい。

　Part 3は、概論として、「まちの居場所」のアイデアガイドとブックガイドを掲載した。アイデアガイドは、「みつける」「つくる」という視点だけでなく、「ささえる」「まもる」「そだてる」「つなぐ」という視点も含めた立場から、「まちの居場所」に関わる「アイデア」をガイドすること

に力点を置いた。実例写真でわかりやすく「まちの居場所」を紹介するとともに、どのようにして「まちの居場所」が成立しているのかという計画論を示している。ブックガイドでは、建築系の学生や「まちの居場所」の実践者にとっての必読書を紹介し、レビュー（論評）を加えている。

　本書は、このような3部構成で「まちの居場所」の魅力を大きく三つの側面から読者に伝えることを試みている。学生や、建築・まちづくりの専門家ではない実践者は、Part 3を入口として「まちの居場所」の魅力に触れてほしい。「まちの居場所」の魅力に触れ、その場に身を置いたときの「居心地」を想像してほしい。本書が、より深く建築を学びたくなるきっかけになれば幸いである。

日本建築学会建築計画委員会
環境行動研究小委員会
「まちの居場所」研究ワーキンググループ
主査　林田大作

Contents

はじめに 002

Part 1 「まちの居場所」をめぐる最新の動き

Chapter 1 「まちの居場所」の広がり 010

「まちの居場所」をめぐる近年の動き／居場所の流れ／居場所の意味／まちと居場所／「まちの居場所」の広がり

Chapter 2 「まちの居場所」の背景と意味 023

まちの中の「場所」／「場所」の喪失と「まちの居場所」／「まちの居場所」の特性／「まちの居場所」の社会的意味／「まちの居場所」の相互浸透的意味／「わたし」を開き「まち」を拓く「まちの居場所」

Chapter 3 当事者による場づくりの時代 035

はじめに／当事者による場づくりの時代／本による場づくり／まちの居場所としての店・マーケット／まとめ

Part 2 研究・調査・実践事例を通した「まちの居場所」をめぐる論考

Chapter 4 生きる希望を失わせない環境——マギーズセンター 044

マギーズセンターの取り組み／生きる希望を失わせないハードとソフト／世界的反響を呼ぶ居場所のデザイン／マギーズセンターの居場所の分析／デザインの可能性

Chapter 5 パブリックシェルターとしての「まちの居場所」 056

制度の充実がもたらすこと／ひなたぼっこの取り組み／あがらいんの取り組み／制度と制度の狭間にある課題と「まちの居場所」／さいごに

Chapter 6 フリースクールはなぜ居やすいか 064
——教育制度の境界におかれる「子どもの学びの場」の育て方

フリースクールの出現／「常に仮設状態」のフリースクール空間／フリースクールは制度の中で序列化されている／「学校には行かないが、フリースクールには登校する」という現象をどう捉えるか？／空間には「居やすい方向」がある／子どもは「居やすい方向」を利用して空間を使う／フリースクールはどのような居方を許容するか？／フリースクールはなぜ居やすいか

Chapter 7 戸外の居場所——居場所としてのまち 074

戸外の集まりの形成／戸外の居場所の諸様相／戸外の居場所の成立条件と役割／場の形成・集まりの構造／ケアネットワークの一要素としての居場所／まちのリビングとしての居場所

Chapter 8 「福祉」の視点で見た「まちの居場所」083

「まちの居場所」に「コミュニティ」「ケア」「共生」が必要／ケア×共生／コミュニティ×共生／コミュニティ×ケア／「まちの居場所」を端緒として／三草二木 西圓寺／共生型地域オープンサロンGarden、共生型コミュニティー農園ぺこぺこのはたけ

Chapter 9 人びとをつなぐプラットフォームとプレイスメイキング 094

地域コミュニティに開かれた「まちの居場所」／商店街・駅前の衰退と「まちの居場所」の喪失／人びとをつなぎ直し、地域コミュニティを取り戻す／桜井駅南側エリアの歴史的経緯／「歴史的まち資源」を活用したプレイスメイキング／人びとをつなぐプラットフォームのあり方

Chapter 10 誰もが役割をもてる施設ではない場所―― 居場所ハウス 104

東日本大震災の被災地に開かれた場所／試行錯誤を通して徐々につくりあげる／利用者としての参加を超えて／地域を資源化していく／「まちの居場所」を育てる／地域の外部に開かれた場所

Chapter 11 「まちの居場所」としての公共図書館 116

公共図書館の今／公共図書館とはどんな場所か／「まちの居場所」としてみた国内の公共図書館／「まちの居場所」としてみる海外の公共図書館／「まちの居場所」となる公共図書館とは

Chapter 12 私有を共有する居場所――インドネシアのバレバレ 129

はじめに／「バレバレ」とは／バレバレの形態と配置にみる場のひらかれかた／バレバレの使われ方と緩やかな領域意識／バレバレを中心とした集まり方と場の伸縮性／住居におけるバレバレの役割と位置づけ／おわりに

Chapter 13 使いこなしによって自ら獲得する「まちの居場所」 136

身近な場所で目にした光景／環境を「使いこなす」人間／「使いこなし」に見る「居場所」のデザイン／環境の「使いこなし」によって獲得する「まちの居場所」／環境の「使いこなし」から考える人間―環境系のデザイン

Part 3 「まちの居場所」の事例と文献の紹介

Chapter 14 「まちの居場所」のアイデアガイド 148

Chapter 15 「まちの居場所」のブックガイド 162

おわりに 170

執筆者略歴 172

日本建築学会	建築計画委員会	委員長	広田直行（日本大学）
		幹事	栗原伸治（日本大学）
			清家 剛（東京大学）
			那須 聖（東京工業大学）
			西野辰哉（金沢大学）
			橋本都子（千葉工業大学）
		委員	（略）
	計画基礎運営委員会	主査	山田哲弥（清水建設）
		幹事	橋本都子（千葉工業大学）
			松田雄二（東京大学）
		委員	（略）
	環境行動研究小委員会	主査	橘 弘志（実践女子大学）
		幹事	岩佐明彦（法政大学）
			水村容子（東洋大学）
		委員	伊藤俊介（東京電機大学）
			大野隆造（東京工業大学名誉教授）
			諫川輝之（東京都市大学）
			垣野義典（東京理科大学）
			小林健治（摂南大学）
			鈴木 毅（近畿大学）
			田中康裕（Ibasho Japan）
			西田 徹（武庫川女子大学）
			林田大作（大阪工業大学）
			前田薫子（東京大学）
			松原茂樹（大阪大学）
			山田あすか（東京電機大学）
	「まちの居場所」研究ワーキンググループ	主査	林田大作（大阪工業大学）
		幹事	垣野義典（東京理科大学）
			小林健治（摂南大学）
			松原茂樹（大阪大学）
		委員	石井 敏（東北工業大学）
			小松 尚（名古屋大学）
			鈴木 毅（近畿大学）
			橘 弘志（実践女子大学）
			田中康裕（Ibasho Japan）
			西田 徹（武庫川女子大学）
			三浦 研（京都大学）
			厳 爽（宮城学院女子大学）

執筆者
（五十音順）

石井 敏　　（第5章）
垣野義典　（第6・14章）
小林健治　（第13・14章）
小松 尚　　（第11章）
鈴木 毅　　（第3章）
橘 弘志　　（第2章）
田中康裕　（第1・10章）
林田大作　（第9・15章）
松原茂樹　（第8・15章）
三浦 研　　（第4章）
厳 爽　　　（第7章）
吉住優子　（第12章）

Part 1

「まちの居場所」をめぐる
最新の動き

Chapter 1　「まちの居場所」の広がり

「まちの居場所」をめぐる近年の動き

「まちの居場所」

2000年頃から、従来の施設でない新たなかたちの場所が同時多発的に開かれるようになってきた。「コミュニティカフェ」「地域の茶の間」「宅老所」「子ども食堂」といった名称で括られる場所もあれば、まだどのような名称でも括られないユニークな場所もあるが、このような場所にはいくつかの共通点がある。

一つは生活支援、介護、子育て、震災復興、地域で働くこと、退職後の地域での暮らし、貧困といった切実な、けれども従来の施設・制度の枠組みでは十分に対応できない課題に直面した人々が、自分たちの手で課題を乗り越えるために開いた場所ということである。もう一つは代表、運営委員長、理事長など肩書きは様々だが、場所の「あるじ」とも言うべき、「この人がいるからこそ、この場所が成立している」と感じる人物に出会うことである[1]。「あるじ」という特定の存在が場所のあり方に大きな影響を与えている点で、いわゆる公共施設とは性格を異にするが、地域の切実な課題に応えるために開かれたパブリックな場所になっている。

筆者らは、このような「私的な場所でもなく、形式ばった場所でもなく、人が思い思いに居合わせられる場所。そして、新たに地縁を結びなおす場所」を「まちの居場所」と呼び、先進事例を紹介しながら、このような場所を見つけること、つくることについて議論してきた。

「まちの居場所」をめぐる近年の動き

『まちの居場所』[2]（以下、前書）の刊行から約10年が経過した現在、ますます多様な「まちの居場所」が開かれている。その多様さは本書で紹介する通りだが、ここでは近年の動きとして災害、子どもの貧困、高齢社会との関わりで「まちの居場所」が注目されるようになってきたことを補足しておきたい。

2011年に発生した東日本大震災の被災地には仮設住宅の集会所、パブリックシェルター、サポートセンター（高齢者等のサポート拠点）など様々な場所が開かれた。パブリックシェルターとは被災地支援のためにつくられた「公共を支える場」で、被災地の30か所以上につくられたとされている。岩佐明彦は仮設住宅の集会所やパブリックシェルターについて「居場所としての役割を果たすだけでなく、今後の復興の重要な起点となる可能性がある」と指摘する[3]。サポートセンターは「仮設住宅や近隣地域で暮らす高齢者・障害者・子ども等が安心して日常生活がおくれるよう」にするために、「総合相談支援、介護サービス・生活支援サービス提供、地域交流、健康支援（心の相談窓口）等の機能をもつもの」で、岩手・宮城・福島の被災3県に2014年時点で116か所が設置されている[4]。東日本大震災の被災地において、「まちの居場所」は暮らしを支える場所として、復興の拠点として注目されてきたのである。

子どもとの関わりでも「まちの居場所」は注目されている。それが子ども食堂であり、2018年時点で全国に2,286か所あるとされる[5]。子ども食堂は、子どもの貧困への対応として注目され、行政による子ども食堂への補助も出されるようになっている。こうした状況に対して湯浅誠は、2012年に初めて「こども食堂」の名称を使い始めた東京都大田区の「気まぐれ八百屋だんだん」では「こども食堂とは、こどもが一人でも安心して来られる無料または低額の食堂」と定義されていることに触れながら、「『こども食堂』は『こどもの食堂』ではない。もっと多様で、雑多で、豊かなものだ」とその可能性を指摘している[6]。

「まちの居場所」は高齢社会との関わりでも注目されてきた。宅老所をはじめ「まちの居場所」は高齢者の暮らしを支えるための場所であるが[7]、2005年の介護保険法改正により生まれた小規模多機能ホームは、宅老所がモデルとされたものである。2011年度には「高齢者が生きがいをもって、いきい

きと過ごすことができる社会をつくるためには、高齢者が自ら進んで出かけることのできる『居場所』をつくることや、高齢者の『社会的な活動』への参加を促進することにより、高齢者の地域からの孤立を防ぐ必要がある」という考えから、「高齢者の居場所と出番に関する事例調査」が実施された[*8]。2015年に施行された「介護予防・日常生活支援総合事業」では、サービスの一つとして「通いの場」が盛り込まれたが、これはコミュニティカフェ、地域の茶の間などをモデルにしたものだとされている[*9]。

当初、地域の切実な課題に直面した人々が手づくりで開いてきた「まちの居場所」は、被災地における暮らし、子どもの貧困、高齢社会といった課題に対応できる機能があると認識され、これを制度や補助により広く設置していこうとする動きが生まれている。

これらの課題への対応が重要なのは言うまでもないが、「まちの居場所」がもつ意味はこれらの課題に対応できる機能をもつにとどまらない。「まちの居場所」に注目が集まっている現在、改めて「まちの居場所」とは何かを振り返ることで、その意味を考えてみたい。

居場所の流れ

居場所という言葉が頻繁に使われるようになったのはそれほど過去のことではない。居場所をタイトルに含む図書が継続的に出版され始めるのは1980年代の中頃である[図1]。当時、居場所は「学校に行かない・行けない子どもたち」との関わりで使われるようになっていた。荻原健次郎は「『居場所』という言葉がマスコミにしばしば登場するようになってきたのは、1980年代に入ってからになる。その頃、学校に行かない・行けない子どもたちが目立ち始め、登校拒否現象として社会問題になってきたことと深く関わってのこと」であり、「1980年代半ば、『居場所』といえば、学校に行けない子どもたちのフリースクールやフリースペースをさしていた」と述べている[*10]。前書で取りあげた「東京シューレ」[*11]はその先駆的な場所である。ただし、芹沢俊介が「子どもの居場所は『親の会』によって生まれたが、『親の会』は常に子どもの居場所をつ

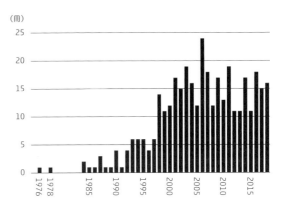

図1 「居場所」をタイトルに含む図書の出版数／2019年2月3日にCiNii Books (http://ci.nii.ac.jp/books/) で「タイトル：居場所」「資料種別：図書・雑誌」の条件で検索した結果。ヒット数は373冊

くったわけではなかった。『親の会』にはもっと緊急な課題があった。それは不登校に対する自分たち親の意識の変革であった」と指摘するように、居場所は子どもだけでなく、不登校の子どもをもつ親のための場所でもあった。芹沢は「居場所を開設するということは、『学校の外』に子どもたちのための空間をつくるということであるとともに、家庭を『学校の外』にするということでもあった」とも指摘する[*12]。

「学校の外」という意味で使われ始めた居場所は、その後、行政の文書にも登場することになる。1992年、文部省委嘱の学校不適応対策調査研究協力者会議がまとめた「登校拒否（不登校）問題について　児童生徒の『心の居場所』づくりを目指して」と題する最終報告書で、「登校拒否はどの子どもにも起こりうるという観点にたって、学校が子どもにとって自己の存在感を実感でき精神的に安心できる場所（心の居場所）となることが大切であると指摘された」[*13]。2004年度からは放課後や週末に学校を開放し、退職した教員や大学生、PTA関係者ら地域の大人が子どものスポーツや文化活動など様々な体験活動を支援する「子どもの居場所づくり新プラン」が始められ、行政が居場所の設置を後押しするようになる。ここに見られるのは「学校の外」としての居場所から、学校を居場所へという動きである[*14]。

従来の施設・制度の枠組みからもれ落ちたものに対応しようとする居場所は、次第にその機能が広く認識されるようになり、行政がその普及を後押しする。居場所をめぐるこうした流れは、宅老所を

モデルにした小規模多機能ホーム、コミュニティカフェ、地域の茶の間などをモデルとした「通いの場」、子ども食堂への補助というように、「まちの居場所」をめぐる動きに繰り返しみられる。

1980年代、不登校との関わりで使われていた居場所は、その後、様々な場面で使われるようになっていく。1990年代後半以降、居場所をタイトルに含む図書の出版数が増加し、年間で10冊を超えるようになる。1990年代後半以降には日本建築学会においても居場所が注目されてきた[図2]。日本建築学会の環境行動研究小委員会では、居場所が注目されつつあった当時、同時多発的に開かれていた新たなかたちの場所を「まちの居場所」と捉え、前書ではその先駆的な場所を取りあげた*15,[表1]。

居場所をタイトルに含む図書の出版数のピークは2006年だが、その後も継続的に出版されている。

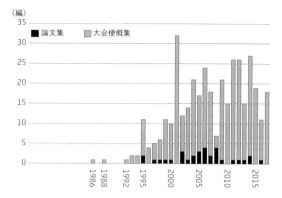

図2 「居場所」をキーワードとする建築学会の論文／2019年2月3日、日本建築学会ウェブサイトの論文検索で「居場所」をキーワードとして検索した結果。ヒット数は論文集が33編、大会梗概集が345編

居場所への注目は一過性のものではなく、ある流れを形づくってきたと言っても過言ではない。本書では近年の動きも含めて、2000年代後半以降に開

表1　紹介する主な「まちの居場所」

開設年	前書で取り上げた主な場所	本書で取り上げる主な場所
1985	東京シューレ(東京都)	東京シューレ(東京都)
1987	親と子の談話室・とぽす(東京都)	
1995	烏山プレーパーク(東京都) ニューディール・カフェ(アメリカ)	
1996		マギーズセンター(イギリス)
1998	佐倉市ヤングプラザ(千葉県)	
2000	ふれあいリビング・下新庄さくら園(大阪府)	
2001	はっぴいひろば(愛知県) 育ち愛ほっと館(東京都) ひがしまち街角広場(大阪府)	ひがしまち街角広場(大阪府) サルボルサ図書館(イタリア)
2002	湊町リバープレイス(大阪府)	アイデア・ストア(イギリス)
2003	覚王山アパート(愛知県)	
2004	やゑさん家(京都府) グループホームなも(愛知県)	
2005	ワタミチ(新潟県) 仮設de仮設カフェ(新潟県)	
2008	紺屋2023(福岡県)	三草二木西圓寺(石川県) 共生型地域オープンサロンGarden(北海道)
2009		ひなたぼっこ(宮城県)
2010	コラボひろば(大阪府)	
2011		武蔵野プレイス(東京都) あがらいん(宮城県) 共生型コミュニティー農園ぺこぺこのはたけ(北海道) 桜井本町たまり場(奈良県)
2013		居場所ハウス(岩手県) 佐藤邸(旧永船邸)(奈良県) まちライブラリー＠大阪府立大学(大阪府)
2015		櫻町珈琲店(旧井田青果店)(奈良県)
2018		ル・フルドヌマン〜櫻町 吟〜(旧京都相互銀行)(奈良県)

*海外の事例は日本における「まちの居場所」の流れとは関連がないが、参考として掲載している
*マギーズセンターは最初に開設されたマギーズ・エジンバラの開設年を記している

かれた場所を中心に取りあげている。

居場所の意味

　1955年に刊行された『広辞苑』(初版、新村出編、岩波書店)にはすでに居場所の項目が掲載されているが、そこでは「いる所。いどころ」と説明されているだけである[16]。その後、居場所は多様な意味で使われるようになる。

　居場所が頻繁に使われ始めた頃、この言葉はどのような意味で使われていたのか。これを振り返るために、居場所をタイトルに含む図書の出版数が増加し始めた1990年代後半から2000年代前半に出版された文献において、居場所がどのような意味で使われているかに注目する。

　藤竹暁は居場所を「自分が他人によって必要とされている場所であり、そこでは自分の資質や能力を社会的に発揮することができる」場所としての「社会的居場所」と、「自分であることをとり戻すことのできる場所」であり、そこにいると「安らぎを覚えたり、ほっとすることのできる場所」としての「人間的居場所」の二つに大別している[17]。佐藤洋作は思春期の子どもの居場所条件として「ホットして安らげる空間」「人と人との関係性が開かれていく空間」「自分探しの学びが生まれる空間」の三つをあげている[18]。このような居場所に関する記述を整理すると、おおむね次の三つにまとめることができる。

ありのままの自分が受け入れられる場所

　藤竹のいう「人間的居場所」、佐藤のいう「ホットして安らげる空間」に該当する意味で、この他に例えば次のような記述がみられる。

　そこを居場所と呼べるということは、精神的な意味で、気取らずに生の自分を出すことができる、言葉をかえれば、言いたいことが言える場所と言っていいかもしれません[19]。

　居場所というのは、大人にとっても、子どもにとっても同じ意味をもつ。基本的には、自分を受け容れてもらっている場所のことだ。〔……〕で

は、自分を受け容れてもらう、とはどういうことなのか。それは、喜怒哀楽に共感してもらう、ということだ。受容されるということの核心は、共感なのである[20]。

　居場所とは、自分のことを気に掛けていてくれる人がいる場であり、ありのまま素のままの自分が受け入れてもらえる場である[21]。

自分の役割がある場所

　藤竹のいう「社会的居場所」に該当する意味で、この他に例えば次のような記述がみられる。

　〈居場所〉は、主に役割関係・人間関係のなかでの地位に関わっている。特定の役割を安定的に確保できている場合、〈居場所〉は確保されていると言える[22]。

　「社会に開かれた居場所」とは、社会的な認知・評価とともに自分自身でも他者からの見方や評価と一致している場である。職場や家庭などにおける居場所が典型的であろう。その人がそこに居ることを必要とされたり、自分の力を発揮し認められ社会的な認知を受けているといえる[23]。

　社会的な「居場所」　自分の所属する集団の一員として能力を発揮し、認められている場合[24]。

別の世界への橋渡しをしてくれる場所

　佐藤のいう「人と人との関係性が開かれていく空間」「自分探しの学びが生まれる空間」に該当する意味で、この他に例えば次のような記述がみられる。

　居場所とは、常に社会と自分との関係を確認せずにはおれない現代という変動社会における、自分専用のアンテナショップ(新しい商品の売れ行きを確かめるために実験的に新商品を陳列し販売する店舗)のようなものである[25]。

　学びながら働く体験をしたり、働きながら学び

直してみながら「学校から社会へ」と渡っていくための中間施設としての居場所が必要になってきている[*26]。

子どもの参画や子どもの居場所を考えるうえで重要だと思うのは、内部では干渉し過ぎない緩やかな関わり、緩やかだが無視できるほどではないつながりが保障されていて、なおかつ外部とは希望すればつながりを持てるが、隠れていようと思えばそれも保障されているということである[*27]。

ありのままの自分が受け入れられる場所、自分の役割がある場所、別の世界への橋渡しをしてくれる場所。このように居場所の意味には広がりがある。

ここで注目すべきは、いずれの意味においても、まず個人がどうあるかに焦点が当てられていることである。施設・制度において、人はある属性をもった存在として見なされる。その枠組みからもれ落ちたものをすくいあげようとする動きにおいて注目された居場所が、人をある属性をもつ集団の中の一人でなく、かけがえのない個人であることを尊重するのは当然だと言える。しかしさらに注目すべきは、居場所における個人は決して孤立した存在ではなく、他者との関係性として語られていることである。ありのままの自分が受け入れられる場所、自分の役割がある場所、別の世界への橋渡しをしてくれる場所はいずれも、他者との関係性において成立するものである。

居場所とは、人が集団の中の一人ではなく、かけがえのない個人としてあること、けれども、その個人は決して他者と切り離されていないこと、言わば「個人として、孤立せずに」居られるという他者との関係性の豊かさを表現するために使われている言葉だと捉えることができる。

まちと居場所

居場所は「個人として、孤立せずに」居られるという他者との関係性の豊かさを表現している。この豊かな関係性を、地域における様々な人や物を資源と見なし、その組み合わせによって実現していこうとするのが「まちの居場所」である。この点で「まちの居場所」は、そこがどのような地域(まち)に開かれているかと不可分である。

「まちの居場所」のパイオニア的な存在の一つ、「ひがしまち街角広場」を事例として、「まちの居場所」と地域との関係を考えてみたい。

ひがしまち街角広場

ひがしまち街角広場は大阪府千里ニュータウンの近隣センターの空き店舗を活用して開かれた場所で、2001年9月30日のオープンから17年間にわたって、地域の人々がボランティアで運営を続けている[図3,4]。

千里ニュータウンは大阪府吹田市と豊中市にまたがる千里丘陵に開発された日本で最初の大規模ニュータウンで、1962年に吹田市域の佐竹台から入居が始まった。ひがしまち街角広場のある豊中市域の新千里東町へは、1966年に入居が始まった。

2000年、新千里東町が建設省(現・国土交通省)の「歩いて暮らせる街づくり」事業のモデルプロジェクト地区に選定された。当時の千里ニュータウンは、まちびらきから約40年が経過し「人口の減少と高齢化、住宅・施設の老朽化、近隣商業地区の低迷などの問題を抱え、『今やニュータウンはオールドタウ

図3 ひがしまち街角広場の日常の様子

図4 幼稚園に子どもを預ける母親グループもやって来る

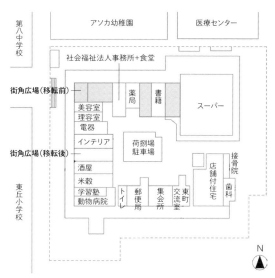

図7　新千里東町近隣センター／2018年8月現在。グレーの網掛け部分は空き店舗

ンである』と言われる」こともあった[*28]。新千里東町も例外ではない。人口は減少し[図5]、近隣センターには空き店舗が目立つようになっていた。

近隣センターというのは近隣住区論[*29]に基づいて計画された千里ニュータウンにおける各住区の核になる場所である[図6]。近隣センターには歩いて日常生活を送れるように日用品を扱う店舗や公衆浴場、集会所などがもうけられたが、車社会化の進展や、集合住宅の住戸内への風呂場の増築などの生活環境の変化に伴い、次第に空き店舗が目立つようになっていったのである[図7]。

新千里東町が歩いて暮らせる街づくり事業のモデルプロジェクト地区に選定されたのは、「急激な少子・高齢化、小売店舗の撤退、施設の朽化の進行等の課題に対し、新たなまちづくりを検討する上でのモデルとなることが期待」[*30]されたからである。

歩いて暮らせる街づくり事業では住民へのアンケート、ヒアリング、ワークショップが行われ、これらをふまえて「①多世代居住のための多様な住宅を」「②学校をコミュニティの場へ」「③近隣センターを生活サービス・交流拠点へ」「④千里中央を生活・文化拠点へ」「⑤公園を緑の交流拠点へ」「⑥緑道を出会いのある交流空間に育てよう」「⑦交流とまちづくりのための場と仕組みを育てよう」の「7つのまちづくり提案」がなされ、②③⑥は社会実験として取り組むことが提案された[*31]。このうち提案③に関わる社会実験として、近隣センターの空き店舗を活用してオープンしたのがひがしまち街角広場である[*32, 表2]。

当初は社会実験として半年間のみ運営される予定だったが、せっかく開いた場所を閉鎖するのはもったいないという声が地域からあがったため、半年間の社会実験後は行政からの補助を受けず、地域の人々による「自主運営」が続けられている。

ひがしまち街角広場は日曜を除く週6日、11〜16時に運営されており、コーヒー、紅茶などの飲み物が100円で提供されている。プログラムはほとんど提供されておらず、訪れた人々は飲み物を飲んだり、話をしたり、新聞や本を読んだりと思い思いに過ごす[図8]。

ひがしまち街角広場初代代表の赤井直さんは「ニュータウンの中には、みんなが何となくふらっと集まって喋れる、ゆっくり過ごせる場所はありませんでした。そういう場所が欲しいと思ってたんですけど、なかなかそういう場所を確保することができなかったんです」と話す。学校、病院、集会所、店舗など種々の施設が計画的に配置された千里ニュータウンに対して、この言葉が投げかけるものは大きい。種々の施設を整えるだけでは、「みんなが何となくふらっと集まって喋れる、ゆっくり過ごせる場所」を実現することはできなかったということである。

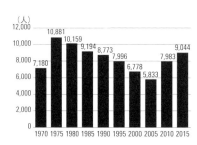

図5　新千里東町の人口の推移

図6　新千里東町近隣センター

図8　思い思いに過ごす人々

表2 ひがしまち街角広場の概要

オープン		2001年9月30日
場所		大阪府豊中市新千里東町(千里ニュータウン)
運営日時	運営日時	11〜16時
	定休日	第4土曜・日曜・祝日
メニュー		コーヒー、紅茶、カルピス、ジュースなど(100円)
運営主体		ひがしまち街角広場運営委員会(任意団体)
運営体制		約12名のボランティア
空間	建物	近隣センターの空き店舗を活用(有償で賃貸)
	面積	移転前:約30m²　移転後:約75m²
団体利用料		夕方(16時〜)・運休日 ・2時間まで:500円 ・2時間以上3時間まで:800円 ・3時間以上4時間まで:1,100円 ＊金額は2017年11月1日に改定

「ひがしまち街角広場」と「まち」

ひがしまち街角広場のオープンは2001年だが、当時の新千里東町では、その後の地域のあり方に大きな影響を与える動きが相次いで生じている。

2001年には、歩いて暮らせる街づくり事業の7つのまちづくり提案における提案②を受け小学校の空き教室を活用したコミュニティ・ルームが開かれた。2002年からは提案⑥に関わることとして、歩行者専用道路を地域住民自らが清掃する「アダプト活動」が始められた*33。

7つのまちづくり提案以外にも、2001年には地域新聞『ひがしおか』(新千里東町新聞委員会)が創刊され、小学校児童の父親グループ「東丘ダディーズクラブ」が設立された。2002年からは小学校の運動会と地域の運動会とが「東丘ふれあい運動会」として合同で開催されるようになった*34。

当時、新千里東町は「急激な少子・高齢化、小売店舗の撤退、施設の朽化の進行等の課題」を抱えていた。歩いて暮らせる街づくり事業のモデルプロジェクト地区への選定がきっかけとなり地域のあり方を見直そうという動きが生じた。ひがしまち街角広場はこうした動きの一つとして生まれた場所である。

ひがしまち街角広場は地域と密接に関わって成立している。このことは同時に、ひがしまち街角広場は地域のあり方に大きな影響を受けることも意味している。現在、ひがしまち街角広場で大きな課題になっているのは、スタッフの後継者を見つけること、運営場所を確保することである。

スタッフの後継者

新千里東町は千里ニュータウン12住区の中で唯一、戸建住宅がなく、全ての住戸が集合住宅で構成されている。そのため半世紀前のまちびらきの際にも、近年の集合住宅の建替の際にも、同じ世代の人々が一斉に入居する傾向があり、住民の年齢が特定の世代に偏っている。

新千里東町の高齢化率は、入居当初は全国平均を下回っていたが、ひがしまち街角広場オープン前年の2000年には17.8％に上昇し、全国平均を上回るようになっていた[図9]。ただし第一世代*35の人々の中心は50〜64歳であり、まだ定年を迎えていない男性も多かった[図10]。当時、ベッドタウンである千里ニュータウンにおける地域活動の主な担い手は第一世代の女性だった。この時期にオープンしたひがしまち街角広場のスタッフ全員が女性である一つの要因はここにある。第一世代の女性は千里ニュータウンでの半世紀にわたる暮らしを共有しており、このことがひがしまち街角広場で主客の関係がサービスする側／される側に完全に分かれ

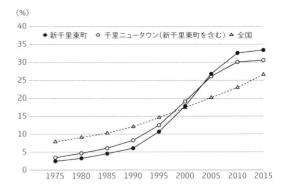

図9　新千里東町の高齢化率の推移

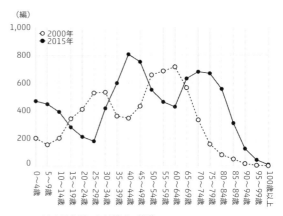

図10　新千里東町の年齢構成の推移

図11 スタッフと来訪者が話をして過ごす

図13 近隣センター(左側)と小学校(右側)の間を通る歩行者専用道路

ていない緩やかな関係が築かれている背景になっていると考えることができる[図11]。

ひがしまち街角広場では、現在も第一世代の女性が中心となり運営を担っている。2015年時点の新千里東町の高齢化率は33.4%とさらに上昇し、第一世代の中心は70代になった。けれども、そのすぐ下の世代の人々は極端に少ない。人口が多いのは40代だが、共働きの夫婦が多い、ベッドタウンである千里ニュータウン内に仕事場がほとんどないなどの理由で、この世代の人々は昼間地域にいない。こうした地域の状況は、スタッフの後継者を見つけることを困難にしている大きな要因となっている。

運営場所

現在、新千里東町の近隣センターは移転・建替の計画が進められている[図12]。移転・建替は「土地の合理的かつ健全な高度利用と都市機能の更新を図り、周辺地域と調和の取れた良好な市街地環境を形成する」*36ことを目的に行われるもので、近隣センターがある土地(西1地区)には分譲マンションが建設され、近隣センターの店舗は新千里東町の周辺部(東地区)に移転する。集会所、郵便局、保育施設などが入る公共施設は分譲マンション脇(西2地区)に建設される予定である。

新千里東町の近隣センターは住区の中心付近に、歩行者専用道路に面して配置されており*37,[図13]、周囲には幼稚園、小・中学校、医療センターがある。歩いて暮らせる街づくり事業における「近隣センターを生活サービス・交流拠点へ」という提案は、近隣センターの役割を見直すことを意図していたが、現在進められている移転・建替の計画は、近隣センターの位置づけを大きく変えようとするものである。

ひがしまち街角広場が運営を継続するために現時点で考えうる選択肢は、新たに建設される近隣センターの店舗(東地区)を借りるか、公共施設(西2地区)内の集会所を間借りするかのいずれかになる。前者を選べば家賃の値上がりが予想されるため運営費の負担が大きく、また、歩行者専用道路から離れてしまう。後者を選んでも歩行者専用道路から離れるが、何よりも集会所はひがしまち街角広場だけで使えないため運営時間や運営内容に制約が生じ、これまで大切にしてきた「みんなが何となくふらっと集まって喋れる、ゆっくり過ごせる場所」でなくなる恐れがある。近隣センターの地権者と豊中市が中心になって進める移転・建替のプロセスに、テナントであるひがしまち街角広場が参加できる余地はなく、近隣センターの移転・建替を前にひがしまち街角広場は大きな岐路に立たされている。

繰り返し述べるように近隣センターは地域の核となる場所として計画された。半世紀前の計画に必ずしも縛られる必要はないが、近隣センターのあり方の大きな変更を伴う移転・建替を行うにあたっ

図12 新千里東町近隣センターの移転・建替計画
豊中市「新千里東町近隣センター地区市街地再開発事業に関連する都市計画の決定及び変更のお知らせ」のページには以下の計画が記載されている。
[西1地区]中高層住宅等の立地を図る
[西2地区]コミュニティ施設等の立地を図る
[西3地区]商業及び中高層住宅等の立地を図る
[東地区]商業及び中高層住宅等の立地を図る

て本来求められていたのは、そのプロセスを広く地域住民にも開かれたものにすることだったと考えている[*38]。

ひがしまち街角広場が抱えている課題は、新千里東町が計画された地域であることに起因するところが大きい。従って、どうやってカフェを運営するかの観点だけでは、ひがしまち街角広場の今後を考えることはできない。「まちの居場所」のこれからを考えることは、地域のこれからを考えることと切り離せない。

「まちの居場所」の広がり

「まちの居場所」の先進的な事例に注目が集まり、視察や調査が行われるのは、同様の試みを他の地域に広げたいと考えられるからである。そのための一つの方法が制度化(施設化)であり[*39]、これには運営が安定すること、多くの地域に設置できることなどの意味がある。そして、「まちの居場所」を参考にして小規模多機能ホーム、通いの場が生まれたように、「まちの居場所」は既に制度・施設に影響を与えている。

ただし、「まちの居場所」は既存の制度・施設の枠組みからもれ落ちたものに対応しようとする試みであった。それを制度化(施設化)することは、「まちの居場所」の当初の狙いを十分に受け継いだものになるのかという疑問も湧いてくる。

ここで改めてひがしまち街角広場に注目したい。現在、運営は大きな岐路に立たされているが、そうであってもひがしまち街角広場が地域に大きな影響を与えてきたことは変わらない事実である。この場所が地域にどのような影響を与えてきたかを見ることで、制度化(施設化)とは異なる可能性が浮かびあがってくる。

地域の活動を立ちあげる

ひがしまち街角広場は多様な人々が日常的に出入りする場所であるため、訪れた人同士が意気投合し、新たな活動を始めることがある。以前活動していた「写真サークル・あじさい」は、ひがしまち街角広場内に展示されていた写真を見た人が、このような写真を撮れるようになりたいと希望したことがきっかけとなり、写真を展示していた人を講師とするサークルとして立ちあげられた。「千里竹の会」(2003年設立)は、ひがしまち街角広場で公園の竹藪が荒れているという話が出たのがきっかけとなり、ひがしまち街角広場での話し合いを通して立ちあげられたグループである。現在、千里竹の会は千里ニュータウンの東町公園・桃山公園の竹林を整備したり、間伐した竹を使って竹炭や竹酢液、竹細工をつくるなど活発に活動している[図14]。

千里ニュータウンのお土産の制作・販売、歴史の収集・発信を行う「千里グッズの会」(2002年設立)[*40]、住まいのサポートとまちの再生についての活動を行う「千里・住まいの学校」(2004年設立、2006年NPO法人化)、は、ひがしまち街角広場に集まった地域の人々、専門家、大学教員・学生らによって立ちあげられたグループであり、新千里東町の枠を越えた活動を行っている。このように、ひがしまち街角広場では様々なグループが立ちあげられてきた[*41]。

地域の団体が会議や活動のために利用できる場所として、集会所や公民館がある。けれども「集会所は目的がきっちりしていて、申し込んでおかないと使えないんですね」とひがしまち街角広場の赤井さんが話すように、集会所や公民館は体制が整い、目的や内容がはっきりしている団体が利用する場所としては適している。その反面、メンバーを集め

図14 千里竹の会メンバーによる竹林整備

図15 竹林清掃&地域交流会

図16 様々な情報が貼られた掲示版

たり、活動の目的や内容をはっきりさせたりするなど、これから活動を立ちあげていく段階では利用しにくい。新たな活動は必ずしも集会所や公民館における会議で立ちあげられるわけでなく、事前に予約せずとも「みんなが何となくふらっと集まって喋れる、ゆっくり過ごせる場所」における会話が新たな活動を生み出すこともある。

2017年からひがしまち街角広場は千里竹の会、ディスカバー千里、東丘ダディーズクラブと連携し、4月に東町公園の「竹林清掃＆地域交流会」を開催しており、地域の人々が自分たちの地域の環境を維持管理する動きを生み出している[図15]。

活動の重なりの拠点となる

ひがしまち街角広場の掲示板には地域新聞『ひがしおか』や各種の行事のお知らせなどが貼られている[図16]。ひがしまち街角広場を起点として、学校の情報を地域に発信してはどうかという提案で、小中学校の学校通信が貼られていた時期もある。ひがしまち街角広場には地域の情報が集まってくることを赤井さんは「地域の情報の交差点」と表現する。

壁などのスペースは地域の人々に開放されており、写真サークル・あじさいのメンバーによる写真、千里竹の会のメンバーによる竹細工のほか、絵画や川柳などの作品が展示されている[図17]。

ひがしまち街角広場はいくつかのグループの活動場所にもなっている。千里竹の会は竹炭や竹酢液、千里グッズの会は千里ニュータウンの絵葉書を販売している。留学生を招いて出身国のまちや暮らしをテーマに交流する千里・住まいの学校による「まちかど土曜ブランチ」、「赤ちゃんからのESD」による「陶器とりかえ隊」が開かれていた時期もある。

2015年12月、新千里東町近隣センターの空き店舗を活用して、社会福祉法人・大阪府社会福祉事業団の「豊寿荘あいあい食堂」がオープンした。豊寿荘あいあい食堂では食堂の運営に加えて、体操、編み物、脳トレ、健康麻雀など各種講座が開かれており[図18]、豊寿荘あいあい食堂の行き帰りにひがしまち街角広場に立ち寄ったり、豊寿荘あいあい食堂で注文した食事をひがしまち街角広場内で食べたりする人もいる[図19]。

ひがしまち街角広場はコーヒー、紅茶などの飲み物を提供しているだけであり、プログラムは提供していない。しかし、ここでみてきたような多様なかたちでの連携により、地域情報を集めたり、地域住民の手による作品やプログラムに触れる機会を提供したり、さらに食事の場所になったりと、結果として「小規模多機能」と表現できるような多様な機能を担うようになっている。

「みんなが何となくふらっと集まって喋れる、ゆっくり過ごせる場所」であることは、連携を通した多様な機能を実現するためのインフラになっていると言える。

「同じような」場所の参考になる

新千里東町には、ひがしまち街角広場のような場所が欲しいと考えた人々によりいくつかの場所が開かれている。

府営新千里東住宅では2009年7月から「3・3ひろば」が始められた[図20]。当時、府営新千里東住宅では建替に伴い住民の一時的な移転が始まっていた。3・3ひろばは移転中の人、一人暮らしの人を含めた住民が集まるために始められた。府営新千里東住宅の集会所で毎月第2水・第4金曜の13〜16時に開かれており、コーヒー、紅茶などの飲み物が100円で提供されている。集会所は建て替えられたが、現在

図17　ひがしまち街角広場内では様々なものを展示・販売

図18　豊寿荘あいあい食堂で開かれている講座

図19　ひがしまち街角広場に掲示された豊寿荘あいあい食堂のメニュー

図20 3・3ひろば　　　　図21 コラボひろば　　　　図22 桜ヶ丘まちかど広場

も新たな集会所に場所を移して継続されている。

千里文化センター・コラボには「子どもから高齢者まで様々な世代の交流の場となり、まちづくりにかかわる多くの文化や分野が共生する事業」を展開することを目的として[*42]、2010年4月に多目的スペースと「コラボ交流カフェ」からなる「コラボひろば」が開かれた[*43]。コラボ交流カフェはコラボ市民実行委員会により火〜土曜の週5日、10〜16時半に運営されており、コーヒー、紅茶、ジュースなどの飲み物が100〜200円で提供されている[図21]。

2005年に竣工した分譲マンションの新千里桜ヶ丘メゾンシティには「桜ヶ丘まちかど広場」という共用施設が設けられた[図22]。分譲マンションの建替に携わっていた会社の社員がひがしまち街角広場を見て、建替後の分譲マンションにもこのような場所が欲しいと考えたのがきっかけである。現在、この共用施設では毎月0と5のつく日（土日祝を除く）の13〜15時に「桜ヶ丘サロン」が開かれている。

新千里東町だけでなく、OPH千里佐竹台内に開かれた「佐竹台サロン」、新千里西町近隣センターにある笹部書店のカフェコーナー、新千里北町北丘小学校内の「畑のある交流サロン@Kitamachi」など、ひがしまち街角広場は千里ニュータウンの他の場所の参考になってきた[*44]。さらに、北海道北広島団地の「北広島団地地域交流ホームふれて」、三重県名張市の桔梗が丘自治連合会による「ほっとまち茶房ききょう」は、ひがしまち街角広場に見学に訪れた人々が開いた場所である。

制度化（施設化）がある一定の基準を満たした「同じ」場所を広げようとするのに対して、ここで紹介した場所にはそうした基準はない。ひがしまち街角広場が実現しているものに共感した人々が、自分たちの状況に合わせて開いた「同じような」場所である。

ひがしまち街角広場は「みんなが何となくふらっと集まって喋れる、ゆっくり過ごせる場所」を目に見えるかたちで実現している。それを目にした人は「自分たちの地域にもこのような場所が欲しい」という思いを描く。ひがしまち街角広場は、そこを訪れた人々に対して、自分たちの地域でまだ実現されていない将来の姿を垣間見せていると言える。

「まちの居場所」の可能性

ひがしまち街角広場が生み出している「地域の活動を立ちあげる」「活動の重なりの拠点となる」「『同じような』場所の参考になる」という動きは制度化（施設化）に比べるとささやかかもしれないが、新千里東町を目に見えるかたちで確実につくり変えており、その影響は他の地域にも広がっている。

居場所とは「個人として、孤立せずに」居られるという関係の豊かさを表すものであった。「みんなが何となくふらっと集まって喋れる、ゆっくり過ごせる場所」とは、これを千里ニュータウン新千里東町という地域の状況に応じてひがしまち街角広場なりのかたちで実現しようとしたものである。

「まちの居場所」には確かに生活支援、介護、子育て、震災復興、地域で働くこと、退職後の地域での暮らし、貧困といった様々な課題を解決する機能がある。けれども、「まちの居場所」の可能性の核心は、「個人として、孤立せずに」居られるという他者との豊かな関係性を実現できることにある。この豊かな関係性があるからこそ、結果として上にあげたような様々な課題が解決されていくのである。

「まちの居場所」は他者との豊かな関係性を実現するために丁寧につくりあげられている。この関係性を、課題解決という機能を実現するための手段として従属させてしまうならば、人はまた特定の属

性を持った集団の中の一人として扱われ、サービスする側／される側という固定された関係への依存が生まれてしまう。それは、先駆者たちが「まちの居場所」に賭けた可能性とは大きく異なる。

　「まちの居場所」が投げかけているのは、「個人として、孤立せずに」居られる関係性を豊かに描き出すこと、その価値を広く共有していくことの大切さである[45]。

―――――――――

注釈
*1　田中康裕「場所の主（あるじ）」『まちの居場所　まちの居場所をみつける／つくる』日本建築学会編、東洋書店、2010年
*2　日本建築学会、前掲『まちの居場所』
*3　岩佐は、仮設住宅の集会所やパブリックシェルターは活動アルバムがファイルにまとめられたり、壁に貼られているなど「アーカイブ的な役割」を持つことに注目し、「避難生活を『失われた年月』としないためには、過ごした日々やそこで行った活動を記録することやそれを編集することで、復興の道のりを共有・記憶する作業も必要ではないか」と指摘している（岩佐明彦「復興のために人々が集う場所」『建築雑誌』Vol. 129、No. 1655、日本建築学会、2014年3月）。
*4　堀越栄子「サポート拠点（サポートセンター）の機能と地域支え合い体制づくりに向けた課題」『自治総研』446号、地方自治総合研究所、2015年
*5　原田啓之「子ども食堂：全国2286カ所に急増　貧困対策、交流の場」『毎日新聞』2018年4月3日
*6　湯浅誠「名づけ親が言う『こども食堂』は『こどもの食堂』ではない」『Yahoo!ニュース』2016年7月24日　URL：https://news.yahoo.co.jp/byline/yuasamakoto/20160724-00060184/
*7　松原茂樹「高齢者の居場所」『まちの居場所』（前掲）
*8　「平成23年度　高齢者の居場所と出番に関する事例調査結果（概要版）」内閣府ウェブサイト　URL：https://www8.cao.go.jp/kourei/ishiki/h23/kenkyu/gaiyo/index.html
*9　さわやか福祉財団による『シリーズ住民主体の生活支援サービスマニュアル　第3巻　居場所・サロンづくり』（さわやか福祉財団編、全国社会福祉協議会、2016年）では「新地域支援事業における『通いの場』はまさに、『居場所・サロン』の仕掛けである」と指摘されている。
*10　荻原健次郎「子ども・若者の居場所の条件」『子ども・若者の居場所の構想　「教育」から「関わりの場」へ』田中治彦編、学陽書房、2001年
*11　垣野義典「フリースクール　東京シューレ」『まちの居場所』（前掲）
*12　芹沢俊介『「新しい家族」のつくりかた』晶文社、2003年
*13　田中治彦「子ども・若者の変容と社会教育の課題」『子ども・若者の居場所の構想』（前掲）
*14　「2018年7月11日、文科省は、学校復帰のみにこだわった従来の不登校対応を見直すため、『学校復帰』という文言が含まれた過去の通知をすべて見直す方針を明らかにした。通知の見直しにより、文科省の不登校対応は歴史的な見直しがされることになる」（『不登校新聞』487号、全国不登校新聞社、2018年8月1日より）。
*15　環境行動研究小委員会と「まちの居場所」との関わりについては本書の「はじめに」を参照。「はじめに」にも記されているとおり、2005年時点では「街角の居場所」という表現を用いていた。
*16　この後刊行された『広辞苑』では、「居場所」が次のように説明されている。第2版（1969年）、第2版補訂版（1976年）では「いるところ。また、すわるところ。いどころ」と説明が追加されたが、第3版（1983年）から第7版（2018年）では「いるところ。いどころ」というように、漢字がひらがなに変わっているものの初版の説明に戻っている。
*17　藤竹暁「居場所を考える」『現代人の居場所』藤竹暁編、至文堂、2000年

*18　佐藤洋作「若者の居場所づくりと社会的自立」『居場所づくりと社会つながり』子どもの参画情報センター編、萌文社、2004年
*19　渋谷昌三『自分の「居場所」をつくる人、なくす人』PHP研究所、1999年
*20　岩月謙司「子どもにとって学校が居場所でなくなるとき」『現代人の居場所』（前掲）
*21　野澤秀之「児童館と子どもの居場所」『子どものいる場所』杉山千佳編、至文堂、2005年
*22　藤田英典「［三］〈想像の共同体〉　学校生活の強制的組み替え」『学び合う共同体』佐伯胖＋藤田英典＋佐藤学編、東京大学出版会、1996年
*23　三本松政之「高齢者と居場所」『現代人の居場所』（前掲）
*24　富永幹人＋北山修「青年期と『居場所』」『子どもたちの「居場所」と対人的世界の現在』住田正樹＋南博文編、九州大学出版会、2003年
*25　田中治彦「関わりの場としての『居場所』の構想」『子ども・若者の居場所の構想』（前掲）
*26　佐藤洋作「若者の居場所づくりと社会的自立」『居場所づくりと社会つながり』（前掲）
*27　筒井愛知「『まったり』と『緊密』の中間」『居場所づくりと社会つながり』（前掲）
*28　山本茂＋宮本京子「千里ニュータウンにおける取り組みと展望」『地域開発』Vol. 444、日本地域開発センター、2001年9月
*29　クラレンス・A. ペリー著、倉田和四生訳『近隣住区論　新しいコミュニティ計画のために』鹿島出版会、1975年
*30　『「歩いて暮らせる街づくり」モデルプロジェクト地区の選定について』首相官邸ウェブサイト　URL：https://www.kantei.go.jp/jp/kakugikettei/2000/koukyoukouji/sentei.html
*31　山本＋宮本、前掲「千里ニュータウンにおける取り組みと展望」
*32　ひがしまち街角広場については前掲『まちの居場所』および以下などを参照。
　　田中康裕＋鈴木毅＋松原茂樹＋奥俊信＋本多道宏「日々の実践としての場所のしつらえに関する考察『ひがしまち街角広場』を対象として」『日本建築学会計画系論文集』No. 620、日本建築学会、2007年10月
　　田中康裕『「まちの居場所」の継承にむけて』長寿社会開発センター、国際長寿センター、2017年
　　田中康裕「ニュータウンの空き店舗に開かれた施設でない場所　ひがしまち街角広場」『財団ニュース』Vol. 143、高齢者住宅財団、2018年
　　田中康裕『「ひがしまち街角広場」が作り変える地域』『財団ニュース』Vol. 144、2019年
*33　「アダプト」(adopt) は「養子にする」という意味で、「アダプト活動」とは「道路や公園などの公共の場所をわが子のように慈しみ、愛情をもって面倒を見る＝清掃・美化する活動」のこと。豊中市では2001年度に導入され、2018年3月末現在で41団体が活動している（「アダプト活動」豊中市ウェブサイト　URL：https://www.city.toyonaka.osaka.jp/kurashi/gomi_risaikuru_bika/machi_bika/machibika_activity/adaputo.html）
*34　集合住宅の建替が進み児童数が増加したことから、2009年から小学校の運動会と地域の運動会は再び別々に開催されるようになった。
*35　まちびらき当初に入居し、年齢構成のグラフで山を構成している世代を、ここでは「第一世代」と呼んでいる。
*36　「新千里東町近隣センター地区市街地再開発事業に関連する都市計画の決定及び変更のお知らせ」豊中市ウェブサイト　URL：https://www.city.toyonaka.osaka.jp/machi/toshikeikaku/tokei_topics/juran.html
*37　新千里東町の歩行者専用道路は住区を巡っており、住民にとって日常生活に欠かせない動線となっている。近隣センター、幼稚園、小・中学校、東町公園といった主な場所は全て歩行者専用道路に面して配置されている。先にあげた新千里東町の「アダプト活動」はこの歩行者専用道路を清掃するものである。
*38　千里ニュータウン吹田市域の佐竹台では、団地の建替において「団

地やその隣接地の住民だけではなく、佐竹台住区の住民誰もが府公社団地の建替え計画に意見を述べることができる『佐竹台ラウンドテーブル』が設置され」るという先駆的な試みが行われている（太田博一「千里ニュータウンの市民活動の動きとコミュニティ再生の展開」『都市住宅学』102号、都市住宅学会、2018年）。

*39 制度と施設はいずれもInstitutionの語で表される。

*40 2012年からは千里ニュータウン研究・情報センター（ディスカバー千里）として活動している。

*41 直田は「興味深いのは、この街角広場をふだん利用している住民がつながり、新しい活動をはじめるきっかけとなっていることである。〔……〕いわば、市民活動の『ネットワーキングのノード』や『インキュベーションスペース』と言えよう」と述べている（直田春夫「千里ニュータウンのまちづくり活動とソーシャル・キャピタル」『都市住宅学』49号、2005年）。

*42 「千里文化センター市民実行委員会について」豊中市ウェブサイト　URL：https://www.city.toyonaka.osaka.jp/machi/korabo/siminzikkouiinkai.html

*43 田中康裕「地域住民が公共施設に開いた『ひろば』」『まちの居場所』（前掲）

*44 太田、前掲「千里ニュータウンの市民活動の動きとコミュニティ再生の展開」

*45 鈴木は「『ただ居る』『団欒』などの、何をしていると明確に言いにくい行為」を含めた、「人間がある場所に居る様子や人の居る風景を扱う枠組み」として「居方」という概念を提唱している（鈴木毅「体験される環境の質の豊かさを扱う方法論」『建築計画読本』舟橋國男編、大阪大学出版会、2004年）。「居方」の類型として提示される「居合わせる」「思い思い」などは、人が居られることを大切にする「まちの居場所」の質を捉える上で非常に重要な概念である。

Chapter 2 「まちの居場所」の背景と意味

まちの中の「場所」

　生き生きとしたまちには生き生きとした「場所」が必要である。私たちがまちで生き生きと生活しようとすれば、こうした生き生きとした場所が必要である、と言い換えてもよい。かつてのまちには、そうした「場所」は豊富に存在していた。たとえば、馴染みの飲食店だったり、商店街の店先だったり、地域の神社だったり、行きつけの銭湯だったり、街路空間だったり、あるいは知り合いの家の縁側だったりする。生き生きとした場所では、そこでひとびとが集い、互いに話を交わし、各自が自分の居場所を見つけ、自分のやるべきことを行うなど、さまざまな生活の場面が営まれている。そこにはさまざまな出来事が発生し、各自が何らかのかたちでそこに参加している。

　これらの「場所」は、場所ごとにさまざまな機能を果たしている。ある場所は飲食を提供し、ある場所は購買を促し、ある場所では治療が施され、またある場所では余暇活動が供されるかもしれない。それを飲食施設、購買施設、医療施設、余暇施設などと分類することも可能かもしれないが、その場所が訪れるひとに対して果たす意味からみると、その分類はあまり本質的ではないように思える。というのも、ひとがそうした場所を訪れる際、特定の目的を果たしに行くというよりも、おそらくもう少し曖昧で複合的な期待をもちながら訪れると思われるからである。たとえば、そこで誰かに会ってちょっと話ができるのではないか、何かおもしろいことや新しいものに出会えるのではないか、あるいは、少し困ったことがあって誰かに相談してみたい、など、さまざまな期待を抱えながら、通りがかりのついでに訪れたり、あるいはふと気が向いてふらりと訪れてみることが多いだろう。そこでは必ずしも想定したとおりのことが起こるわけではないが、実際にさまざまなひとと出会い、さまざまなことが起こり、さまざまな物語が生まれていく。

　このような「場所」は一朝一夕にできるものではない。そこにさまざまなひとが関わり、生活の場面を長きにわたって蓄積しながら、少しずつつくられてきたものである。私たちの生活そのものが「場所」をつくっていると言ってもよい。少し異なる表現を用いれば、その場所の環境と、そこに関わるひととのトランザクション[*1]によって築き上げられてきたと言える。私たちの生活というのは、周りの環境や社会と相互作用しながら、そうした場所を自らつくり上げることに直接関わる能動的な営みなのである。

　そして同時に、まちの中にあるいろいろな「場所」を通して、私たち一人ひとりの生活は組み立てられている。まちのひとたちと出会い、コミュニケーションを行い、まちの中のいくつもの小さな社会／コミュニティに参加していく。まちの中に自分なりの多くの「場所」をもつことが、多様で生き生きとした生活を形づくっていたと言える。すなわち、私たちの生活もまたある意味で、まちのさまざまな「場所」を通して、トランザクショナルに形づくられているものである。

「場所」の喪失と「まちの居場所」

　しかしまちの中のトランザクショナルな「場所」は、次第に姿を消しつつある。近代化・都市化が進むにつれ、特定の目的を果たすことを第一義とするわけではない曖昧な「場所」はその数を減らしていき、それぞれの目的に特化した、より効率的、効果的に機能を果たすような施設にとって代わられている。目的的な施設は、機能を特化することによって、専門性に合わせてデザインされた環境と、高度にシステム化されたサービスを組み込むことによって、より便利で快適なサービス、より洗練されたきめ細かいサービスを提供することができるようになった。私たちの生活も、こうした施設に支えられて、よ

り便利で快適なものに変わってきた。それに伴い、効率的に機能を提供できないかつての「場所」は淘汰されていくことになる。利便性と快適性を追求した都市からは生き生きした「場所」が失われ、「場所のない都市」[*2]へと変貌している。

機能を追求した施設は、ひとと環境とのトランザクショナルな関係を育むようにはできていない。その環境やサービスがどれだけ洗練されていたとしても、それはあくまでも運営者・計画者によって定められたものであり、私たちは提示された選択肢から選ぶことしかできない。そこでは、サービスを提供する側と享受する側という、非対称的で一方的な関係が固定化されており、私たちは主体的な生活者というよりも、対価を支払ってサービスを消費するだけの受動的な存在とならざるをえない。そしてそのサービスがより洗練されるほど、私たちのニーズにきめ細かく対応するほど、私たちの生活は個別のニーズに細分化されていく。一方で、かつて「場所」を通して得られた多様な他者との関わりは希薄化していく。私たちが「ニーズ」として捉えているものは、今や私たちが生身の身体として環境と関わる中で見出されるものでもなければ、他者との生き生きとした関わりの中で立ち現れるものでもない。あくまで個人としての要求でありながら、実は外部から喚起させられたものに他ならない。私たちが消費者として振る舞うとき、私たちの社会的な存在は、個別的で抽象的な欲望へと分解されている。

しかし現代の社会状況は、こうした目的的につくられた機能的施設やサービスだけでは対応しきれない事態に直面しつつある。少子高齢化の進行、国際化や情報化に伴う価値観の多様化、経済的な行き詰まりなどによって、さまざまな課題が顕在化してきている。地域コミュニティの衰退や、地域から「場所」が失われていることによる地域力の低下が、公共サービスからも民間サービスからも見落とされてしまうひとの行き場を失わせている。何よりも、経済的なシステムの中で私たちが受動的な消費者としての存在に固定化されてしまうことで、私たち自身の主体性や社会的関係性が気づかないうちに少しずつ毀損されている。

このような状況に対して近年、まちの中に「場所」があることの重要性に気づいたひとたちが少しずつ増えている。そうしたひとたちによる、まちに辛うじて残っている「場所」を再評価する動きや、あるいはそれが身の回りにないのであれば新しい「場所」を自分たちでつくってしまおうとする動きが広まりつつある。それは、コミュニティカフェやサロンのような誰でもふらりと立ち寄れる場所だったり、地域で顕在化しつつある問題を解決しようとする宅老所や子育てひろばのような場所、あるいは本やアートなどによってさまざまなひと同士を結びつけようとする取り組みだったりと、その形態はさまざまである。しかし、いずれも既存のまちや施設の現状に限界を感じ、その状況を少しでも変化させるべく、小さいけれどもより多くの可能性をもった場所、既存の施設では得づらかった価値観をもった場所を、ありあわせの資源や材料を持ち寄って手づくりでつくり出そうとしているのである。

このようにして近年生まれつつある、まちの中にあって、自分がふと立ち寄りたくなるような、そこでいろいろなひとと関わりがもてるような、そして自分の居場所と思えるような場所、それを「まちの居場所」と呼ぶ。

「まちの居場所」の特性

「まちの居場所」は、既存の施設分類ではうまく説明ができないものである。「居場所」といってもただそこに居られるというだけでなく、たとえば、飲食を提供する機能や図書を貸し出す機能、仕事場や工房、子育て相談やデイサービスなど、何らかの機能が付随しているものが多い。しかしそこでは、とりわけ高度なサービスが提供されるわけでも、そのための特別な環境がしつらえられているわけでもない。おそらくそこを訪れるひとも、そこにあるサービスや商品を唯一の目的とするわけではなく、そこで得られるであろう体験そのものに惹かれて訪れている。誰かと会って話をしたり一緒に楽しい時間を過ごす、軽く相談に乗ってもらったり他のひとの相談に乗ったりする、まちの新たな情報を手に入れたり、スタッフと一緒に仕事を手伝うなど、そこで生じるさまざまな出来事を含めたものが、その場所を訪れるひとにとっての意味を構成している。そうした要素が相まって、そのひとにとって居

心地のよい場所になっているのだろうし、何度も再訪したり常連化したりするにつれ、自分にとってそこが特別な意味のある場所＝居場所として感じられるものになっていくのだろう。

「まちの居場所」には多様な形態や業種があり、「まちの居場所」の定義を一言で要約することは難しいが、それらを特徴づけている共通点を挙げることはできよう。とりあえず以下の3点を挙げてみたい。

・まちの中にあるパブリックな場であること
・まち／地域の文脈に位置づけられた場であること
・一人ひとりが関わってつくり出されている場であること

まちの中にあるパブリックな場であること

「まちの居場所」は、自分ひとりだけで占有するパーソナルな場所ではなく、また、いつも決まったひとだけが集う仲間内のたまり場とも異なる。そこは誰に対しても開かれた社会的空間であり、そこには必ず「ひと＝他者」がいる。すなわち他者の中に身を置く場所であることが前提となる。

「まちの居場所」にみるオープンな質とは、単に不特定多数のひとが自由に訪れて利用できる、という意味にとどまらない。誰もがそこに迎え入れられる、誰にとってもそこに「わたし」の場所が用意されている、という感覚がもてる場所である。「まちの居場所」を訪れるひとは、名のない「利用者」「消費者」としているのではなく、一人ひとり個別の存在として、個別の名前と身体をもった「わたし」として、その場所に受け入れられている。

同時に、そこにいる「他者」もまた、一人ひとり個別の存在として、ともに居る（居合わせている）。それは、さまざまな考え方や価値観があることを互いに認めつつ、それでもそこに一緒に居られる場所であることを意味している。年齢や性別、職業、肩書などに関係なく、どんなひとであっても排除されずに受け入れられる。常連化したリピーターだけでなく、たとえ初めてその場所を訪れる新参者であっても、あたたかく迎え入れられる。それは、その場での振る舞い方、居方の自由度の高さにつながっている。

もちろん私たちの所属するさまざまな組織（家庭、職場、学校、組合、活動グループなど）も一人ひとり個別の存在を受け入れているが、通常こうした組織は帰属性が高い反面、拘束性も強く、自由度は高くない。一人ひとりに役割や立場が固定され、その立場に沿った振る舞いが求められる。その集団には誰もが受け入れられるわけではなく、条件や手続きが定められ、いつでも離脱できるわけでもない。「まちの居場所」では、そこにいる他のひとたちと同じ振る舞いをする必要はなく、どこにいて何をするのも、かなり自由度が高い。そこに参加するのも離脱するのも、とくに制約なく自由である。短時間で目的だけ果たして帰るのも、そこに長時間滞在して他のひととゆったり過ごすのも、どちらも受け入れられる。その場での振る舞い方、居方、参加の仕方が幅広く許容される場なのである。

自由だからといって、他者の存在を無視するような傍若無人な振る舞いが認められるわけではない。明文化されたルールやその場の主催者による規制によって振る舞いを縛るのではなく、そこにいるひと同士が互いの存在、互いの振る舞いを認めることによって、その場の公共的な秩序が保たれている。一人ひとりは自由に振る舞いつつも、自分以外の他者がその場で居心地よく過ごせるように互いに配慮しているのである。他者がそこで機嫌よく、気兼ねなく過ごせるような環境であることが、自分にとってもそこが過ごしやすい環境となると意識されている。いわば一人ひとりが雰囲気づくりや秩序づくりに参加することで成立している場であり、それが「まちの居場所」のパブリック性を際立たせる大きな特徴と言える。

まち／地域の文脈に位置づけられた場であること

「まちの居場所」は、それぞれのまちの地域性を帯び、それぞれのまちの課題に対応した、一つひとつが固有の存在である。

多くの「まちの居場所」は自然発生的に生まれたものではなく、特定のキーパーソンとなるひとによって意識的に立ち上げられ、主体的に管理・運営されているものである。自分の住んでいるまちに対するキーパーソンの個人的な思いや、まちに対する問題意識が、「まちの居場所」を開設した根底にある。キーパーソンはまちから「場所」が失われていることに気づき、まちにもっとこんな場所、こん

なふうに過ごせる場があればよいのに、あるいは、もっとこんな関わりがもてる場、もっとこんなサービスがあるとよいのに、といった問題意識を強く抱えている。それは、単なる個人的な要求や欲望を叶えたいということではなく、自分の住んでいるまちに内在する具体的な課題を見据えたうえで、このまちをもっと魅力的にしていきたい、みんなが住みやすい地域にしていきたい、という思いに他ならない。まちのさまざまな課題に対応するため、そして、まちに「場所」を取り戻すために、地域の物的・人的な資源を活用しながら立ち上げたものが「まちの居場所」である。

「まちの居場所」は、新築されてつくられるものもあるが、既存の住宅や集合住宅、店舗、公共施設など、まちにもともと建っていた建物を再活用した事例が多い。それは単にコスト削減のために使える建物であれば何でも使っているわけではない。多くのひとがアクセスしやすい場所にあるような建物や、中の様子が外からでもわかるような開放的な建物、あるいは多くのひとにその存在が慣れ親しまれた建物などが選ばれて活用されることが多い。そうした建物は、地域の住人にとって、日常の生活の文脈に溶け込んできたものであり、多くのひとに共通に認識されていた地域資源である。しかしそこが空き家や空き店舗の状態のままだったり、あるいはまったく別の建物に建て替えられてしまうと、資源としての価値は失われ、まちの文脈も途切れてしまう。「まちの居場所」として、その建物の立地や特性を活かすことは、地域の住人にとってまちとの連続性を感じるものであるとともに、その地域の文脈を維持・再生することでもある。ときには、その資源のもつ歴史的・文化的文脈を継承する役割を担うこともある。こうした「まちの居場所」は、まち／地域の文脈に位置づけられることで、すぐれて個別性の高い存在となっている。

また訪れるひとにとって「まちの居場所」は、日常生活の文脈に位置づけられやすいものとなっている。もしその場所が、少し離れたところにあってわざわざ出かける必要があったり、開催日時が限定されていたり、利用するための煩雑な手続きがあると、そこは日常生活の文脈からは切り離されたものとなる。まちの中、家の近くにあって、いつでもオープンであることで、誰でもいつでも気軽に訪れやすい場所となり、訪れるひとの日常生活に自然と組み込まれ、その場所にさまざまな体験が日常的に積み重ねられていく。そこに行けばまちの情報が手に入り、まちのひとたちと関わるきっかけとなる場所、ときには問題解決の糸口を提供してくれることもある場所。そうした場所が日常の中に組み込まれることで、生活の中にまちとの接点が増やされていく。「まちの居場所」は訪れるひとにとって、まちに身を置いている、まちに暮らしている、という感覚をもたらすものであり、一人ひとりの生活をまちの文脈につなぐアンカーポイントとしての役割を果たすことになる。

一人ひとりが関わって
つくり出されている場であること

「まちの居場所」は、誰かが用意した場所でサービスを受動的に享受するような場所ではなく、そこに関わるひとたち一人ひとりが何らかのかたちで主体的に参加することを通して、その環境やサービス、秩序や雰囲気などがつくり出され、維持されている場所である。

既述したことであるが、多くの「まちの居場所」は、キーパーソンによる個人的な思いによって開設・運営されている。それは、ここがこんな場所であってほしい、訪れるひとがこのように過ごせる場所にしたい、という思いである。そのためキーパーソンは、その場所をよりよい場所にしていくことを目指して、責任をもって自ら維持・運営している。そこにいるひとが居心地よく過ごせるように、環境のしつらえやレイアウトに対して自ら手を加え、訪れるひとに声をかけたり会話したりしながら関わりを構築し、彼らから要望があればできる範囲で対応していく。

「まちの居場所」はパブリックな場でありながらも、その場に責任をもつ個人によって維持・管理されているため、既存の制度や組織に拘束されることなく、そのひとの裁量によって柔軟で風通しのよい運営が可能となっている。そのため、そこを訪れるひとにとってキーパーソンは、いつでもそこにいて顔を見ることのできる存在であり、この場所を取り仕切る「あるじ」として共通に了解され、何かあったときに気軽に相談したり、要求を伝えたりすることのできる存在となっている。

そしてその場所の質は、訪れる一人ひとりによってもまた形づくられている。ここを訪れるひとは、対価を支払ってサービスを享受するだけの消費者として振る舞うのではなく、この場所の質がいい状態になるよう、さまざまなかたちで関与している。そこに来ている一人ひとりが個人として受け入れられつつ、自由に過ごしていられる「まちの居場所」の環境は、一人ひとりの振る舞いと、その場所における他者との関わり方によってつくり出されるものである。はじめはもちろん新参者としてその環境に足を踏み入れることになるが、そこにいるスタッフや常連などに迎え入れられ、その場所に少しずつ馴染んでいくにつれ、今度は他のひとを迎え入れる側として振る舞うようになる。何か手伝えることがあれば手伝ったり、他のひとの相談に乗るようになったり、新しい企画に携わるようになったりもする。それは、何かマニュアルのようなものがつくられていたり、そうしなければいけないというルールが定められたりしているわけではない。何度もリピーターとして訪れるようになるにつれ、他のひとの振る舞い方に触れながら、自分がそこでどのように振る舞えばいい環境に寄与することになるのか、学んでいくのである。その場所の新参者から熟練者になるに従い、自分自身が他者にとっての環境であることを自覚し、他者にとって居心地よい環境を維持するために、環境を構成する一員として振る舞うようになる。それはすなわち環境に参画していくことに他ならない。

このように、一人ひとりが参加してつくり出される「まちの居場所」は、よくも悪くも未完成の状態で開設され運営されているとも言える。環境としても運営としても、それははじめから完成されているわけではなく、あり合わせのもので環境をつくりながら、その都度試行錯誤しながらさまざまな取り組みを行っている。それは、少しずつ（しかし常に）つくられ続けていることであり、変化し続けていることでもある。「まちの居場所」は未完成であるが故に、訪れるひとを参加者として巻き込んでいく。キーパーソンも来訪者も含めた一人ひとりが関わることによって、その変化はもたらされている。そして、そのように「まちの居場所」の参加者であることが、訪れるひとにとってこの場所を自らの居場所たらしめているのだろう。

以下では、このような特性をもつ「まちの居場所」がもつ意味と価値を、その存在が社会にとってどのような意味があるのか（社会的意味）、また、そこに関わるひとにとってどのような意味があるのか（相互浸透的意味）、これら二つの側面から考察を行ってみたい。

「まちの居場所」の社会的意味

経済的空間としての「まちの居場所」

従来の市場経済システムが、貨幣を媒介としながら、サービス提供者・享受者ともに経済的合理性を追求して各自の利益を追求しようとするものであるとすると、それに対し「まちの居場所」は、現在の経済システムの中にありつつも、従来の経済システムから自立しようとする新たな経済的空間の萌芽として見ることが可能である。

既述したように、市場経済システムは、技術を発展させ社会の利便性や快適性を増大させてきた一方で、私たちの「生活」を抽象的な「消費活動」に分解し、具体的な「生活」の営まれる「場所」を地域から消滅させてきた。これに対して「まちの居場所」は、経済的合理性によって失われた価値観を追求しようとするひとびとによって開設され、運営されるものである。そしてそこを訪れるひとにも、そうした価値観は共有されている。そんな経済的合理性の対極にあるような「まちの居場所」を、なぜ経済的空間として捉えうるのだろうか。

そもそも「まちの居場所」は、決して経済的利益を最大化させることを目的としたものではない。たとえば運営者はなるべくコストを切り下げて効率的に運営することには大きな関心はなく、それよりもその場所の質がよりよいものになることを目指している。また来訪者も極力安価な対価によって最大限の商品・サービスを求めようとしているわけでもなく、その場における交換不可能な体験そのものを重視している。

「まちの居場所」では、とにかくその場に身を置くことが、来訪者に価値をもたらしている。そこにいる「ひと」と直に接して対話をし、楽しい時間を過ごしたり、新しいアイデアに触れたり、ときには

互いに議論を交わすことによって、互いに納得するかたちでその場が構築されていく。結果として、それぞれのひとに応じた居心地のよい居場所となり、それぞれのひとに応じたサービスとして結実する。そのときそこに参加するひとは、その場の構築に関わることによって、それぞれに自分にとって価値のあるもの・体験・サービスを得ているのである。それはある意味で合理的な振る舞いと言うことができるだろう。ドイツの哲学者ユルゲン・ハーバーマスは、このような対人的な対話からなる合理性を「コミュニケイティブな合理性」と呼び、私たちの生活世界を構成する重要な価値観として位置づけている[3]。

市場経済システムの媒介となる貨幣は、確かに標準的な仕組みであるが、それが交換可能なものは、その価値が計測可能なものだけである。たとえば、誰かが事前にその価値を査定してあるもの、他のものと比較可能で交換可能であるもの、そしてみんなが対等に欲しがるものである。その際の消費者としての合理的な振る舞いとは、なるべく少ない対価でなるべく多くの商品やサービスを獲得しようとすることである。

これに対して「まちの居場所」でやりとりされるものは、何かわからないけれども価値のありそうなもの、自分だけにその価値が向けられたもの、個人的な思い入れや感情、時間的な蓄積を含んだものや、将来何かに役立つかもしれないものなど、従来の経済的指標では査定できないものが多い。そうしたものにも、経済的価値と同等またはそれ以上の価値を見出しているのであり、貨幣による交換とは異なる価値のやりとりが特徴と言える。

まず「まちの居場所」に関わるひとは、自分のもっているものを他人に対して積極的に差し出そうとする。「まちの居場所」を訪れたひとは、最初は他のひとから迎え入れられる立場であり、そこではさまざまな心遣いや居心地のいい環境が差し出される。そのようにはじめは差し出される側にいたひとも、その場のメンバーとして慣れてくるにつれ、今度は自分が差し出す側に少しずつ変わっていく。たとえば、他のひとに対する心遣い、その場所を維持するための労力、環境を構築するための物資、新しい取り組みに対するアイデア、みなで共有されるべき情報等々、さまざまなものを今度は自ら差し

出すようになる。その際、自分がかつて差し出された相手に対して直接返却するわけではなく、別の新しいひとに対して、あるいはその場所に関わるすべてのひとに対して差し出していくことになる。そうして差し出されたものが、その場で互いにやりとりされ、結果として次の世代へと受け継がれていく。そこでは誰もが、その場から利益を享受しようとすることではなく、多くのものを差し出すことによって、その場の社会に、環境に、参加しているのである。

自分のもっているさまざまな資源を自分だけで占有せず、自分からその場に差し出し合い、それを共有することで、みなに利益が生まれる。その場全体が豊かになることで、結果的にそれが自分に返ってくる。「まちの居場所」はそうしたかたちで資源が循環しているシステムを構築している。「人間の共同生活の基礎をなす財・サービスの生産・分配・消費の行為・過程、並びにそれを通じて形成される人と人との社会関係の総体」(『広辞苑』)を経済と言うのであれば、これも一つの自立した経済的空間と言えるだろう。「まちの居場所」は、小さな規模であるが、しかし小規模であるが故に、そうした循環によって成立している経済的空間であり、関わるひとたちに豊かな価値をもたらしている。

政治的空間としての「まちの居場所」

「まちの居場所」は、現代社会に広く浸透している市場経済システムに対するカウンターとしての意味をもつ。それはある意味で新しい社会的共同体を目指して構築され、実際に運営されている実践的な社会運動と捉えることもできる。すなわちそこには、一つの政治的空間としての姿がある。「まちの居場所」を一つの社会運動として捉えたとき、その大きな特色は、現代の社会システムに対して声高に異議申し立てを行ったり、社会的変革を目指すようなイデオロギカルなものではなく、社会と整合性を保ちながらも、その中に新たな社会性をもった空間を小さいながらも立ち上げてしまっていることにある。

自らの掲げる社会的正義を実現させようとする多くの社会運動体は、目的が先鋭化するとともに、価値観の異なる存在を許容せずに排除することで、共同体としての凝集性を高めようとする。参加者

にはその目的や価値観に対する同調圧力が働き、深刻なコミットメントが求められる。独自の目的をもった拘束性の高い集団の存在は、社会からは特殊なものとして見られ、社会から切り離された存在となりかねない。

「まちの居場所」は、そうしたクローズドな運動体に比べ、きわめてオープンで拘束性の低い、緩やかな共同体を構成する。日常性から切り離された特殊な場ではなく、物理的にもすぐ近くにあって、日常に組み込まれた親しみのもてる場所である。参加者同士が明確な目的を共有しているわけでもなく、参加者を縛る条件も規約もとくに存在しない。参加することも離脱することも自由であり、関わりたいひとが関わりたいときに気軽に関わることで成立する社会的空間である。特定の目的を共有するためにしかめ面で討議する場でもなければ、定められた目標を達成するために努力が強いられる場でもない。異なる価値観をもったひとが自由に集い、互いの存在を認め合いながら居られること、そしてその場所が居心地よく、一人ひとりが機嫌よく居られることが目指されている。

一つひとつの「まちの居場所」は、社会全体の流れから見るとその規模も小さく、取るに足らない取り組みに見えるかもしれない。しかし小さい規模だからこそ、一人ひとりが関わり、支え、つくり上げていくことを実感しうるものとなっている。決してお仕着せのものではなく、誰かから与えられるのを待っているものでもなく、自分たちで自ら構築し獲得した場所である。その場所の楽しい雰囲気と構成メンバーの機嫌のよさが、その主体的な関わりを支えている。お互いに顔の見える関係の中で、ここが居心地のよい場所になるように、あり合わせの材料やアイデアを持ち寄ってつくり上げてきた。それは、一人ひとりにとって手の届く範囲にあり、確かな手触りと手応えが感じられる場所となっているだろう。もしこの小さな社会が、地域と関わりをもちながらも既存のシステムから距離を取ることができ、一人ひとりにとって十分に居心地がよく、しかもそこに新しい価値を見出しうるものになりえているとすれば、それを可能にしているのは、一人ひとりの実感している確かな手応えであり、そしてそれが参加者に共有されていることによるだろう。

「まちの居場所」は、既存の社会に対して背を向けて対抗するのではなく、その中にあって周囲と関係を保ちながら、さまざまなひとを気軽に立ち寄らせるものである。その場に関わるひとは、そこに身を置くことによって少しずつその環境に馴染み、その社会システムに参加し、そこで共有される価値観を身につけていくようになる。いわば既存の社会の中に新しい価値観の種を蒔いていくような実践活動体であり、それは社会を足もとから少しずつ変容させていく可能性をもつ。「まちの居場所」は政治性から最も遠い存在であるように見えつつも、どうやら新しい社会秩序と価値観を訴求し実践する、したたかな政治的空間として機能しているのではないだろうか。

文化的空間としての「まちの居場所」

すでに述べたように、「まちの居場所」は、地域やまちの文脈に位置づけられた場であり、地域やまちの社会や文化が反映された場になっている。さまざまな「まちの居場所」の中には、まちの中にあってまちに溶け込んでいる建物や、まちの住人たちによって認識されてきた建物を再活用したものが多く見られる。それは、その建物のもつ文化的な性質を再活用していることでもある。

ここでいう「文化」とは、地域特有の風俗や生活習慣、技術や芸能など、伝統的かつ固定化したものだけを指しているわけではなく、地域のひとたちが何となく共通に認識していて、互いに了解し合っているような考え方や価値観のことを、緩く表現しようとしている。ある場所に他者とともにいて、自分が落ち着けるとか居心地がいいと感じる際、おそらく自分はその場での振る舞い方や過ごし方を理解しており、同時にそうした自分の存在をその場にいる他者も了解してくれていると感じている。そうした共通了解の場が形成されているとき、そこにはささやかながら「文化」と呼べるものが形成されていると考える。どんな地域にも、その中に生活するひとたちで共通に了解される意識があり、それぞれ固有の文化的空間とみなすことができる。

地域の文脈に位置づけられた「まちの居場所」は、おそらくそうした地域の文化と個人とを接続する役割を果たしている。私たちは、その場所に身を置いて他者の振る舞いに接したり他者と直接関わ

ることで、地域の文脈を理解し、地域で共有される意識を少しずつ学んでいく。現在私たちの多くは、かつてのような地域共同体に全人的にコミットするような生活からはおそらく距離を置いているが、それでも地域に対して少なからぬ愛着をもち、帰属感を感じているだろう。それは、近隣関係や学校・職場などの必然的な環境（＝社会）だけでなく、地域のそこここにある「まちの居場所」を通して、地域について学び、地域の文化を少しずつ身につけている可能性が大きい。

そして、それぞれの「まちの居場所」そのものもまた、一つの文化的空間を形成している。そこには特有の雰囲気があり、特有の過ごし方、振る舞い方がある。実際には多様なひとが受け入れられ、自由な振る舞い方が許容されており、いろんな他者との距離の取り方が可能であるが、それでいながら、少しずつその場に馴染んでいくにつれ、その場の文化に身を染めていき、居合わせた他者と緩やかにつなぎ合わされていく感覚をもつことができる。いつしか、その環境に受け入れてもらう側から受け入れる側へと役割を変え、自らがその文化を形成・維持する主体へと変容していく。文化的空間としての「まちの居場所」とは、その場に居合わせたひとたちと互いの存在を共通了解し、何らかの価値観を共有していくことに向けて、それぞれのひとが自律的に参加する場なのである。

こうした「まちの居場所」のもつ文化的な役割は、その空間・環境の質と密接に関わっている。たとえば多くの「まちの居場所」は、開放的でさりげないたたずまいの建物である。このことは、多くのひとのアクセスを容易にするとともに、内部の様子がまちに発信され、多様なひとが関わりやすい文化との接点を形成している。また室内にはさまざまな家具を用いて多様な居場所が設けられ、多様なひとの多様な過ごし方を可能にしている。そのことが、他者との多様な距離感を取りながら互いの存在を認識し、自分なりの仕方で文化と関わることを可能にしている。その空間にはさまざまな要素が混在し、ひとがアクセスする際のきっかけとなったり、ひとと関わる際の手がかりとなったりする。

いずれも、ひとの振る舞い方や関わり方が環境と呼応し、環境が少しずつ変容しながら、そうした振る舞いや関わり方を許容するような、ひとと環境

との柔らかい関係がつくられていくところに特徴がある。固定的であるよりも柔軟で可変的、画一的であるよりも多様で個別的、目的的であるよりも偶発的かつ触発的、完成された環境であるよりも仮設的で試行錯誤を許容するような環境のあり方が、「文化的空間」としての居場所の質を支えている。

「まちの居場所」の中には、サードプレイス*4として日常生活に余暇を取り入れるための仕掛けのみならず、認知症の高齢者や障害者、末期がんの患者、ひとり親、不登校児、貧困に直面したこどもたちなど、本人にとって切実な社会的居場所となっている事例がある。こうした、現代の社会の中で生きづらさを感じ、社会的居場所を失っているひとにとって、「まちの居場所」は、その文化に接し、その社会に帰属感を感じることのできる重要な意味をもつと考えられる。このような切実な居場所が、「まちの居場所」としての質でつくられていることの意味は大きい。

それはひょっとすると、機能ごとにビルディングタイプとして計画され設計されてきた建築がとりこぼしてきた価値であり、環境の質であると言えるかもしれない。ひとの生活をニーズに分解し、機能と空間とを合理性や効率性によって結びつけようとしてきた「施設」では、対応しきれないひとたちの存在が顕在化してきている。「まちの居場所」は、そうしたひとの生活を支え、文化的・社会的な存在を支えるうえで、本質的な役割を担いうる。むしろそのような「まちの居場所」の質こそが、私たちの生活を豊かにするうえでも重要な意味をもっているのかもしれない。そのことは、図書館にしろ、学校にしろ、高齢者施設にしろ、従来の建築計画でつくられてきた「公共施設」に、近年「居場所」としての質が求められるようになってきていることとも、おそらく関連しているのではないだろうか。

「まちの居場所」の相互浸透的意味

「ひと」と「ひと」が出会う場所

ここでは、「まちの居場所」に関わる個人が環境と関わることによって、その個人にとって立ち現れてくる意味について考察してみたい。

まず「まちの居場所」は端的に、そこに行けば誰

かと顔を合わせる場所であり、誰かと出会いに行く場所である。それも、ただ群衆のような不特定のひとではなく、顔も名前もわかる特定の「だれか」、あるいは、今はまだ知らなくてもこれから知るようになる特定の「だれか」である。「まちの居場所」は、何らかの目的を果たすために行く場所である以上に、「ひと」と「ひと」を出会わせる媒介としての役割を果たしている。

「わたし」はそこに行くときに、「だれか」と出会うことを意識的／無意識的に期待している。そしてそこにいる「だれか」もまた、「わたし」と出会うことを期待しているであろうし、そのことを、「わたし」は十分推測することができる。ときには他のひとに迎え入れられる側として、ときには他のひとを迎え入れる側として、そこで「ひと」と出会い、ともに楽しいときを過ごし、関わりを広げていくことができる。

単に「だれか」とともに過ごす場であれば、家族や職場、組合やサークルなど、それぞれが所属する組織・グループがある。しかしそれらと大きく異なる点の一つは、「まちの居場所」では未知なるもの、未知なるひととの出会いが含まれることにある[*5]。このような場所がなければふだん出会わないようなひとと出会い、関わりが生まれる。「まちの居場所」でたまたま居合わせたひと同士で会話が生まれることがある。常駐するキーパーソンやスタッフが、初めて会うひと同士を引き合わせることがある。そこで提供されるサービスやイベントを通して、自然と知り合いになっていくこともある。「まちの居場所」として構築された環境も、そこに集うひとも、そしてそこで行われる日々の活動やイベントも、いずれも、「ひと」と「ひと」を出会わせるための仕掛けであり、媒介としての役割を果たしている。そうした仕掛けによって、既存の地位や職業、役割などとは関係なく、フラットな立場で新しい関わりが生まれていく。

そして「まちの居場所」のもう一つの特徴は、そのネットワークが決して拘束力の強いものではないことにある。家族や職場、組合など、私たちそれぞれが所属する組織は、私たちにとってなくてはならない強固な人的ネットワークである。そのネットワークは、メンバーが固定され、内部で共有される価値観も固定されたものであるが故に、強く結ば

れ、まとまった力を発揮することができる。しかし、メンバーの同質性が強く、拘束性の強いネットワークであり、その広がりは限定される。それに比べて「まちの居場所」は、誰でも気軽に参加でき、いつでも離脱できる緩いつながりである。そのつながりの緩さが、多様なひとを巻き込み、ネットワークを広げやすいものとしている。その緩やかなネットワークは、異なる価値観を許容し、想定しないひととの出会いを促し、多様な情報に触れる機会を増やすことになる[*6]。

このように「まちの居場所」では、多様な「ひと」と「ひと」が出会い、新しい関わりをつくり出すことで、そこにさまざまな価値観やアイデアが交錯する。その環境も、そこで提供されるサービスも、そこで発生するさまざまな出来事も、「ひと」と「ひと」が出会うための媒介の役割をすると同時に、「ひと」と「ひと」が出会うことで偶発的に、あるいは触発的に生み出されたものでもある。何らかの希望や要求があったり、あるいは解決すべき課題を抱えた「わたし」が「まちの居場所」で「ひと」と出会う。その出会いの中で、「わたし」の思いがそこにいる「ひと」と共振する。その思いを叶えるためのアイデアが発生し、可能な範囲で実践されていく。それがおそらく、それぞれの「まちの居場所」に構築される環境であり、そこで提供されるサービスとなっている。そのサービスは、そこに居合わせる「ひと」によって、またそれぞれの場所の性質によって、それぞれ異なるものとなる。それは決して経済的合理性に叶うものではないかもしれないが、少なくともその場に集うひとたちの間で共通了解され、一人ひとりの思いに叶うものとなっているだろう。

「まちの居場所」が外から見えるかたちで有している多様で柔軟な「機能」は、既存の制度やサービスとして外から付け加えられたものではない。実際にその場所で「ひと」と「ひと」が出会い、相互に関わり合うことによって、結果的に立ち現れてきたものと言える。

「わたし」が「わたし」として居られる場所

私たちはふだん消費活動の中で、「わたし」個人として扱われることはほとんどない。もちろん個人情報としての名前は用いられるが、それは商品やサービスの受け取り手として識別される記号に過

ぎない。あくまで対価を支払って商品やサービスを受け取る受動的な「消費者」あるいは「利用者」として扱われている。それはニーズによってのみ把握される不特定多数の一員であり、「わたし」固有の顔と名前をもった主体的な存在ではない。消費活動の中で「わたし」は自分の存在を、合理的な消費選択を行う賢い消費者として把握することはできるが、それはきわめて代替可能な存在であり、他の誰とも異なる他ならぬ「わたし」の姿を見出すことはできない。

「わたし」が「わたし」の存在を確認・確証することができるためには、他の誰とも異なる固有の存在としての「わたし」であることが、まずは自分自身で確認できること、それと同時に、社会の結びつきの中で他者から認めてもらうこと、その両者が必要である。家庭や職場など、「わたし」が一次的に所属する組織においては、顔も名前もある固有の存在として「わたし」が認証されている。そこには確かに「わたし」の席が与えられ、「わたし」の社会的役割が存在する。「わたし」が不在であれば、その不在感が他者の中で共有される。そのような他者との関わりの中で、かけがえのない「わたし」がくっきりとした輪郭をもって実感される。組織内部の絆が強いほど、その輪郭は明瞭で強固なものとなるが、それは同時にその輪郭を固定化させることにもなる。組織の中での立場や役割に拘束され、それは心理的な安定をもたらす一方で、その社会的枠組みから自由になれない閉塞感や圧迫感につながることもある。その状況が続いて他に逃げ場がないとき、大きなストレスを引き起こしかねない。

「まちの居場所」は、多様なひとに対してオープンで拘束力の少ない場所であり、自由度の高い場所でありながら、「わたし」が個人として主体的に訪れる場所であり、顔と名前のある個人として認識されることが期待される場所である。家庭や職場などに比較すると、圧倒的に束縛性の緩い社会的空間であり、むしろそこに大きな特徴がある。必ずしもそこに集う全員が知り合いであるわけではなく、その時点ではまだ知らない他者との出会いが含まれている。しかしそれでも、「まちの居場所」を訪れたとき、スタッフや居合わせたひとから「わたし」個人として迎えられ、他の誰とも異なる「わたし」として認識される。このような、気が向いたときにふらりと訪れても「わたし」の固有性が認められる場所は、かつてはまちの中にさまざまに存在していたように思われる。しかしそうした場所が減少の一途を辿っている現在、「まちの居場所」は代わってその役割を担おうとしている。

「まちの居場所」の来訪者にとって、そこに映し出される「わたし」の存在は、首尾一貫した揺るぎのない「わたし」というよりも、さまざまな他者と出会いながら常に揺らいでいる「わたし」である。それは、そこで出会う「ひと」と「わたし」が互いに多分に未知性を含んでいるためである。未知なる「わたし」が未知なる「ひと」に迎え入れられるとき、「わたし」はその「ひと」にとって働きかけの対象となる。たとえば、そのひとから認められ、見つめられ、声をかけられる。そのとき「わたし」はその「だれか」にとって無視しえない存在であることを確認することができる。そして「わたし」が「ひと」を迎え入れるとき、今度はその「ひと」に対して「わたし」自身が働きかけの主体となる。「わたし」は主体でありながらも、「ひと」にとっての他者となり環境の一部であることを意識して振る舞っている。その「ひと」の環境の一部として振る舞っていることをその「ひと」も認識してくれることを期待している。そのような「わたし」の存在が、「ひと」と出会うときに、か細く揺らぎながら立ち現れる。

「揺らぐわたし」は「揺るぎないわたし」と比べ、恐る恐るながらも外に対してオープンになり、変化を受け入れやすい存在となりうる。思わぬ出会いによって自分の価値観が揺らぎ、考え方に振れ幅が生じ、自分でも気がつかなかった一面が引き出される。輪郭が曖昧ではあるが、緩やかに広がりのある「わたし」、臨機応変で偶発的な「わたし」こそが、他者を受け入れ、自ら揺らぎを増幅し、ときには今までの範疇から逸脱しながら自分の世界を広げていく。「まちの居場所」を訪れるひとは、家庭や職場などの一次集団の中で揺るぎのない「わたし」を確立しつつも、ときには「まちの居場所」で「わたし」の存在を揺らがせる、という往復運動を日々経験する。おそらく「わたし」が「わたし」でいられるという感覚は、そうした動的なバランスによって保たれることになる。過去からの一貫した「わたし」と、未来に向けて変化する「わたし」の両立こそが、「わたし」の存在を「わたし」たらしめるのである[7]。

「ひと」が環境と切り結ぶ場所

　「まちの居場所」は、まちの中における参加の場であり、協働の場であるが、その多くは、よくも悪くも未完成な状態であり、常に参加者によって手づくりで構築されている途上にある。その未完成であることが、ひとと環境とのトランザクショナルな関係を促進し醸成している。スタッフも来訪者も一人ひとりが自ら関わりながら、環境を構築し、サービスを提供し、場所を運営している。最初はたまたま足を踏み入れたり、ひとに連れられてきたような主体的でなかったひとも、訪れるたびに少しずつ巻き込まれていき、足を奥に踏み込むようにして次第に主体的に関わるようになっていく。ここに見られるような、ひとと環境とが相互に関わりをつくり合っていくプロセスを、ここでは、ひとと環境とが「切り結ぶ」と表現したい*8。「まちの居場所」においては、そのプロセスにおいて、環境と参加者とが相互に影響を与え合いつつ、まちに対する意味と価値を構築している。

　「切り結ぶ」という表現は、ひとと環境との双方向的かつダイレクトな関わりを表そうとしたものである。ある環境の条件や刺激によって特定のひとの反応が引き出される、という一方向的で固定的な関係ではなく、ひとが常に環境に対して働きかけ、環境を変容させつつ、そのときに感じる環境からの手応えをもとにして次の働きかけにつながっていくという、状況即応的な関係である。ある意味行き当たりばったりでありながらも、その先の姿を予期的に捉えつつ、そのときどきに応じた関係がつくり出されていく。ひとと環境とが双方ともに少しずつ変化しながら、常に関係をつくり続けていくという、ひとと環境とのトランザクショナルな関係がそこに意味されている。

　まず「まちの居場所」の物理的環境のしつらえられ方に注目してみる。その多くはこぢんまりとした規模で、あり合わせのもの、持ち寄られたものでできている。住宅や店舗など、私たちに馴染みやすい空間を再活用し、運営者をはじめそこに関わるひとたちが、自分たちの思いを込めて自分たちの力で環境をつくり出していく。そこには、そこを訪れるひとたちがこのように過ごしてほしい、このように感じてほしい、という意識が込められている。いわば、そこに関わるひとたちの労力とアイデアと資源

によってしつらえられ、差し出された環境である。そうして生み出された、手づくり感にあふれ、馴染みやすく、可変的で過疎的な環境は、そこを訪れるひとにとっても手触りを感じることができ、環境に対して自らも働きかけようとする意識を促しやすいものとなる。「わたし」がこの環境に馴染んでいき、そこが「わたし」にとって居心地のいい特別と思える環境に変わっていったとき、そこに身を置く体験には、いつか「わたし」も環境をしつらえる側、差し出す側になりたい、その一部を構成したい、という予期が含まれるものとなるだろう。環境を媒介としながら、多くのひとによる環境に対する働きかけが引き出されていき、そうした関わりもまた少しずつ蓄積されていくかたちで、常に環境のかたちがつくられ続けている。

　また、「まちの居場所」が提供するサービスも、常につくられ続けている。それは、制度化された、あるいは消費的なサービスのように、あらかじめ想定された固定的なニーズに対応するサービスではない。地域の状況や来訪者の思いに応じて、可変的、状況対応的に応答してきた結果、生み出されてきたものである。もしも新たな課題に直面したとき、それを新たな出会いとして新たなアイデアを見出すことができれば、柔軟に、そして身軽に、新たな取り組みを行うようになる。そして、常に変化していくことによって、まちの細かな状況や課題が把握され、同時にまちにおける「まちの居場所」の位置づけが捉え直される。ときには、意識的にはまだ気づかれていない将来的な課題を予期的に感じ取り、先取りして課題解決に向かうような、鋭敏なセンサーとしての役割をも果たしうる。

　「まちの居場所」は、そこを訪れる「わたし」にとって、事前の計画に従って目的を遂行する予定的な場ではなく、その都度何か新しいことを期待する予期的な場である。そこには、ある安定した秩序を求めて行くのではなく、何か新しい秩序が発生しつつあることを期待して行くのである。予期的な場とは、予定調和的な振る舞いによって構成されるのではなく、偶発的な出会いによって、「ひと」と「ひと」、「ひと」と環境との切り結ぶ関係によってその都度構成されていく。そこで従来の「わたし」が揺さぶられることによって、新たな「わたし」を見出していく。それは、従来の組織に参加する際の一つ

の鋳型に収斂していくような体験とはまったく異なるものと言える。

そして長期的には、「まちの居場所」で関わるひと同士は、環境に新たな記憶を蓄積し、その歴史を共有し、新たな物語をともにつくり上げてゆく。これは前述したように、地域の小さな文化を構築するプロセスと言えるだろう。こうした文化的実践の場に身を置くとき、「わたし」はその文化を担う一員として、自分の存在を認識することになる。「まちの居場所」における環境とのダイナミックな関わりは、そこに価値と文化を蓄積し、環境をつくり上げると同時に、そこに関わる「わたし」自身の世界を確立することに寄与している。

「わたし」を開き「まち」を拓く「まちの居場所」

「まちの居場所」の大きな役割の一つは、「わたし」を「まち」に対して開いていくことにあると言える。「まちの居場所」は、「わたし」と「まち」（身の回りの社会や環境）との接点をもたらしている。「わたし」が「まちの居場所」を訪れ「まちの居場所」と関わるとき、「まちの居場所」はまちの中における「わたし」の存在を変化させ、揺り動かしていく。「まちの居場所」がまちの中で何らかの役割を果たすとき、そこに関わる「わたし」もまた、まちの中に自分の役割を見出し、「わたし」の存在を位置づけられるようになる。それは、社会における「わたし」の「わたしらしさ」、社会の一員としての存在を獲得・再獲得することでもある。「まちの居場所」は「わたし」にとって「まちの特異点」のような特別な場所として機能し、「わたし」をまちに対して開き、「わたし」の存在を際立たせる場所となりえているのではないか。

それは同時に「まちの居場所」の存在によって、「まち」が多くのユニークな「わたし」に対して開かれていくことでもある。「まちの居場所」は媒介となって、多くの「わたし」の存在を「まち」に出会わせ、蓄積させ、定着させていく。それぞれの「まちの居場所」は小さな存在であり、さほど多くのひとを「まち」と接続する役割を果たせるわけではないかもしれない。しかし、それぞれはユニークな「まちの

居場所」がまちの中に多種多様に存在するようになれば、より多くのひとが自分に合った「まちの居場所」に出会うことができるようになる。「わたし」自身も多様なリンクをまちの中に張り巡らせることができるようになる。それぞれのひとが、そのひとなりの方法で「まち」と接続することが可能となるだろう。

結果的にそれは、まちの中に、一人ひとりの多様な生活の仕方や多様な価値観を保証する。すなわち、多くのひとの存在を包摂することを可能にするように「まち」そのものを拓いていくことになるだろう。そのように、「わたし」と「まち」とを互いに開き、結び合わせることで新たな可能性を拓いていく、「まちの居場所」はそんな役割を果たしうるのではないだろうか。

注釈

*1　トランザクションとは、ひとと環境とが相互に影響を与え合いながら、時間とともに互いに変容していき、密接な関係をつくっていくプロセス、あるいはその結果つくり上げられた関係性を示した用語である。「相互浸透」とも訳される。

*2　間宮陽介『同時代論　市場主義とナショナリズムを超えて』（岩波書店、1999年）参照。

*3　花田達朗『公共圏という名の社会空間　公共圏、メディア、市民社会』（木鐸社、1996年）参照。ハーバーマスは、公権力や経済市場など、経済性や効率性を重視する価値観によって社会を支配しようとする権力（＝「システム」）と、市民が主体的に関わってつくり出す日常社会（＝「生活世界」）とを対置させている。目的的な合理性を目指す前者に対し、後者は対話による相互了解を目指しており、そのような指向性は「コミュニケイティブな合理性」と呼ばれている。

*4　レイ・オルデンバーグ『サードプレイス　コミュニティの核になる「とびきり居心地よい場所」』（忠平美幸訳、マイク・モラスキー解説、みすず書房、2013年）参照。

*5　橘弘志「地域に展開される高齢者の行動環境に関する研究」（『日本建築学会計画系論文集』No. 496、1997年）参照。橘はまちの中でコミュニケーションが見られる場所のうち、未知のひととの出会いが広がるような場所を「Youの場」と呼び、親しいひとや決まったひとだけで集う「Weの場」と区別している。

*6　アメリカの社会学者マーク・グラノヴェッターは、価値ある情報の伝搬には、家族や仲間などの強い社会的つながりよりも、ちょっとした知り合いのような弱い社会的つながりのほうが有利であるとして、「弱い紐帯の強み」という概念を提唱した。

*7　西平直『エリクソンの人間学』（東京大学出版会、1993年）参照。西平は、社会心理学者エリク・H. エリクソンの提唱するアイデンティティ論を引き、「アイデンティティとは一方で〈わたし〉がこの〈わたし〉であることは何より確かなことであると同時に、しかし他方で、〈わたし〉は他者から承認されることによってはじめて〈わたし〉である、という二重構造の表現」であると述べている。

*8　エドワード・S. リード『アフォーダンスの心理学　生態心理学への道』（細田直哉訳、新曜社、2000年）参照。

Chapter 3 当事者による場づくりの時代

はじめに

まちの居場所づくりの普及

　朝、新聞の地域面を開くと、コミュニティカフェや子ども食堂、福祉的機能を持つ場など、われわれが「まちの居場所」と呼ぶ場所・施設がほぼ毎日のように生まれていることがわかる。もはや全てをフォローすることは困難なほど一般化したと言ってよいだろう。

　社会学者の宮台真司氏は、①スローフード運動（イタリア）、②メディアリテラシー運動（カナダ）、③反ウォルマート運動（アメリカ）を例にあげて、日本では他の先進国と違って「生活世界」を保全するオルタナティブな「システム」を目指す運動、「共同体の共和」によって成り立つ「社会の分厚さ」を保つ運動はなかったとしているが[*1]、近年の日本各地での動向を見ると、④「まちの居場所」づくり運動（日本）も加えてよいのではないかと考える。

　本章では、これら「まちの居場所」を誰が始め、担っているのかについて考察するとともに、近年増えている本を用いた場づくりの事例を検討する。

ひがしまち街角広場から学んだこと

　前書『まちの居場所』でも紹介され、Chapter 1 でも再検討されている千里ニュータウンのコミュニティカフェ「ひがしまち街角広場」は筆者にとっても地域の場所のあり方について考える大きなきっかけであった[図1]。

　ひがしまち街角広場の特徴と価値は以下の4点にまとめられると考えている。

・誰でもふらっと立ち寄れる場を提供していること（飲み物100円、頼まなくてもよい。何度も来る人も）
・幅広い会話・社会的接触・情報交換ができる（小学生との日常会話、思い出話、健康相談からまちづくりの情報交換まで）
・新しい地域活動主体の孵化器となっていること（ここから複数の地域団体が生まれた）
・柔軟な企画・運営の可能性を示した（目標は最初に立てず運営しながら決まっていく）

　そして何よりも重要なことは、このような場所のあり方を決定づけたのが専門家や行政ではなく、千里の住民であり初代代表の赤井直氏個人であることだ。

　「千里ニュータウンに住み始めた時からこういう場所が欲しかった」と語る彼女に対して、建築やまちの専門家であるはずのわれわれはただうつむくしかない。こういう役割・機能を持つ場所を専門家は構想できなかったのだ。

図1　ひがしまち街角広場（撮影：田中康裕）／千里ニュータウン新千里東町住区の近隣センターの空き店舗を利用して生まれたコミュニティカフェの先駆。住民がふらっと訪れる居場所であり、地域活動の拠点でもある。左は初代代表の赤井氏

図2　さたけん家／千里ニュータウン佐竹台近隣センターの書店に生まれたコミュニティカフェ。主婦による日替わりランチ、中高生の学習支援、高齢者のための教室や地域イベントなど、多彩な活動が営まれている

当事者による場づくりの時代

さたけん家

専門家ではなく、市民が中心となって場をつくり出したのはひがしまち街角広場に限らない。千里ニュータウンの吹田市エリア・佐竹台住区の近隣センターにある「さたけん家」も同様である[図2]。

佐竹台は千里ニュータウンで最初にまちびらきした住区であり、この近隣センターにある書店、つまり千里で最も古くからある書店内にあるコミュニティカフェ・さたけん家は、飲み物だけでなく、毎日主婦によるランチが提供されている。のみならず、週1回の高校生・大学生による中高生の学習支援活動(学生が学生を教える)、高齢者向けの活動や、各種の地域イベントなど、現在千里で最も活発な活動拠点である。そしてここを構想して店舗空間をリノベーションし、実質的に運営しているのも住民である主婦なのである(といっても小さなNPOを運営し地域活動の実績がある人なのだが)。

かつて千里ニュータウンは、大阪府を中心に大学やコンサルタントの専門家によって、近隣住区理論の適用をはじめとする新しいまちのビジョンが追求され建設された。立地もよく団地の建て替えが進んでおり、間違いなく成功したニュータウンと言ってよい。しかし建設から50年あまりを経た今、官から民という風潮や、長引く不況下の厳しい予算状況、また既存の制度・施設体系と平等性というしばりの中で、行政は構想する力と自信を失いつつあり、千里のまちのポテンシャルを生かしきれていないように見える。このような状況の中、地域に必要な場の提案と実践が地域の主婦から生まれたのだ。

隔世の感があるが、気がついてみると、コミュニティカフェに限らず、近年このようなケース、すなわち、行政や専門家ではなく、その問題に気づいたセンスある地域住民、切実な必要性を感じた「当事者」たちが、自らのビジョンと試行錯誤によって、従来にないタイプの場所や、新しい施設形式を創造している例が少なくないように思われる。

宅老所、院内助産所、マギーズセンター

たとえば、既存の住宅などを利用して高齢者のケアを行う「宅老所」は特別養護老人ホームのような施設環境では十分なケアができないと考えた介護士たちが始めたものである[図3]。総合病院の中に産婦人科から独立して生まれた「院内助産所」は、健康な妊婦は私たちが担当できるという助産師からの訴えで生まれた型式である[図4]。大阪のある障害児童デイサービスは身内に障害者を持つ理事長が自ら開いた場である[図5]。

いずれも従来なかった形式の施設・場であるが、これらの構想の段階に、建築の専門家や行政はかかわっていない。それぞれ現場で課題に直面している介護士や助産師、身内に障害者のいる当事者たちが、地域に必要な場や、自分たちの活動により相応しい場のあり方を追求した結果生み出されたものなのである。

これらの新しい場は、それを生み出し、運営し営んでいる当事者=「あるじ」抜きには語れず、拠点性を持つが、同時に多様な社会的接触と情報交換の場でもあり、いわゆる公共施設以上に公共性を持っているという点でも共通している。まとめると当事者がつくり運営される場は次のような特徴を持っている。

図3 特別養護老人ホーム はぎの里(撮影:松原茂樹)/水周りを改修した民家を利用したデイサービスの場。住まいそのものの慣れた環境であり、高齢者はできる範囲で食事の準備を手伝う

図4 S病院助産科外来院内助産所/助産師たちの希望から総合病院内に生まれた助産科外来。住宅のような雰囲気にするため病院内ではあるが畳敷き

図5 NPO法人サンフェイス(撮影:梶木仁美)/元電気屋をリノベした障害児童デイサービス。若い理事長のセンスで建物もワゴンもポップなデザイン

・強い問題意識とビジョンを持つ「当事者」が「あるじ」として開設・運営（しばしば専門家抜き）
・従来の施設に失望した人が始めた例が多い
・顔の見える範囲のコミュニケーションを重視し、複合的な機能を持つ
・（手づくり的）リノベーションによるものが多い
・公共施設ではないが公共性を持つ

　近年注目されている「マギーズセンター」（Chapter 4で詳細に紹介される）もこのような事例の一つと言える。これは乳がんにかかり余命が短いことを告知されたマギー・ジェンクス氏が、がんになったことを受け止め、残りの人生に立ち向かうための場が必要であると認識したことから生まれた新たな施設である。
　一般にビルディングタイプは、社会的枠組み、制度、経済などとの関係で成立していると議論されるが、マギーズセンターは生み出した当事者の個人名がついたビルディングタイプなのである[図6]。

新しい場をつくり出す力
——利用者・住民参加を超えて

　建物の使われ方調査という名称が示すように、（オーナーのためでなく）実際に建物を利用する人たちの立場から建築を考えることは建築計画学の重要な理念であり、実際に人間的な建築を生み出してきた原動力である。だが、言い換えれば建築計画において、人は施設の「利用者」としてのみ捉えられてきたとも言える。専門家によって計画・建設され提供された施設を使うだけの存在であったのだ。
　また都市計画やまちづくりに住民参加という概念がある（あった?）が、これも専門家や行政による公共施設の計画に「住民も入れてあげましょう」というニュアンスを今となっては感じる。
　しかし、ここまで見た事例からわかるように、人間は既存の施設を「利用」するだけの存在ではなく、公共の計画に「参加」させてもらうだけの存在でもなく、当事者として自分たちの活動に相応しい新しい形式の場を「創り出す」本能と能力があるのだ。

本による場づくり

出版不況の一方で

　次に近年増えている本を利用した場づくりの動向を紹介する。ここでもまた当事者による場が目立つ。
　出版不況、書店の廃業（この10年で書店は約4,500店減少した）、本を読まない大学生の増加など、本をめぐる危機的な状況が叫ばれるが、一方で、個性的な書店や古本屋が開業し、「まちライブラリー」や「ビブリオバトル」など、本を使った新しい活動やソフトウェアが提案され全国に普及しつつある。

様々なマイクロライブラリー

　近年図書館は大きな変革期にあるが[*2]、地域計画や「まちの居場所」の視点から興味深いのは、個人が運営する小さな図書館が多く誕生していることである。
　中でも礒井純充氏が提唱したまちライブラリーは住居、カフェ、病院などの一角に本棚や図書施設を設置するもので、2011年以来全国で600以上開設されている。その規模や運営は事例ごとにかな

図6　*The Architecture of Hope: Maggie's Cancer Caring Centres* (Charles Jencks, Edwin Heathcote, Frances Lincoln Ltd, 2010) ／がん患者に生きる希望を与えるマギーズセンターの単行本。表紙はフランク・O. ゲーリーによる「マギーズ・ダンディー」

図7　まちライブラリー@リエゾンサロン北越谷／駅前のビルに入った歯科医院の待合室に生まれたサロン

図8　まちライブラリー@シュール・ムジュール デサキ／中之島バラ園を見下ろす紳士服の仕立て屋内のサロン

図9 まちライブラリーの書棚／このサロンに相応しい本が寄贈されていく

図10 ぶらりまちライブラリーラリー「だいたい満月に」／まちライブラリーを順に訪問し、そこに相応しい本を持ち寄って紹介し寄贈する活動。本を媒介に知り合った仲間

図11 少女まんが館／単行本未収録の作品を読むために全国から訪問者がある

り異なり、本を提供する図書館機能以上に、人と人をつなぎ、地域に「顔の見える関係」を生み出すことを目的としている場合が多い（Chapter 10 で詳細に紹介される）。

特に活発なまちライブラリーを見ると、もともと広い意味での地域活動をしてきた人たちが、病院の待合室や洋服の仕立て屋の一部を地域のサロンとして提供する際の仕掛けの一つとしてまちライブラリーの仕組みを利用している[図7〜10]。

また、テーマを決めて個人が開設・運営する「マイクロライブラリー」も増えている。東京都あきる野市の「少女まんが館」[図11,12]は、少女漫画の文化的重要性を提唱する主催者がパートナーとともに運営し、週1回開館している。利用者は全国から（時には海外からも）やってきて、もう一度読みたかった漫画が掲載されている雑誌を読んで満足して帰っていくという。公共図書館ではカバーできない貴重な本を提供できる場が、個人によって生まれているのである。

新しいタイプの書店・古本屋・本の場

書店や古本屋も地域の重要な居場所でありうる。書店が次々に廃業し、本屋のないまちが増えている状況であるが、その一方で強い意志とポリシーを持った書店も登場している。

本の聖地の一つだったリブロ池袋本店の元店長が新しいまちの本屋を目指して生まれた「Title」（東京都杉並区）はその代表例であるが、他にも多くの個性的な書店が地域に生まれている。たとえば、「えほんや なずな」（茨城県つくば市）は地域の書店の廃業を機に主婦たちが開業した書店である。「MINOU BOOKS＆CAFE」は店主が福岡県うきは市吉井町の伝統的建造物群保存地区のまちにUターンして開いた書店で、まちおこしとラベル付けされることを避けて普通のビルをリノベーションしている点が興味深い。カフェの運営だけでなく様々なイベントを開催する文化的拠点になっている[図13,14]。

これらの書店が皆、地域との関係を重視している点も注目に値する。といっても商店会など既存の地域団体と深く関係するというより、価値観を共有できる店・人々とともに、地域に新しいネットワークをつくり上げている印象がある。

古本屋の世界でも、若い世代による従来のイメージと違う書店が登場している。特に女性店主

図12 少女まんが館

図13 MINOU BOOKS & CAFE／伝建地区の街角の元魚屋のビルをリノベーション。手前がカフェゾーンで書店とは区別。窓の外、道の向かい側には黒板が設置され子どもたちのたまり場になっている

図14 MINOU BOOKS & CAFE

たちは、これまでの古本屋が取り扱ってこなかった雑誌や本に価値を見いだし独自の世界を店としてつくり上げている。これらの中には、「倉敷に行くなら『蟲文庫』」と文化系女子の間で囁かれるような存在となった店もある。小さな古本屋がそのまちを訪れるきっかけになりうる時代なのである。

独立系の古本屋がネットワークを組んで開催するブックフェアもユニークな地域活動として定着しつつある。「瀬戸内ブッククルーズ」(岡山県総社市)[図15,16]や「アルプスブックキャンプ」(長野県大町市)[図17,18]などはそうした例で、他地域からの書店の参加や来訪者も多く、本によるフェスとも言える賑わいを見せている。

南陀楼綾繁氏が提唱した「一箱古本市」も2005年に上野で始まって以来全国各地で開催されている。数冊の本さえあれば個人でも簡単に店を開くことができる型式の提案としてきわめて価値がある[図19]。

最後に書店ではないが、ホテルや病院などあらゆる場所に相応しい本を選書する幅允孝氏のようなブックディレクターという職能、いわば本で場をデザインする専門家が登場していることも見逃せない動向である。

本を用いた新しいソフトウェア

物理的な場ではないが、谷口忠大氏が提唱したビブリオバトルは各自5分間で本を紹介して、聴衆が最も読みたいと思った本をチャンプ本として表彰するイベントである。まちの各所、図書館などに普及し全国大会も開かれている。なかなか地域活動に参加するきっかけがない社会人男性も積極的に参加できる場の仕掛けとして価値が高い。

また、ネット上には様々な形で読書を支援する仕組みや書評サイト(「ブクログ」「読書メーター」「HONZ」「ALL REVIEWS」など)が生まれ、ネットやSNSで参加者を募る読書会(「猫町倶楽部」など)も活発である。

本による場づくりの特徴

本による場づくりの事例を見ると以下のような本が持つ特徴を利用していることがわかる。

本は強力な媒介性を持つ

たとえばある作家のファン同士であれば、老若男女や文化的属性を超えて、初対面でもいきなり深い会話が可能である。また本にはジャンル、難易度にバラエティがあり、かつ様々な読み方ができるため、その人なりの読み方、語り方で人とコミュニケーションができる。これまで本は読書という個人的行為の対象物と考えられてきたが、新しい本の場は、人々を媒介しつなぐものとして本を再発見し利用している。

本は簡易に「場」をつくることができる

アート作品と比べ、本は個人が簡単に所有でき、持ち運びも容易である。一箱古本市がわかりやすいが、わずか数冊の本を選んで並べるだけで、街中に自分の(個性を生かした)店を開くことができる。建物の一角や個人住宅でも、本棚を設置するだけで簡易に自分のテイストを表現できる場をつくり出すことが可能である。ブックフェスタが可能なのも店ではない別の場で販売することができるからである。

コミュニティカフェの運営者は女性が多いのに対して、まちライブラリー運営者は男性も少なくな

図15 Jテラスカフェ／岡山大学内、設計はSANAA

図16 Jテラスカフェで開催された「小さな春の本めぐり」(2017年)／瀬戸内ブッククルーズ主催の独立系古書店のネットワークによる古本イベント。半年に一度開催される

Chapter 3　当事者による場づくりの時代　039

図17 アルプスブックキャンプ2018／木崎湖キャンプ場を借り切って開催される本のフェス

図18 アルプスブックキャンプ2018／首都圏中心に活動する移動式本屋BOOK TRUCK車内から

図19 あじはら一箱古本市（大阪市）／プロでない個人でも簡単に店を開くことができる

い。本は男性が地域に場をつくる時の貴重な手段といえる。

本の場同士はネットワークを持つ

もう一つ注目すべきは、これら本の場が孤立しておらず、ライブラリー同士が相互に、あるいは書店と価値を共有できる場同士でつながり、地域に、あるいは地域を越えて新たなネットワークを生み出していることである。

読書という個人的な行為のためのものとみなされてきた「本」が、その強力な「媒介性」や「場をつくり出す力」に気づいた人々によって重要な環境構成要素として再発見されつつあるといえる。

まちの居場所としての店・マーケット

神戸ルミナリエが開催される神戸市の東遊園地をもっと有効に利用する活動である「アーバンピクニック」も、行政ではなく、市民と専門家が構想して実現した社会実験プロジェクトである。8歳の女子も含む市民オーナーによる屋外ライブラリーをはじめとして、ファーマーズマーケット、音楽、ヨガなど活動内容は非常に多彩で、初夏から秋の神戸の新しい風物詩になりつつある[図20、21]。

野外でのブックフェアもそうだが、普段あまり使われていない場を使いこなそうという市民の構想力が現実に形になりつつあることを感じる。

大阪の御堂筋に面する難波神社で月に1回開催される「大阪ぐりぐりマルシェ」[図22]は普段はビジネス街である場所に生活感があふれる楽しいイベントである。誰が主催しているかというと、これまた「農を都市に」を実践する女性が神社の宮司と交渉し始めたもので現在も実質2名で運営されている。

以前、ニューディール政策で生まれたアメリカのグリーンベルトの住宅地を調査した時、若い女性2人のカフェでの会話が発端で、その1年後にファーマーズマーケットが実現したことを知って驚いたことがある。日本ではこういうことは到底ありえないと思っていたが、大阪ぐりぐりマルシェが現実となっている今、日本の社会も確実に変わりつつあることを実感する。日本の都市から失われた市場がこういう形で戻ってくるとは感慨深い。

店とマーケットは貴重なまちの居場所の一つで

図20 アーバンピクニック／公園を積極的に使う提案プロジェクト。毎年多彩な活動が行われている

図21 アーバンピクニック／アーバンピクニック2017でのファーマーズマーケット

図22 大阪ぐりぐりマルシェ／御堂筋に面する難波神社で毎月第2土曜に開催されるフォーマーズマーケット。実質2名の個人が運営している

ある。これまでの建築計画・都市計画は店というものを軽く見過ぎだったのではないか。店は単なる購買施設ではなく、基本万人に開かれた場であり、顔の見える社会関係が生まれる場であり、店主にとっては自分の個性を発揮する自己表現・自己実現の場でもあるのだ。

まとめ

パブリックな施設・場のつくられ方の時代変化

　建築計画の専門家として、各地の施設を見学することが多いが、最近つくづく思うのは、見学先の計画主体が変わってきたということである。つまり以前は、「○○大学の先生の指導を受けて計画しました」とか、「建設省のモデルプロジェクト第1号です」といったケースばかりだったのが、今はほぼ民間あるいは市民が生み出したものになってきているのだ。

　紹介してきたように、今、様々な課題に関する当事者の各々の問題意識によって生まれた場が、公共施設がカバーしていない社会的機能を補完し、まちの価値と魅力を確実に増大させつつある。

　その範囲は小さなコミュニティカフェの運営に留まらず、行政になりかわっての公共空間の使いこなし、さらには公共施設や住宅地の計画と運営まで拡大しつつある。

　たとえば中学校をリノベーションした「アーツ千代田3331」は、学生時代から作品づくりのためにまず制作の場づくりを繰り返してきた現代美術家・中村政人氏が中心となって生み出されたアートの拠点であり、まさにアーティストである当事者による場づくりである[図23,24]。

　社会福祉法人佛子園が計画した「シェア金沢」は、住宅のみならず様々な要素が組み合わされた街角で構成されており、これまで見たどんな計画住宅地よりもまちらしい。これも理事長が職員たちとともに『パタン・ランゲージ』[*3]を読んで勉強して実現したものである(設計事務所も当然参加している)[図25]。

　20世紀のまちは、一言でいうと居住機能に特化した住宅と、それを補完する公共施設を専門家と国・自治体が計画し建設してきた。これに対し、21世紀現在進行しているのは、働く場としての機能の復活をはじめとする多様な機能・役割の住居と、問題意識とビジョンを持った当事者たちがつくる公共性を持った様々な「場」によって構成される地域づくりへの移行と言えるのではないだろうか[図26]。

　われわれは福祉や教育を国や自治体など公共が担当することが当たり前だと思っているが、イギリスが掲げたいわゆる「ゆりかごから墓場まで」という国家が全てに責任を持つ体制は20世紀に始まったものであり、それ以前は今でいうNPO的な団体が、福祉をはじめとする社会に必要な機能をそれぞれ担っていた。当時の社会主義国家への対抗から全てを国家が(独占し)担当するように変化したのだという[*4]。

　つまり、公共が全てを担おうとした20世紀が特殊な時代だったのであり、ある意味、もともとの状態に戻りつつあると言えるのかもしれない。

今後に向けて

　当事者たちによって生まれつつある場は、従来の計画学の視点から見ると次のような特徴・課題がある。

・個別性・属人性が高い(普遍性を重視する従来の計画学と

図23　アーツ千代田3331／現代美術家・中村政人氏を中心に旧・区立練成中学校をリノベーションしたアートの拠点。これもまた当事者による場づくり

図23　アーツ千代田3331／普通の昭和の鉄筋コンクリート造の中学校が何かが生まれる場所になる

図25 シェア金沢／社会福祉法人佛子園によって計画された高齢者、大学生、障害のある人が住まうまち。店をはじめ多様な施設の組み合せ。道には犬を連れてドッグランに向かう一般市民とバスケットをする少年。新しく建設されたにもかかわらずこれまで見たどんな住宅地よりもまちらしい

図26 住居とパブリックな場のつくられ方の時代変化

20世紀
居住に特化した住宅＋それを補完する公共施設
by 専門家＋国・自治体
▼
21世紀
多様な役割の住居＋公共性を持つ様々な「場」
by 当事者＋　？

なじまない）
・規模も小さく安定した建築の型とはいえない（いずれなくなったり姿を変える可能性も高い）
・きちんとした計画のプロセスを踏まない例が多い（ブリコラージュ的、漸進的なプロセスが多い）
・既存の施設体系や制度と齟齬がある場合が多い（リノベーションの場合はさらに課題がある）

にもかかわらず、すでに無視できない数の場が成立し、地域の社会環境に貢献する新たな公共性を担っていることは事実であり、建築設計者から見れば、場所の質について明確なポリシーを持った新たなクライアントが登場しつつあるとみなすこともできるだろう。このような状況に対して、建築の専門家・建築計画がどのように対応するのかが問われている。

以前、対応の方向性として三つ考えたことがある。

・モノとしての建築の専門家に徹する
・アドバイザー、コーディネーターになる
・自分が当事者になる

若い建築関係者たちの最近の活動を見ると、この方向に進みつつあるように思うがいかがだろうか。

注釈
*1 東浩紀＋宮台真司『父として考える』NHK出版、2010年
*2 猪谷千香『つながる図書館 コミュニティの核をめざす試み』筑摩書房、2014年
*3 クリストファー・アレグザンダーほか著、平田翰那訳『パタン・ランゲージ 環境設計の手引』鹿島出版会、1984年
*4 変革の世紀 第5回「社会を変える新たな主役」『NHKスペシャル』日本放送協会、2002年

参考文献
・白根良子＋滋野浩治＋赤井直＋小松尚ほか、座談会「公共の場の構築 住民の手による場所づくりの試みから見えてくるもの」『建築雑誌』vol. 120、No. 1533、日本建築学会、2005年5月
・岡崎武志『女子の古本屋』筑摩書房、2008年
・鈴木毅「人々の接触と相互認識を支援する仕掛けとしての場所」『「利用」の時代の建築学へ 建築計画にとって何が課題になり得るか？(2010年度日本建築学会大会（北陸）建築計画部門研究協議会資料）』日本建築学会建築計画委員会編、日本建築学会、2010年
・古矢千晶＋鈴木毅「まちライブラリーの相互交流とネットワーク形成に関する研究」『人間・環境学会誌』18巻1号、人間・環境学会、2015年1月
・前川遥奈、菊地成朋「ブックカフェの地域への働きかけの可能性 福岡県うきは市吉井町MINOU BOOKS & CAFEを事例に」『大会学術講演梗概集』日本建築学会、2016年
・鈴木毅「千里からニュータウンを考える『当事者の時代』における計画された町の成熟に向けて」『季刊民族学』161号、千里文化財団、2017年
・鈴木毅「本による新しい場の形成に関する研究」『人間・環境学会誌』21巻1号、2018年

本研究の一部は科研費（15K14093）「まちの資源としてのマイクロライブラリーの実態の可能性に関する研究」（平成27〜28年度挑戦的萌芽研究 代表：鈴木毅）の助成を受けたものである。

Part 2

研究・調査・実践事例を通した
「まちの居場所」をめぐる論考

Chapter 4 生きる希望を失わせない環境
マギーズセンター

マギーズセンターの取り組み

　がん患者の生きる力を取り戻すことを支援する、イギリスの「マギーズセンター」の取り組みが、近年、医療福祉業界のみならず、建築、ランドスケープの領域で世界的に注目されている[図1]。マギーズセンターの特徴は、がん拠点病院に敷地の一部を無償で提供してもらい、そこにマギーズセンターが寄付金などで建物を建て、無償で患者の支援に取り組む点である。よくホスピスとの違いを聞かれるが、ホスピスが末期の患者を対象にした看取りの施設であるのに対して、マギーズセンターは自宅から通う。新薬や医療技術の進歩により、従来は治療が困難だと考えられていたがんの生存率が飛躍的に向上し、治療の場が病院内から自宅へとシフトし、療養生活も長期化した。その道のりを支える拠点である。

　患者やその家族が、不安で孤独な時に安心して訪れ、医学的知識のある友人のようなスタッフに病気や治療について気兼ねなく相談し、健康によい食事のつくり方、ヨガや運動のプログラム、心を潤すアートセラピー、患者同士の仲間づくりのほか、生命保険や行政などの申請手続きなどが行われる[図2]。

生きる希望を失わせないハードとソフト

　では、なぜこれほどまでに注目されているのだろうか。それには二つ理由が考えられる。一つは、マギーズセンターの取り組みが、これまで医療が苦手とした、患者やその家族の気持ちをトータルに支援する点だ。がんを宣告されたら、その事実を受け止めるだけでたいへんな葛藤をもたらすのに、それだけにとどまらず、仕事(失業、収入、保険)の問題、治療期間中の子育て、家族への告知、食事の問題など、さまざまな課題や困難を患者やその家族に与える。病院の手が回らない、患者の生き方の支援をトータルにサポートする点だろう。

マギーズ・エディンバラ

マギーズ・グラスゴー・ゲートハウス

マギーズ・ダンディー

マギーズ・ハイランド

マギーズ・ファイフ

マギーズ・ウエスト・ロンドン

図1　各センターの外観(2011年までに竣工したセンター)

時間	月曜日	火曜日	水曜日	木曜日	金曜日	土曜日
9:00		社会保険相談（自由相談）	社会保険相談（要予約）	社会保険相談（要予約）	社会保険相談（自由相談）	
10:00			太極拳（初心者）	ストレス講座		調理ワークショップ
11:00	瞑想の会	かつらの会	太極拳	リラクゼーション	栄養指導	
12:00	特殊がん支援の会（第一月曜日）	ヨガ				
13:00	太極拳			瞑想の会	自叙伝作成プログラム	
14:00	頭・首部がんの会	概要説明	脳腫瘍の会	散歩		
15:00				腹式呼吸運動		
16:00		「自分はどの状態?」心理ケア				
17:00	特殊がん支援の会（第一月曜日）					
18:00			乳がん患者の家族の会	悪性リンパ腫の会		
19:00						

図2　マギーズ・ウエスト・ロンドンのプログラム（2012年4月時点）

　もう一つの理由は「生きる希望を失わせない」環境を目指すセンターの理念にある。マギーズセンターは、その名の通り、多臓器がんで亡くなったマギー・ジェンクスの願いで生まれた。マギーは1988年に乳がんを発症して治療を受け、1993年に再発した。まだ子どもの小さかったマギーはさまざまな治療法を探すなかで情報が整理されておらず、患者が混乱する実態から、情報の必要性を痛感していた。しかし、病院での治療を継続するなかで、人目にさらされて泣けなかった体験や、医師から余命を宣

マギーズ・チェルトナム

マギーズ・グラスゴー・ガートナベル

マギーズ・ノッティンガム

マギーズ・スウォンジー

告されて打ちひしがれている最中に、「申し訳ござ
いませんが、待っているほかの患者がいるので、廊
下に出ていただけませんか」と看護師に言われた
体験から、現在の病院建築が患者の気持ちを受け止
めて切れていない現実に気づく。

マギーは、「味気のない照明、窓のない部屋、壁際
に並べられたみすぼらしい椅子などが、精神的・肉
体的衰弱をもたらしてはいけない」と考え、その思
いから「生きる希望を失わせない」環境を建築、イ
ンテリア、ランドスケープを総動員してつくり出そ
うとした。そうしてできた居場所がマギーズセン
ターである。

実は、マギーが環境の重要性に目を向けたのに
は理由がある。マギーはイギリス・AAスクール出
身のランドスケープの専門家で、その夫チャール
ズ・ジェンクスは、わが国でも『ポスト・モダニズム
の建築言語』*1『複雑系の建築言語』*2などが翻訳さ
れた、世界的な建築評論家だ。夫のチャールズがア
メリカの大学で講義する際、マギーは治療法を探し
にアメリカに同行して、そこで患者同士が励ます場
に出会う。情報よりもむしろ、生きる希望を失わな
い、集う場が必要と考えセンターの構想を描き始め
た背景には、こうした彼女の受けた教育、体験の影
響もある。

妻に賛同したチャールズが、友人の世界的建築
家にセンターの設計を依頼し、すばらしい居場所が
生まれる。最初のセンターの完成1年前にマギーは
亡くなるが、思いと空間が人々に感銘を与え、ほか

表1　マギーズセンターの概要

- 多臓器がんで他界した造園家マギー・ジェンクス(AAスクール卒業、夫は建築家であり評論家のチャールズ・ジェンクス)の遺志により、1996年に設立された通所型の患者支援施設。国立のがん拠点病院内に設置(敷地は病院の無償提供)
- がん専門の看護師、放射線技師、臨床心理士、栄養士、ファイナンシャルプランナー、ボランティアが常駐
- 患者が自分を取り戻し、生きる喜びを失わないように支援することが目的
- チャールズの友人(世界的な建築家、造園家)が参加
- 設計はたいていの場合、建築家の寄付
- 家庭的な雰囲気で、患者、家族、友人への情報提供、相談、患者や家族の会、保険などの申請、ヨガ、太極拳、かつらの講習、栄養指導等の支援(医療以外を無償提供)
- 寄付、イベントなどの事業収入による運営
- 2008年からは電話相談も開始
- 一つのセンターに300万ユーロ(建設費+3年の運営費)を集める
- センターができると隣接病院の患者からの苦情が半減するという

表2　各センターとその設計者

竣工年	センター名	設計者
1996	マギーズ・エディンバラ	Richard Murphy Architects
2002	マギーズ・グラスゴー・ゲートハウス	Page/Park Architects、庭:チャールズ・ジェンクス
2003	マギーズ・ダンディー	Frank Gehry
2005	マギーズ・ハイランド	Page・Park Architects
2006	マギーズ・ファイフ	Zaha Hadid
2008	マギーズ・ウエスト・ロンドン	Rogers Stirk Harbour + Partners
2010	マギーズ・チェルトナム	Sir Richard MacCormac
2011	マギーズ・グラスゴー・ガートナベル	Rem Koolhaas
2011	マギーズ・ノッティンガム	Piers Gough、内装:Paul Smith
2011	マギーズ・スウォンジー	黒川紀章
2013	マギーズ・ホンコン	Frank Gehry
2013	マギーズ・ニューカッスル	Ted Cullinan
2013	マギーズ・アバディーン	Snohetta
2014	マギーズ・マージーサイド	Carmody Groarke
2014	マギーズ・ラナークシャー	Reiach and Hall Architects
2014	マギーズ・オックスフォード	Wilkinson Eyre
2016	マギーズ・マンチェスター	Foster + Partners

の地域に広がっていく[表2]。

世界的反響を呼ぶ居場所のデザイン

これほどの反響を呼ぶマギーズセンターとは、どのような環境で、そこはどのような設計思想でつくられているのだろうか。多くの世界的な建築家がそれぞれユニークな建物を設計しているが、センターはチャールズ自身「家のようで家でない」「病院のようで病院ではない」と呼ぶ、設計の指針となる共通理念が設けられている[表3]。

その指針をまとめた表3をみてほしい。280㎡程度という面積は、日本の認知症高齢者グループホーム1ユニットにちかい。キッチンを中心として、みんなで集まる部屋やリビング、相談用の小部屋が2〜3室という構成は、チャールズ自身がキッチン中心主義と呼ぶ、住宅にちかい空間構成だが、ベッドルームやバスルームがない点で住宅と異なる。な

お、この280㎡という数値には厳密な意味はなく、病院敷地内の厩舎を改修した最初のエジンバラのセンターがとてもよいスケールだったので、その面積を目安にした数字だという。実際、各センターの図面をインターネットや書籍などから入手したうえで、図面化してみると、それぞれのセンターの面積には幅があり、各センターが敷地や建築家の考えによって柔軟に計画されていることがわかる[図3]。

ユニークなのは化粧室の設計だ。化粧室は、患者が涙をこらえきれなくなった場合に一人きりで泣けるように椅子と雑誌を置くことが求められる。マギーの実体験に根ざした患者の気持ちにより添った計画指針といえる。なお、表3の「12人」「14人」という数字も目安であって、面積と同様にエジンバラのセンターを手本に決められたという。

運営面でも細やかな配慮がみられる[表4]。訪れた誰もが、自らキッチンで紅茶やコーヒーをいれるように声を掛けられる。これはお茶を出される場所は招かれた場所だが、マギーズセンターは自宅のよ

表3　マギーズセンターに求められる環境

建物の広さ	280㎡程度
玄関	わかりやすく威圧感を与えず暖かみのあるもの
居間兼図書室	施設内部全体を見渡せる配置 自然光を多く取り入れる 中庭の芝生、木、空を眺められる窓
オフィススペース	訪れる人をすぐ迎えられる場所 玄関や居間が見える場所に配置 事務室や受付のようなデザインは避ける
キッチン	田舎風のインテリア 12人が座れる大きなテーブル、セミナー、ディスカッションの場としても使用 誰でもコーヒーや紅茶を自分でいれて飲めるような空間
講習やミーティング用の大きな部屋	14人がくつろげる広さ 折り畳み椅子の収納スペース 利用目的に応じて間仕切りが可能
居間兼カウンセリングルーム	12人まで収容できるあまり大きくない部屋 みんなが詰めて座ると、打ち解けた雰囲気が生まれる 要防音対策
2室の小さな部屋	カウンセリングやセラピー用の小部屋 大きな窓から芝生や木、空が見渡せる 未使用の時は開け放ち、人が自由に出入りできる引き戸を設けるとよい 要防音対策
化粧室（3室くらい）	洗面所と鏡を備える プライバシーが守られるようなデザイン
庭と10台くらいの駐車場	庭は建物との連続性があることが望ましい 腰掛ける場所があり、キッチンから行きやすい配置に
その他・雰囲気	自然光にあふれ、庭や中庭など自然に触れられることが大切 事務所のような雰囲気は極力避ける 自宅のような雰囲気 病院を訪れるときの楽しいになるような場所 人生は楽しいと思えるようなデザイン

Chapter 4　生きる希望を失わせない環境　047

表4　マギーズセンターの配慮

- 受付がなく、気軽に立ち寄りやすい
- キッチンを中心にゆるやかに部屋がつながる
- 広めの化粧室では泣いた後に身だしなみを整えられるほか、椅子と雑誌が置いてあり、一人きりで過ごせる
- 室名を表示せず、施設らしさを払拭
- 相談室には使用中などの表示は掲示せず、「不使用時はドアを開け、使用時には閉める」というルールで使用
- オフィスはキッチンなど人が多く集まる場所を見渡せるように配置
- 患者本人だけでなく家族、友人も支援する
- スタッフも私服
- 自分でカップを選び、紅茶をいれ、食洗機にしまう(自宅のように振る舞う)
- テーブル上のおやつは自由に食べてよい
- 居間に暖炉や薪ストーブを設ける場合が多い
- 患者向けにライブラリー(本やリーフレット)を用意
- 患者の情報収集用にパソコンを設置(アップル社のパソコンに統一)

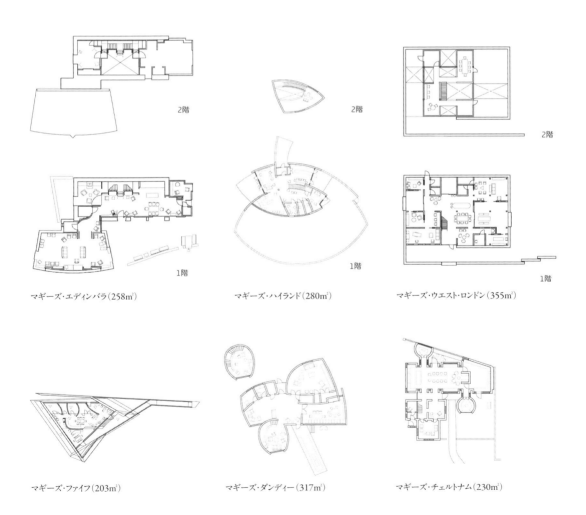

マギーズ・エディンバラ(258㎡)　　マギーズ・ハイランド(280㎡)　　マギーズ・ウエスト・ロンドン(355㎡)

マギーズ・ファイフ(203㎡)　　マギーズ・ダンディー(317㎡)　　マギーズ・チェルトナム(230㎡)

図3　調査した各センターの平面図(各センターの面積はCAD図面から計算したため、実際と異なる場合がある)

うにくつろいで過ごしてもらいたいこと、また、患者は、治療中、医師や看護師の指示に従って動く習慣が身につき、生活が受動的になりやすいので、些細な行為でも自らが選ぶ機会にしてほしい、と考えるからだという。

マギーズセンターの居場所の分析

マギーズセンターでは専門のスタッフによるカウンセリングのほかにも患者同士の交流やつらい気持ちを吐露できるなど、多彩な活動が行われる[図2]。居場所としてどのようにデザインされてい るのだろうか。

相談時の姿勢は座位が多い。特に身体を支える椅子は、その配置が居心地のよさを左右する一つの要因になるため、椅子・テーブルなどの家具の配置は丁寧に計画されているはずだ。そこで、椅子の配置の分析から、多様な場を持つマギーズセンターの特徴を抽出できると考え、2011年までに建築家によって設計された10のセンターを対象として、椅子の配置を調べた。調査は2012年4月から6月にかけて、実際に各センターを訪問して写真撮影により家具配置を把握して実施した[表5]。

なお、センターの空間は以下のように3区分している。まず、スタッフのみが使用する事務スペース

マギーズ・グラスゴー・ゲートハウス（272㎡）

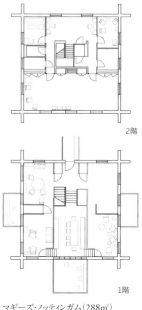
マギーズ・ノッティンガム（288㎡）

マギーズ・スウォンジー（302㎡）

マギーズ・グラスゴー・ガートナベル（534㎡）

は分析の対象外としたうえで、主として相談を行う小部屋を「カウンセリング」。次に、利用者同士またはスタッフと交流する居場所を「交流」。そして、パソコンコーナーや読書スペースなどの個人的な利用を主とした居場所、椅子の設置された化粧室など一人きりになれる居場所、リーフレットや図書コーナーなど、利用者が個人の時間を過ごすことを想定した居場所からなる「個人利用」の居場所の3区分

表5　調査した各センターの概要

	マギーズ・エディンバラ	マギーズ・グラスゴー・ゲートハウス	マギーズ・ダンディー	マギーズ・ハイランド	マギーズ・ファイフ
延床面積(推定)	258m²	272m²	317m²	280m²	203m²
カウンセリング	41.9m²	23.5m²	16.5m²	38.4m²	29.4m²
	3室	2室	2室	3室	2室
	16%	9%	5%	14%	15%
交流	67.7m²	69.0m²	94.9m²	50.2m²	50.3m²
	3室	3室	3室	3室	3室
	26%	25%	30%	18%	25%
個人利用	15.9m²	14.2m²	39.6m²	18.3m²	13.8m²
	3か所	2か所	3か所	4か所	3か所
	6%	5%	13%	7%	7%

＊使用区分については訪問時点の使われ方による。また、面積については通路等の面積を除外し、椅子の配置された範囲を算出しているため、部屋の大きさを示す値ではない。

マギーズ・エディンバラ／カウンセリング

マギーズ・ハイランド／カウンセリング

マギーズ・チェルトナム／カウンセリング

マギーズ・グラスゴー・ガートナベル／カウンセリング

マギーズ・ノッティンガム／カウンセリング

マギーズ・エディンバラ／交流

図4　「カウンセリング」、「交流」、「個人利用」の居場所の事例

である[図4]。この3区分において、それぞれの椅子の座面数（1人用、2〜5人用、6人用以上、オットマン）、椅子のタイプ（造り付け椅子、ソファやラウンジチェアのような休息用椅子、それら以外の一般的な椅子）、椅子の配置（1脚のみ、直角、正対、横並び、テーブル囲み、ゆるやかな囲み、ゆるやかな横並び）に分類した[図5]。

そのうえで、各センターの図面をインターネットや書籍などから入手して図面化し、通路などを除

マギーズ・ウエスト・ロンドン	マギーズ・チェルトナム	マギーズ・グラスゴー・ガートナベル	マギーズ・ノッティンガム	マギーズ・スウォンジー	平均
355m²	230m²	534m²	288m²	302m²	303.9m²
55.8m²	16.2m²	97.0m²	25.9m²	16.9m²	36.2m²
4室	2室	4室	3室	2室	2.7室
16%	7%	18%	9%	5%	11%
123.7m²	65.8m²	67.4m²	47.3m²	62.0m²	69.8m²
4室	3室	3室	4室	3室	3.2室
35%	29%	13%	17%	21%	24%
48.8m²	7.7m²	30.4m²	16.1m²	12.9m²	21.7m²
5か所	2か所	4か所	5か所	1か所	3.2か所
14%	3%	6%	6%	4%	7%

マギーズ・ダンディー／交流

マギーズ・ファイフ／交流

マギーズ・ウエスト・ロンドン／交流

マギーズ・ハイランド／交流

マギーズ・エディンバラ／個人利用

マギーズ・ファイフ／個人利用

マギーズ・グラスゴー・ガートナベル／個人利用

マギーズ・ウエスト・ロンドン／個人利用

マギーズ・スウォンジー／個人利用

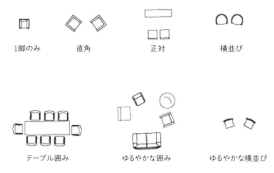

図5　椅子配置の分類

いた居場所ごとの面積と延床面積に占めるそれぞれの居場所の割合を示した[表5]。表5の3区分の面積は、通路などを除き、椅子で囲まれた居場所の範囲を示すため、各室の面積を直接示した数値ではないが相対的な大きさは反映しているだろう。10センターの居場所は平均して「カウンセリング」が11%、「交流」が24%、「個人利用」が7%となり、マギーズセンターでは「交流」に最も面積を割き、人々の交流を重視しているといえる。なお、レム・コールハースが設計を手がけたマギーズ・グラスゴー・ガートナベルを除き全てのセンターで、交流の居場所が半分かそれ以上を占めている。これは、コールハースによるマギーズ・グラスゴー・ガートナベルが、中庭を囲む配置で延床面積が大きく、相対的に交流の居場所の占める面積が少ないことが一因といえる。

以下、居場所ごとの椅子の配置、椅子のタイプ(造り付け椅子、休息用椅子、それら以外の一般的な椅子)について分析した結果を概観したい。

カウンセリングの居場所

「カウンセリング」に分類した居場所は10センターで合計27室あった。しかし、27室のカウンセリングルームのうち、3室は訪問時に使用中で内部を把握できなかったため、内部の様子を把握できた24室を25の居場所に分けて分析した。その結果、「カウンセリング」のための室ごとの収容人数は3人から8人まで幅があり、4人が利用可能な相談室が最も多いことが読み取れた[表9]。

次に、椅子の配置を分類したところ、「ゆるやかな囲み」が6割以上と最も多い配置であった[表6]。次に多い配置が「直角」で、「正対」や「真横並び」はみられなかった。つまり、「カウンセリング」の空間では「ゆるやかな囲み」や「直角」のように、体の向きが正対せず、かつ空間の中央に向く配置が多いといえる。がんという病気を抱えて、専門家と話し合う際の緊張感を和らげるため、整然とした配置よりもゆるやかな配置を取り入れた結果と考えられる。また、「カウンセリング」に区分した居場所における椅子の組み合わせを分析した[表7]。その結果、造り付けの椅子で「ゆるやかな囲み」をつくった居場所もみられたが、19/23(8割以上)において複数の種類の椅子の組み合わせで居場所が構成されており、1種類のみ椅子で構成される居場所は2割弱であった。複数の種類の椅子を組み合わせることで、空間の画一性を減らし、利用者の緊張感を和らげていると考えられる。

一方、椅子の種類(造り付け椅子、休息用椅子、それら以外の一般的な椅子)については、ソファやラウンジチェア

表6　居場所における椅子の配置(数)

		カウンセリング	交流	個人利用
1脚のみ		1	12	24
複数席	直角	4	5	1
	正対	—	2	—
	横並び	—	14	9
	テーブル囲み	1	15	3
	ゆるやかな囲み	16	17	2
	ゆるやかな横並び	1	12	1
	その他	2	1	0
	合計	25	78	40

表7　居場所における椅子の組み合わせ(居場所の数)

	カウンセリング	交流	個人利用
1種類	4	24	13
2種類	10	16	2
3種類以上	9	15	1
合計	23	55	16

表8　椅子の種類(椅子数)

	カウンセリング	交流	個人利用
造り付けの椅子	13	33	6
休息用椅子	46	78	17
一般的な椅子(造り付け・休息用を除く)	17	165	43
合計	76	276	66

などのゆったりとした姿勢のとれる休息用の椅子が多くを占めた[表8]。

以上から、「カウンセリング」の居場所は、4人程度を収容できること、また、椅子はゆるやかに囲む配置が多いこと、さらに椅子の種類の分析から休息度の高い椅子が多用されていることから、利用者の緊張を和らげ、リラックスを促す狙いがあるといえる。カウンセリングといえば、一対一あるいは一対二程度の相談室を思い浮かべるかもしれないが、患者が家族や友人と一緒に訪れる場合に多様な向き合い方を可能にするため、席の配置に柔軟性を持たせた配置といえる。

「交流」の居場所

「交流」に用いられる部屋は10センターの合計で32室あった。また、椅子の配置から、声が届く範囲を考慮して、「交流」の行われる32室を78の居場所に分類した。「交流」に分類した部屋の収容人数を座面からカウントすると、平均14.4人で2人から36人まで幅がみられた[表9]。なかでも、6～10人収容できる部屋が3割を占め最も多く、2～5人という少人数を収容できる部屋は1割程度、26～36人の大人数を収容できる部屋も1割程度であった。

次に、椅子の配置をみると、「正対」や「直角」が少なく、「囲み」や「並び」を中心として多様な椅子の配置がみられた[表6]。その一方、1脚のみで居場所が構成されている「1脚のみ」の配置も78の居場所のうち12を占めた。これは、「交流」が想定される部屋であっても、1人用の椅子が一定数用意されていることにほかならない。交流の居場所においても、他者の存在を近くに感じながら一人で過ごすことのできる空間が設けられていることもセンターの特徴だと考えられる。

椅子のタイプは造り付け椅子・休息用椅子ではない、「一般的な椅子」が最も多く約6割を占め、ついで「休息用椅子」が約3割、造り付けの椅子が約1割という順だった[表8]。「休息用椅子」を主とした「カウンセリング」に比べると、交流の居場所では活動性についても重視した結果といえる。

また、複数の種類の椅子を用いて構成される居場所が31/55（約56%）と多いが、1種類の椅子で構成される居場所も24/55（約44%）あり、「カウンセリング」の4/23（約17%）に比べて多い[表7]。「交流」の居場

所ではキッチンやダイニング、居間、講習などさまざまな活動が行われる。料理講習や講座などの利用者がある程度共通した目的を持って利用する居場所には単一種類の椅子を配置することで一体感を生み、また、利用者に使い方がゆだねられる居間のような居場所では、休息用の椅子や建物と一体となった造り付け椅子など、複数種類の椅子を用いている。

「個人利用」の居場所

情報コーナーや図書コーナー、椅子が1脚だけ置かれた居場所、椅子の置かれた化粧室など、個人の時間を過ごす居場所を「個人利用」とした。その結果、10のセンターに合計で32の個人利用の居場所がみられ、うち7か所は化粧室内であった。

各居場所の人数を席数から想定すると1人から6人であった[表10]。ただし、化粧室内の椅子7脚を除くと、1人用の椅子は13脚となり、2人分以上の20脚よりも少ない。よって、個人利用の居場所でも2席以上が主といえる。椅子のタイプをみると、「休息用椅子」の約3割、「造り付け椅子」の約1割に対して、それ以外の「一般的な椅子」が約6割と多くを占めた。この構成は「交流」の居場所と共通しており、パソコンや読書など、その用途に適した椅子として用意された結果とみなせる。

椅子の配置については、「1脚のみ」が約6割、と

表9　1室あたりの席数

	カウンセリング	交流
1人分	—	—
2人分	—	1
3人分	5	—
4人分	7	1
5人分	5	2
6人分	1	2
7人分	3	2
8人分	3	2
9人分	—	2
10人分	—	2
11～15人分	—	6
16～20人分	—	5
21～25人分	—	3
26～30人分	—	2
31～36人分	—	2
平均席数	5.0	14.4

表10　居場所あたりの席数

	カウンセリング	交流	個人利用
1人分	1	9	20
2人分	—	16	11
3人分	5	6	7
4人分	8	6	1
5人分	4	9	
6人分	1	6	1
7人分	3	3	
8人分	3	8	—
9人分	—	3	
10人分		5	
11～15人分	—	7	
16～20人分	—	2	
平均	4.8	5.7	2.1

表11　テーブルやラグの設置状況

		カウンセリング	交流	個人利用
テーブルデスク	サイドテーブル	11	24	2
	ローテーブル	14	9	5
	ダイニングテーブル	0	13	0
	デスク	4	2	13
ラグ		15	17	8

多く、次いでベンチなどの「横並び」が2割であった[表6]。「個人利用」の居場所では周囲の存在をあまり感じずに過ごすことのできる配置が選ばれた結果だといえる。

居場所づくりの特徴

　マギーズセンターはそれぞれ外観も広さも異なる。しかし、ほとんどのセンターにおいて、「交流」に最も多くの面積が費やされており、マギーズセンターが利用者同士あるいは利用者とスタッフ間の「交流」を重要視していることが読み取れた。

　また、場面別の家具配置の傾向から、「カウンセリング」の居場所では利用者の緊張感をほぐし、安心感のある空間を、「交流」のための居場所、特に居間においてはその時々の利用人数に合わせて柔軟に利用できるよう、自由度が高く多様性のある空間を、「単独」で過ごすための居場所においては、周囲の気配を感じながらも、落ち着いて過ごすことができる空間の提供を読み取ることができた。

　こうした配置は、意図的に実施された結果なのかセンターに問うた結果、「空間に柔軟性を持たせ、

利用者により多くの参加の機会を与えるため、もしくは一人の時間を可能にするため、家具を配置し、利用者それぞれが、使いたいように利用できるよう、可能なかぎりの柔軟性を与えることを目標」として、「堅苦しくなく、自然に向き合える配置を選択している」との答えであった。直角の椅子配置や正対する配置などの堅苦しい向き合い方を避けている点は、やはり意図された配置といえる。

　このほか、ほとんどの居場所にラグやテーブルなどの家具が配置されていた[表11]。ラグやローテーブル、ダイニングテーブルが椅子の向きを補強していると考えられる。また、ほとんどの椅子がいわゆるデザイナーズチェアである。センターの財源は寄付によって賄われているが、そうしたなかでもデザイン性を追究するのは、インテリアを重視する方針の現れだろう。インテリアの色にも特徴があり、「大規模な病院で使われる、味気ないパステルカラーから脱却し、家庭的で、暖かく、気分を和らげるため」、ラグやクッションなどに、ライム、パープル、オレンジ、イエローなど、気分を前向きにさせる色を意識的に選択している。まさに、建築、インテリア、ランドスケープ、運営を総動員した、生きる力を引き出す居場所づくりといえる。

デザインの可能性

　わが国のがん相談支援施設については少ない事例しか調査できていない。しかし、いずれも病院内に設置され、同じような椅子を対面式に並べ、色合い、家具も診察室のような雰囲気であった。当然、窓からの景色や患者同士の交流は十分には配慮されておらず、マギーズセンターとの落差を痛感する。

　各センターのインテリアの計画手順について問い合わせたところ、「歓迎するような、居心地のよい空間を家庭的スケールで創造する」というコンセプトのもと、「暖かく歓迎する雰囲気をつくり、利用者がリラックスしておしゃべりしたり、一人の時間を持つことのできる雰囲気、また、利用者がそれぞれに利用できるような柔軟性のある空間」を目指して、センターのスタッフ、建築家がチームを組んで、インテリアを計画しているという回答だった。

　家具の配置についても「利用者が多様にセン

ターを利用している事実を反映して、さまざまなプログラムの提供と、より多くの人がマギーズセンターに加われるように可能なかぎり柔軟な配置を目指し」、その色合いも、「家庭的で、暖かく、気分を和らげるような雰囲気づくりを目指して、病院で一般的に使われるパステルカラーからの脱却」を意図している。世界的な建築家が人の交流を促す目的でデザインした新しい都市のパブリックスペースといえる。

　センターを訪問した際、「マギーズセンターの建物には、ちょっとユーモアが必要」というCEOのローラ・リーさんの発言があった。世界的建築家による建物が美しいのは当然だ。しかし、求める美しさは、ピンと張り詰めた、緊張を強いるような美しさではない。つらい気持ちで訪れても、くすっと微笑むことのできる、緊張を解きほぐすような美しさだろう。マギーの考えに共感した世界的建築家が、こうしたユーモアを忘れずに、それぞれのセンスで素晴らしい器をつくり、そこに、最適なインテリアを据え、ランドスケープも含めて居場所をつくる。「生きる希望を失わせない環境」は医療福祉建築にとって究極のテーマといえるが、よりよく生きることを追求するデザインにはあらゆる建築の手本となる普遍性がある。マギーズセンターは、単にがんの相談センターの範疇を超え、新しい居場所の方向性を指し示している。

謝辞
マギーズセンターの訪問には、佐藤由巳子プランニングオフィス代表の佐藤由巳子氏に、お世話になりました。また、図面作成は長瀬遥香さんによるほか、家具の分析は稲垣希さんによる。記して御礼申し上げます。

注釈
＊1　チャールズ・ジェンクス著、竹山実訳『ポスト・モダニズムの建築言語』a+u臨時増刊号、エー・アンド・ユー、1978年
＊2　チャールズ・ジェンクス著、工藤国雄訳『複雑系の建築言語』彰国社、2000年

参考文献
・『approach』2010年冬号、竹中工務店
・ Charles Jencks, Edwin Heathcote, *The Architecture of Hope: Maggie's Cancer Caring Centres,* Frances Lincoln Ltd, 2010
・ *Annual Reviews 2010/11,* Maggie's
・ 三浦研「個性を大事にする高齢者施設での住まい方」『メディカルタウンの住まい方』30年後の医療の姿を考える会、2011年
・ 稲垣希「家具配置からみたがん相談支援施設の特徴と求められる環境に関する考察　国内外における事例調査を通して」大阪市立大学生活科学部卒業論文、2013年

Chapter 5 パブリックシェルターとしての「まちの居場所」

制度の充実がもたらすこと

高齢者や障害者、子どもなど身体的、経済的、精神的に困難を抱える社会的な弱者、また震災・災害を要因としてさまざまな困難を抱えた方々のための支援とそれを支える「まちの居場所」について二つの事例を通して考える。

高齢者・障害者のための支援(サービス)と安定した居住の場確保のための各種制度(老人福祉法、介護保険法、障害者総合支援法など)は、利用者の多様化とそのニーズに応えるかたちで、時代の変化にあわせて着実に拡充されてきた。

制度の充実は、各種施設やサービスが対象とする内容や対象者の細分化と厳密化をもたらす。それぞれのニーズに的確に応えられるようになるといった側面がある一方で、対象者・利用者はその細分化された制度の枠に当てはめられることになるし、当てはまらなければそのサービス利用の対象者になることができない、という事態になる。制度に支えられる支援の多くは、ある特定のニーズに対応しうる専門性を有していることが多く、複合的な要因に対して柔軟に、総合的に対応することが難しいという弱点もある。制度に対応する行政の担当課もより一層縦割り化が進むことになる。

その結果、どの制度にもうまく当てはまらない、もしくは一つの制度では対応仕切れない、つまりは制度の狭間でこぼれ落ちてしまう対象者やニーズが発生してしまう可能性がある。制度は、より多数の対象者とそのニーズを拾っていくように設計されるため、当然その網にかからない人が出てきてしまうことは容易に想像できる。本来は、そのようなどの制度の網にもかからない人を守る仕組みや場所(パブリックシェルター)があって然るべきなのだが、残念ながら十分ではない。制度でしか対応できず、個別性に勘案して柔軟に対応することができない仕組みになってしまっているのである。

社会や家族の多様化と複雑化、不安定な社会経済環境は、これまで想定していなかったような事情や状況をもたらし、従来の制度では支えきれない、より個別的に、かつ柔軟に対応することでしか解決しえない課題やニーズが生じているのが現代である。

これらの対象者やそのニーズに対しては、誰がどのように支えるべきなのだろうか。この人たちの居場所は誰がつくるべきなのだろうか。福祉、セーフティーネットという観点から言えば、本来は行政が責任を持つべき重要な内容である。しかし、制度を適切に運用することが行政の役割となってしまった今の仕組みにおいては、なかなか難しいのが現実だ。

ひなたぼっこの取り組み

制度の「隙間」を埋める

2009年12月に「国見・千代田のより処 ひなたぼっこ」は開設された。NPO法人全国コミュニティライフサポートセンター (CLC) が仙台市から「ふるさと雇用再生特別基金事業」を受託するかたちで開所、運営された。まさに、前述の制度の狭間で支援が届かない、また孤立してしまいがちな人々のニーズに応えることを目的としている。「公的な支援の隙間を埋める」パブリックシェルターとしての活動を「公」(仙台市) から委託されて取り組んでいる活動と場である[図1]。

大きな特徴は、単にその機能を担うだけではなく、地域とのつながりを重視し、諸活動が地域に根ざして行われることで、地域内でその事業や活動がより深く、広く認知される、という視点に立っている。その存在が浸透し、信頼されることで、さらなるニーズの発掘と個々のケースに対応した柔軟な関わりと支援が行えるようになる。地域の人々の「まちの居場所」として機能することで、地域とのつながりから生まれる循環を目指したところにひなた

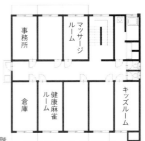

図1　1階は「まちの居場所」と宿泊・居住の場、2階は諸活動室など

図2　平面図

ぼっこの最大の特徴がある。

「このまちに住む人たちが"楽しく集える広場"それが『ひなたぼっこ』です」。ひなたぼっこを紹介するチラシにはこのように書かれている。町内会がカバーする程度の地域、お互いの顔が見える距離の中での地域住民のための「まちの居場所」を目指していることがよくわかる。

地域とつながり地域を巻き込む工夫

学生下宿として使われていた建物の1階と2階を賃借するかたちで事業はスタートした。一部改修を施し、2階をさまざまな支援が必要な方々のための緊急受け入れ・宿泊・居住の場として、また1階は地域に開いたサロン的な機能(「まちの居場所」)として位置づけた[図2]。

開設当初は、1階には「交流スペース」と「地域食堂」を設け、いつでも、誰でも訪れてお茶を飲みながら交流ができるサロンと、ワンコイン(500円)で気軽に食べることができるランチを提供していた[図3,4]。地域のさまざまな会合や活動に使ってもらうための貸し室事業(キッズルーム[図5]や麻雀ルームなど)、地域の介護力を高めるためのヘルパー養成講座なども実施されていた。当初は常勤職員6名で運営し、将来的には収益事業としての便利屋や、介護保険制度上で運営されるデイサービスなども開設していくことを目指していた。

運営にあたっては地域のステークホルダーである町内会長や民生委員、地区社会福祉協議会の会長や連合町内会町、児童委員、老人会の会長、介護事業所の職員や地域包括ケアセンター、児童館長など地域の住民生活と活動を支えるさまざまな方が加わる「運営推進委員会」を組織し、その運営を行ってきた。おおよそ2か月に1回のペースで委員会を開催し、活動報告をしながら意見をいただき、さらに地域に潜むさまざまな課題やニーズを把握し、それに応えていくことで事業を広げていった。

ここでの支援を必要とすると思われる人たちが抱える課題やニーズは、制度が苦手とする複雑なものであったり、突発的なものであったり、また顕在化しにくいものであったりすることが多い。だからこそ制度で支えることが難しい。地域にネットワークの網を張っておくことで、それらニーズを的確に、またタイムリーに把握し、スムーズな支援につなげていくことができるようになる。地域の人たちにとっての「まちの居場所」づくりを通して、地域の人たちが抱えるニーズに応えていこうとするスタンスである。

ニーズから生まれる事業の展開

「地域サロン」「地域食堂」「貸し室事業」「ホーム

図3　交流スペースの様子

図4　地域食堂の様子

図5　キッズルームの様子

表1　ひなたぼっこにおける各種事業の展開と発展

事業基盤	委託料（万円）	年度		地域サロン	地域食堂	貸し室事業	ヘルパー講座	緊急受け入れ	講習セミナー	情報誌発行	外出サロン	居酒屋	就労支援	震災支援マッサージ	弁当等配達（見守り）	親子サロン	駄菓子販売	託児一時預	買い物代行	被災者サロン	自立準備ホーム	障害者ショート
仙台市委託事業（ふるさと雇用再生特別基金事業）	1,635	2009（平成21）	12月	▼	▼	▼	▼															
		2010（平成22）	1月	・	・	・	・	▼	▼													
	2,460		4月	・	・	・	・	・	・	▼	▼	▼	▼									
			7月	・	・	・	・	・	・	・	・	・	・									
			10月	・	・	・	・	・	・	・	・	・	・									
			1月	・	・	・	・	被災者受入	・	・	・	・	・									
	2,500	2011（平成23）	4月	休	休	休	×	・	休	・	休	休	・	▼								
			7月	休	休	休		・	休	・	休	休	・	・								
			10月	▼	▼	▼		・	・	・	▼	・	・	・								
			1月	・	・	・		・	・	・	・	・	・	・	▼							
	2,300	2012（平成24）	4月	・	・	・		・	・	・	・	・	・	・	・	▼	▼					
			7月	・	・	・		・	・	・	・	・	・	・	・	・	・	▼				
			10月	・	・	・		・	・	・	・	・	・	・	・	・	・	・	▼	▼		
			1月	・	・	・		・	・	・	・	・	・	・	・	・	・	・	・	・		
	2,000	2013（平成25）	4月	・	・	・		・	・	・	・	・	・	・	・	・	・	・	・	定期開催		
			7月	・	・	・		・	・	・	・	・	・	・	・	・	・	・	・	・		
			10月	・	・	・		・	・	・	・	・	・	・	・	・	・	・	・	・	▼	
			1月	・	・	・		・	・	・	・	・	・	・	・	・	・	・	・	・	・	
	3,500	2014（平成26）	4月	・	・	・		・	・	・	・	・	・	・	・	・	・	・	・	×	・	
			7月	・	麻雀×	・		・	・	・	・	・	・	・	・	・	・	・	・		・	
			10月	・	・	・		・	・	・	・	・	・	・	・	・	・	・	・		・	
			1月	・	・	・		・	・	・	・	・	・	・	・	・	・	・	・		・	
補助金打ち切り（事業縮小）	0	2015（平成27）	4月	・	×	×		・	・	・	・	・	×	・	・	×	×	・	×		・	
クラウドファンディング	130		7月	・				・	・	・	・	・		・	・			・			・	
市の緊急補助	400		10月	・				・	・	・	・	・		・	・			・			・	
			1月	・				・	・	・	・	・		×	・			・			・	▼
市の補助	1,000	2016（平成28）	4月	・				・	・	・	・	・			・			・			・	・

ヘルパー2級（現・介護職員初任者研修）講座」の四つの活動でスタートしたが、活動を進める中で見えてきたさらなるニーズや運営推進委員会での要望などを踏まえて、事業は徐々に広がりを持って展開していった。「制度」の中にあってはなかなか叶わない「個別性に焦点を当てる」ことが可能な柔軟性がここにはある。制度に人を当てはめるのではなく、ニーズにあわせて運営を変化させていくという制度とは真逆のスタンスで対応しているからこそ可能となるものでもある。

　事業開始後、どのような事業が、どのような背景で始まり、実施されてきたのかをまとめる[表1]。地域のニーズ、利用者のニーズ、運営推進委員会での要望などに都度対応しながら、事業が拡大し、変化していった様子がよくわかる。2013年10月から開始した「自立準備ホーム」の開始などは特徴的である。それまでの活動とその実績から法務局の目にとまり、受け入れの要請があったものである。長い年月の取り組み、そして地域を巻き込んでの活動がなければ、要請もなかったと思われるし、何よりそれを地域がすんなり受け入れることも難しかっただろう。

　「まちの居場所」として地域の人々に認知され、その存在が定着したことで、以下に示すような各種

支援のきっかけとなる情報がもたらされるようになった。

居住型支援の事例

事業所がまとめた居住型支援の対象者事例112例（2016年3月31日時点）のデータからは主に四つの利用（支援）目的があることがわかる。

① 緊急対応（ドメスティックバイオレンス（DV））からの避難（シェルター）や同居者の急死、住居の喪失（火災など）などによる利用：39.3%

② 制度外対応（障害認定においてグレーゾーンで制度に当てはまらない、原発自主避難者、健常者で突発的な不都合が発生したなどの理由での利用）：17.0%

③ 地域生活支援（主介護者の入院、退院からの日常生活復帰、独居不安などのための利用）：32.1%

④ 刑事施設出所（法務省保護観察所等からの依頼による自立準備ホームとしての利用）：11.6%

支援の分野別で見ると（重複カウントあり）、障害が39.3%、高齢が37.5%、生活困窮が17.9%、DV・家庭内暴力が16.1%、刑事施設出所が11.6%、その他が9.8%となっている。

受け入れ要請の経路別で見ると、区役所が27.7%、地域包括支援センターが25.0%、保護観察所が10.7%、障害者相談支援事業所が8.9%、高齢者系の事業所・施設が6.3%などとなっている。

これらの状況が示していることは、行政や公的な機関でも対応困難なケース、言ってみればまさに制度の狭間でこぼれ落ちてしまう人々やそのニーズを受け止めるセーフティーネットとしての役割を果たしているということである。

安定的な事業継続の難しさ

ひなたぼっこの事業運営には年間約3,500万円を要していた。このうち約2,000万円が市からの補助金（委託）、約1,000万円程度が利用者などの負担で賄われて、年間数百万円程度が法人の持ち出しに依っていた。もともと、経済局による補助金（雇用対策）で行われていたものだが、同補助金の廃止に伴い、2015年度からの事業の継続運営が困難な状況になったのである。

多くの利用者が行政からの紹介、公的機関からの紹介で、どこも対応できない、また受け入れが困難な事例である。本来なら公が持たなければな

らない機能、支えなければならない人々を、ひなたぼっこが代わって支えていた。

目の前に、ひなたぼっこでの支援が必要な人がいることが明らかで、それがわかっていながらも、それを支えることが不可能な状況になったひなたぼっこ、事業継続の必要性とその支援を求めて行政にかけあったが、いい返事はもらえなかった。

事業を縮小してでも、最低限の支援だけでも継続すべく、クラウドファンディングの手法を活用し、全国から支援を募った（2014年冬）。なかなか一般の社会から理解を求めることが難しかったが、約130万円の支援が集まった。集めた額以上に、ひなたぼっこの存在やその活動の意義、陥っている困難な状況が社会に発信されることとなり、またマスコミなどでも取り上げられて、その存続の必要性が市議会でも取り上げられることとなる。

その結果、行政もその事業の必要性を認めて、年度途中ながら、緊急の支援を決定し、かろうじて事業は継続の道が開かれた。おそらく、この事業がなくなることで最も困るのが行政だったのだろう。行政も対応に苦慮する困難事例を一手に引き受けていたのがひなたぼっこであったわけであるから当然の支援でもあろう。

2016年度からも約1,000万円の補助が得られることとなり、事業は継続している。しかし、これまで積み上げてきた地域とのつながりを担保するための場や機能の維持は厳しい状況となり、大幅に事業を縮小して運営せざるを得なくなった。

また、安定的な運営のため、障害者ショートステイや自立支援ホームなど、言ってみれば「制度」の事業を担い、それが運営を支えることになったのは、何とも皮肉なことである。ここに、この本質的課題があると言えよう。

実は、このひなたぼっこの活動を支えていたのは地域であり、その地域との関係を築く大切な機能が「まちの居場所」となった地域食堂や、さまざまな地域とつながる活動だった。このような「まちの居場所」や機能は、本来誰が用意すべきなのだろうか。公民館や地域の拠点となる行政施設は各地にある。地域住民にとっての「まちの居場所」となり、声を聞き、ニーズに応える、そんな場であるべき地域の行政施設が、制度を扱うつまらない場所になってしまっていることが大きな問題なのではないだ

ろうか。行政がやらない、地域にない、だからこそひなたぼっこはそのような場と機能を自主事業として展開していたわけである。

あがらいんの取り組み

震災後の「まちの居場所」として

ひなたぼっこの事業活動が、思わぬところで活きた。東日本大震災時である。「石巻・開成のより処あがらいん」は東日本大震災により被災地に建設された仮設住宅団地としては最大の石巻市の開成仮設住宅団地および南境仮設住宅団地のほぼ中央に位置する。約2,000戸、5,000人が居住する一つの「まち」である。震災後5年半が経過した2016年11月時点でも約半数が入居している。「あがらいん」とは、宮城県石巻地域の方言で、ちょっとお家にあがっておいきなさいよ、という意味である。

ここが支援するのは「制度だけでは支えきれない人々」。まさにひなたぼっこで行っていた支援である。通常の仮設住宅での生活が困難で、現行の制度では支援が困難な被災者のため、また多様なニーズに柔軟に対応するために設けられた。CLCはひなたぼっこの事業経験から、このような非常時、大災害時こそ、被災地には表に出てこない、クリティカルなニーズがあると考えて石巻市に支援事業を提案した。石巻市は「地域支え合い体制づくり事業」によりこの事業を委託することとした。

個人と地域を支える「まちの居場所」

事業は大きな二つの柱からなる。ひなたぼっこ同様に「個人の暮らし」を支えることと「地域住民の暮らし」を支える事業である。個人を支えるには地域が必要であるし、地域を支えることで個人のニーズが見えてくるという、ひなたぼっこでの実践と経験から生まれた事業である。

「個人の暮らし」を支える事業は、まさに制度の狭間にいる方々の支援である。一般の住宅や仮設住宅での暮らしが困難な方々に対して、必要な期間の住まいの提供、地域から通って、泊まれる機能などがある。あくまで在宅復帰を支え、在宅生活の継続を目標とする。利用者も特定の属性に限定していない。

もう一つの「地域住民の暮らし」に関わる事業では「まちの居場所」づくりを心がけた。配食サービスを含めた昼食の提供、惣菜や野菜などの移動販売、朝のラジオ体操や散歩の活動、共同農園や花壇づくり、子ども学習塾や日帰り温泉ツアーなど各種イベントの企画と実施を行っている。これらの事業を、地域との共同で提供しようと努力した[図6,7]。

震災によりあぶりだされた社会の課題

実際の入居利用者の事例から、この場所がどのような役割を果たしたのかを見てみたい。震災という特殊な要因が背景にはあるが、一方でひなたぼっこでも見られたような平時から存在するさまざまな困難やニーズもうかがえる。CLCでは利用者の特徴から、その役割を五つのカテゴリーに分類している。

図6　福祉仮設住宅あがらいんの外観

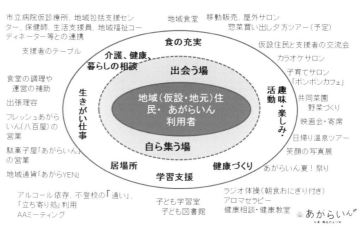

図7　地域とあがらいんの接点（提供：CLC）

一つは「DVシェルター」としての役割である。このケースでは市の保健師や警察を経由して市の福祉総務課に情報が届き、最終的にあがらいんに行き着いている。DV加害者から隔離することで利用者の生活力や健康の回復の場として役割を果たした。利用日数はさまざまだが、仮設に戻り一人で暮らせるようになるまでの移行支援が行われた。

　二つ目は「医療から生活場所へのつなぎ」としての役割である。このケースは、市の地域包括支援センターや医療機関、市の福祉総務課を経て来る。退院後、在宅で暮らすことへの不安や困難を抱える高齢者の利用が当てはまる[図8]。

　三つ目は「施設利用困難による生活場所」としての役割である。たとえばある利用者は高次脳機能障害と排尿障害を抱え、転院を繰り返した後の生活の場所が定まらなかった。この場が受け皿となり、当面の安定した生活の場所となった。支援の中では、生きがいづくりのほか、その後の就労支援も意識し、同じく展開する地域食堂をボランティア活動の場として提供した。また、それまで行われていなかった介護保険認定の申請も行われた。

　四つ目は「在宅生活継続の支援・家族へのレスパイトケア」の役割である。要介護認定に反映されない高次機能障害の症状と介護の手間とのギャップに対して必要に応じてレスパイト（一時利用）を提供し、実際の家族の負担軽減を図っている。そのことがいざという時の安心感にもつながっている。

　最後五つ目は、「仮設生活困難による一時避難」としての役割である。緊急性は低いものの、仮設住宅の環境改善や生活の建て直しのために一時避難所的に利用される。

　以上のような入居の利用だけではなく、通いとしての利用もある。若年性アルツハイマーの女性を食堂のボランティアとして受け入れることで、そのことが夫のレスパイトケアにもつながったケースもあった。本人の日常生活能力の維持や、夫婦関係の改善にもつながり、利用して1か月後には夫も一緒にボランティア活動に参加するようになった[図9]。

　居住支援を経て、在宅に復帰された後も、社会参加や交流の場を提供し、ボランティアとして関わることができる体制をとったことで、居住から通いへニーズが変わった後も継続的に関わり、支援できるようになったケースもある。

　どの社会でも起こりうる、また震災の有無に関わらず起こっていたであろう事象が震災により顕在化し、既存の制度では対応不可能なケースについて、まさに「個別に」「柔軟に」対応している状況が読み取れる。

地域の暮らしの支援

　あがらいんのもう一つの大きな事業としての特徴は、地域住民のための「まちの居場所」づくりにある。配食とレストランでの食事提供を核とした、さまざまな「地域住民の暮らしの関わる事業」を地域に対して、また地域とともに行っている。

　①食の充実、②介護・日常生活相談、③社会参加・生きがい、④学習・居場所、⑤健康づくり、⑥趣味・楽しみ・日常活動の6項目が大きな目的で、そのためにさまざまな事業が企画運営されている。

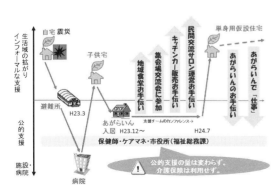

図8　高齢者自立支援のケース（提供：CLC）

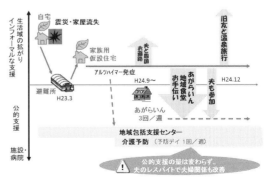

図9　若年性アルツハイマー夫婦の支援ケース（提供：CLC）

その中でも特に中心的な事業が「昼食会」である。2012年には1年間で延べ1,781名、実数で234名の利用があった。毎週1回の開催であるから、1回平均30〜40人が参加していることになる。近隣の仮設住宅団地以外の地域からも参加があった。ワンコインで提供される「日替わりのごはん」だが、その「場」が食事の提供以上の役割を果たしている。「出会い」「集い」「活動」の場としての食事会である。震災、そして仮設居住により断絶してしまった人とのつながりや関わりを、食事を通して取り戻し、また新たな関係性をつくりだすための場となった[図10]。

CLCで実施した利用者アンケート調査によると、「知り合い・仲間ができた」「みんなで食べることで食が進む」「いろいろな情報交換ができる」「出歩く機会ができた」など、昼食会に参加してよかったとの意見が多く見られたそうである。

この食事会での出会いが縁で新たな友人をつくることができた人、団地内ですれ違う知らない人たちにも声をかけられたことで食事に行くようになった人、一人暮らしで十分なものが食べられない生活をしていたが、できたてのおいしいご飯を食べられる喜びを感じている人、同じような悩みや悲しみを抱える仲間と出会えて、生きる気力や意味を再確認できた人など、シンプルな場と食という行為を通して、震災で失われたものが新たにつながり、生み出されている状況がよくわかる。

建物としては100坪足らずの「居場所」だが、その先にある対象は仮設住宅団地、さらには石巻市全体に及ぶ。

制度と制度の狭間にある課題と「まちの居場所」

ひなたぼっこの延長線上にあがらいんがある。平時から、顕在化しにくい、しかし、どの地域にも潜在的に潜む課題の掘り起こしとその支援が、震災、そして復興の過程で取り残され、最後まで安住の地、安定した暮らしを取り戻せずに残っていく身体的・社会的に弱い人々の支援につながっている。

本来ならば見えにくく、なかなか顕在化してこない物事や状況を一気にあぶり出し、凝縮したかたちで顕在化させるのが震災である。その状況に対しては通常の理論や制度では対応することが困難な状況や事情が多くある。だからこそ、日頃からその部分に目を向け、取り組んできた活動や支援が災害時に生きてくる[図11]。

ひなたぼっこにしても、あがらいんにしても、わずかなスペースの「居場所」と地域に潜むニーズに個別に柔軟に対応する支援。その点的な個別の支援に地域や住民の力を活用し、結果的には面的な支援につなげている。支援だけでもなく、また居場所の提供だけでもない。その両者が一緒にあることで地域的な広がりを持つことが可能となっている。

「制度」は最大公約数のニーズを拾い、それに対する支援を「保証」する。当然、そこからこぼれ落ちるニーズや状況もある。結局のところ、制度の外にこそ目を向け、制度からはみ出してしまうニーズや状況を的確につかみ取るための仕組みが必要なのではないか。

図10　昼食時の風景

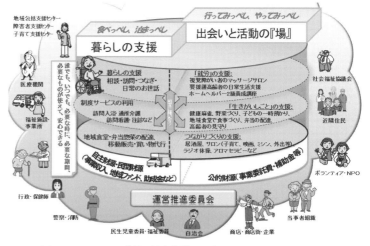

図11　ひなたぼっこ、あがらいんの機能の概略（提供：CLC）

その際に、地域とともにある「まちの居場所」が大きな役割を果たす。「制度の外」にこそ、大切なこと、本質が潜んでいるという意識を共有できる社会の価値観、行政の眼差しも今後は重要となる。単なる「支援施設」でもないし、単なる居場所でもない「まちの居場所」。それが、ひなたぼっこやあがらいんに共通することである。

「まちの居場所」からつながる支援、支援のためにある「まちの居場所」。相互が補完し合いながら、地域住民の暮らしを支え、安心を与える場になっていることは間違いない。これからの時代、ますます必要となるパブリックシェルター型の「まちの居場所」のかたちではないだろうか。

さいごに

2015年4月より生活困窮者自立支援法が施行された。それに基づき「一時生活支援事業」もスタートした。まさにひなたぼっこが対象としてきたような生活困窮者の居場所として、そして自立支援の場として位置づけられているものである。しかし、多くの自治体が事業実施には及び腰で進んでいないのが現状である。事業を実施しても、「自らSOSを発することが難しい」「相談の中身が複雑で対応できない」「どこに相談したらいいかわからない」など支援が十分行き届かないという課題も示されている。

それらに対しては、「地域」の中で、「地域」の人々の理解を得ながら「地域」とともに歩むひなたぼっこやあがらいんの実践に大きなヒントがあるように思われる。目的とする支援だけ切り取っても難しい。個別的で緊急的な支援だからこそ、より広い視野でとらえ包み込む地域的な視点や日常の中で支えていく、また日常の中でつながっていくことができるような仕組みや場づくりが重要となる。

なお、あがらいんは開成仮設住宅の閉鎖にともない2018年3月31日を持って6年あまりの活動をひとまず終えた。現在は、災害公営住宅居住者の支援にあたっている。

また、ひなたぼっこは2018年度から仙台市地域生活支援拠点[*1]モデル事業に選定され、事業を継続している。さらに近年では、児童相談所からの児童

の一時保護委託が急激に増加しているとのことである。社会情勢の変化の中で、その求められる役割も変化している。行政からは「困った時頼みのひなたぼっこ」として、必要不可欠な存在として認識されているようではあるが、その安定的な運営基盤の確保には程遠い。そもそも、このような「まちの居場所」は、誰がどのように支えるべきなのか。考えるべき課題は深い。

注釈
*1　地域生活支援拠点とは障害児者の「重度化・高齢化」や「親亡き後」を見据え、居住支援のための機能（相談、緊急時の受け入れ・対応、体験の機会・場、専門的人材の確保・養成、地域の体制づくり）を、地域の実情に応じた創意工夫により整備し、障害児者の生活を地域全体で支えるサービス提供体制の構築拠点。

参考文献
・『震災被災地における要援護者への個別・地域支援の実践的研究報告書』全国コミュニティライフサポートセンター、2013年
・CLC提供の統計・事例資料
・「地域生活支援拠点等」厚生労働省ウェブサイト URL：https://www.mhlw.go.jp/stf/seisakunitsuite/bunya/0000128378.html（2019年5月24日閲覧）
・「仙台市地域生活支援拠点モデル事業について（実施状況の報告）」仙台市ウェブサイト　URL：http://www.city.sendai.jp/chiikisekatsushien/shise/security/kokai/fuzoku/kyogikai/kenko/documents/02siryou1.pdf（2019年6月27日閲覧）

Chapter 6

フリースクールはなぜ居やすいか
教育制度の境界におかれる「子どもの学びの場」の育て方

フリースクールの出現

「フリースクール」という場所をご存じだろうか? 「子どもは、自由を与えられれば自主的に学び成長することができる」という教育理念を実践する学習環境である。1920年代、「学校はまるで監獄か軍隊のようだ。子どもにはもっと異なる学習環境がふさわしい」という問題意識が高まった。この脱学校運動の先駆例としてシュタイナー教育、フレネ教育とともに萌芽してきたのがフリースクールである。それから100年近く経つ現在も、その理念はヨーロッパやアメリカなど世界中で継承されている。

この流れの中、日本では1980年代以降、学校に通わない・通えない児童や生徒数の増加とともに、従来の学校とは異なる学校をつくる機運が高まった。当初は、「学校へ行かない=努力、がんばりが足りない」との認識のもと、学校へ行かない子どもたちをなんとか学校へ通わせようとする方策が取られた。学校へ通わなくなった子どもに対して、精神的なケアを目的とした薬物投与など、今からみれば極端とも思える例もあったという。そのような中、公教育機関(=学校)以外で学び成長できる環境が待望され、民間から出現したのが日本のフリースクールである。フリースクールとして先駆してきた「東京シューレ」は、開設した1985年から現在まで、「子どもの最低限の安全を定める事は不可欠だが、文部科学省が示す学習指導要領によって、学校や子どもの成長のあり方を一律に規定することには疑問」としている。そして、あくまでも「学校に代わる新たな学校」としての立場を主張してきた。出現以降、学校に通わない・通えない児童や生徒数の受け皿としても機能してきたが、同時に公の学校とは性質の異なる教育機関「オルタナティブ・スクール」もしくは生活を営む「学校外の子どもの居場所」としても位置づけられる。

近年は、構造改革特区制度により、フリースクール型の私立中学校をふくむ公教育とは異なる教育理念をもった学校が創設され始めているが、フリースクール自体は2019年時点でも公教育機関としては認められていない。

「常に仮設状態」のフリースクール空間

建物は転用事例が大半であり[*1]、例えば「東京シューレ新宿」は、もとの新宿区役所の派出所を活用している。

建築計画上は、「静かに落ち着いて過ごせる部屋=プライベート空間」と、「子どもたちの活動や雰囲気が伝わりやすい間仕切りの少ない大部屋=パブリック空間」の2種類が要件となる。

しかし、この2種類の空間さえ確保できれば、「一人ひとりの居やすさ」を軸にどのようにでも運営ができるほどスタッフの空間運用能力は高い。空間の設えは、子どもたちが週1回開くミーティングで話し合いながら随時、状況的かつ巧みに模様替えされる[図1]。通ってくる子どもの性格、人数、関心事、年齢層、季節などによって、柔軟に随時変更されるその様相は、「常に仮設の状態」と呼ぶにふさわしい。そこには、「空間の使い方に正解はない。常時仮設の状態こそ、フリースクール的教育理念の現れだ」という制度化されない姿勢が読みとれる。

フリースクールは制度の中で序列化されている

日本でフリースクールが出現してから約30年以上経つが、いまだにその社会的位置づけは揺らぎ続けている。1992年に整えられた規定[*2]が、不登校の子どもたちが安心してフリースクールに通える枠組みを与えたことは事実であろう。しかし一方で、公教育制度から脱しようと設立されたフリース

図1 内部はこたつやマンガなど、家のリビングのような様相である。このような設えは、随時状況的かつ巧みに模様替えされる

図2 フリースクールには小学生や高校生など、様々な年齢の子どもが集う

クールが、「公教育機関としては認めないが、通うことは認める」という、あくまでも「学校の代わり」として、公式に序列化され教育制度に組み込まれるという皮肉な結果を生んでしまった。すなわち、教育制度に"NO!"を唱え、公教育制度から脱したはずのフリースクールが、今度は「教育制度に再度取り込まれる」という現象が起きてしまった。

この序列化は、通ってくる子どもや親の意識にどれほど作用しているだろうか。近年フリースクールに通ってくる子どもの中には、親の意思に敏感に同調し「できれば学校に通えた方がよい。そうでなければフリースクールにくらい通った方がよい」という思いもあるという。また、あるスタッフは「『やりたいことをやる』という子どもが半数だが、高校、大学へ進学する子も増えてきた」といい、「小学校、中学校で不登校になっても、高校や大学に入学すれば、もとのルートに戻れる」という意識がみえるという。例えば中学3年生時には、精神的に不安定になり、「公教育機関に通うという正規ルートに戻るかどうか」非常に揺れるという。実際、小学校、中学校で不登校になっても、高校や大学に進学できる状況は整えられており[*3]、「正規ルート」への復帰を促すシステムが構築されている。利用者の立場からは、「フリースクールは一時の学校の代わりであり、本流が別にある」という見方もされるようだ。

長年フリースクールの活動は公然の事実として認められつつも、「公教育機関へ通う」ということが、相変わらず最優位事項として序列化されているのである。

「学校には行かないが、フリースクールには登校する」という現象をどう捉えるか?

このように社会的位置づけに揺らぐ中でも、「学校には行かないが、フリースクールには登校する」ことは紛れもない事実である。ここにフリースクールが発する問題提起があるだろう。

フリースクールは、小学生から高校生近い年齢の、互いによく知り合った子ども同士が、自由に交流しながら一日の生活を送る[図2,3]。そして、比較的小規模な建物内で集団生活を送る以上、必然的に子ども同士の活動は影響し合う。子どもたちが、フリースクールでどのような活動が行えるかという機能的な要件以上に、そこに居ながら他者とどのよ

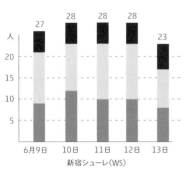
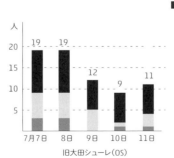
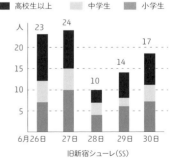

図3 1週間の登校人数例

Chapter 6 フリースクールはなぜ居やすいか

うに関係を結べるかが、より重要となろう。また、スタッフも子どもが一日の生活を過ごしやすいように物理的環境にも配慮し、子ども一人ひとりの「居やすさ」に腐心している。仮に子どもたちが「居やすい状態」で活動を行っているなら、その空間の使い方や姿勢に、「居やすさ」が現れているだろう。このような仮定から、自由活動中の子どもの居方[*4]を、「身体の向き」と「周囲の状況との関係」という二つの視点から捉えてみたい[*5]。この二つの視点は、子どもの空間に対する直接的な要求を読み解く鍵にもなるだろう。

空間には「居やすい方向」がある

ここでは具体的に、フリースクール・東京シューレがもつ校舎[図4]を事例に、各空間における子どもの身体の向き[*6]の傾向を捉えたい[図5,表1]。

各空間ごとにみる子どもの身体ベクトル

事例別、学年別に各空間で子どもがどのような身体の向きで過ごしているかみてみる。

身体ベクトルが一方向に向く空間

3事例共通して、パソコン、ピアノ、テレビ、キッチンといった設備のあるコーナーでは、その設備に向かって一方向に向いている。また、ソファーは背もたれをもち自然に一方向に向くことになる。

身体ベクトルが向き合う空間

各事例のテーブルでみられる。子どもたちは、日常、椅子とテーブルの生活に慣れており、食事をしたり絵画、工作、おしゃべりなど複数の子どもが向き合ったり囲むように活動する。

身体ベクトルが背中合わせになる空間

「新宿シューレ」（若松町、2002年〜。以下WS）のソファーベッドや、「旧新宿シューレ」（曙橋、1995〜2002年。以下SS）の読書コーナーでは、小・中・高校生通して、身体ベクトルが背中合わせになっている。

様々な身体ベクトルを許容する空間

上記3種を複合した、様々な身体ベクトルが発生している空間もある。WSのゲームコーナー、SSの畳の間などはロッカーなどで囲われた小さな空間である。「旧大田シューレ」（1994〜2008年。以下OS）の畳台は、床から高さが40cmあり、小学生は身体を向き合わせて利用しているが、高校生は、畳台からソファー方向、もしくはゲームコーナー方向へ向く傾向が強く、様々なベクトルが発生する。また子どもたちは、各事例のホールのように開放的で大きな面積の空間で、家具やコーナーがなくとも、床に座

図4　東京シューレがもつ三つの校舎／各空間の性質を捉えやすいよう、家具高さを、便宜的に45cm刻みで分類する。例えば、椅子や座卓、ソファーは45cm未満、テーブルは90cm未満、ロッカーは135cm未満、本棚や食器棚は135cm以上に分類できる。

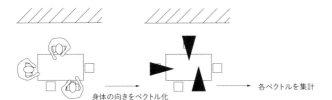

図5 子どもの身体ベクトル集計方法／5日間の調査記録（198場面）から自由時間中の各子どもの身体の向きをベクトル化し、集計する

表1 子どもの身体の向きと利用空間／5日間の行動観察調査より採取した198場面を集計したもの

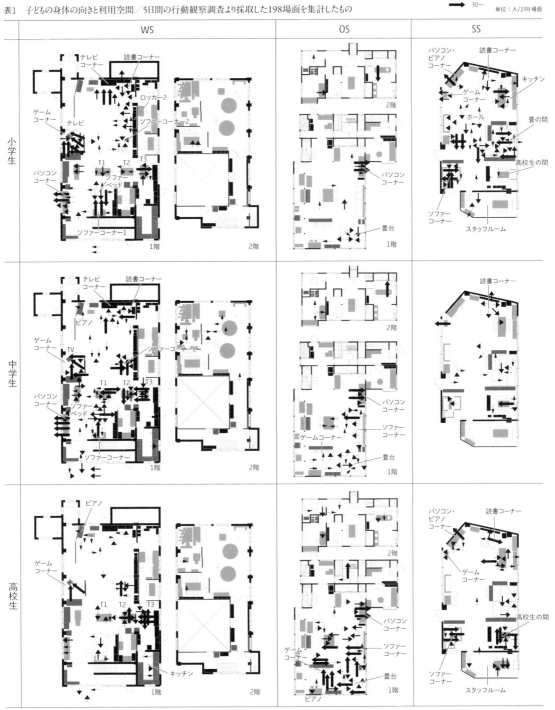

Chapter 6　フリースクールはなぜ居やすいか　067

り込むことが多い。結果、様々な身体ベクトルを生み出している。

身体ベクトルの学年間比較

ここで、小・中・高校生間で各空間における身体ベクトルを比較してみたい。WSの卓球台とロッカーで囲まれたコーナーでは、小・高校生がビデオをみるために利用しているため、身体は一方向を向いているが、中学生は一つの円座になって利用することも多く、身体が向き合う空間となっている。また、WSやOSのピアノ付近では、中・高校生がピアノ以外の方向へ身体を向けている。OSの畳台では、小学生が向き合っているが、中・高生はソファーやゲームコーナーへ身体を向けている。しかしそれ以外、概して学年固有の傾向は見いだしにくい。これは、異年齢が混ざり合って活動を行うフリースクールの特徴をふまえれば、当然の結果ともいえる[*7]。

身体ベクトルにみる空間の方向類型

このように、各空間はそれぞれ子どもの身体の向きを誘発している。この、子どもの身体の向きを誘発する性質を、「空間の方向」と呼ぶことにする。

空間の方向は、表1より、「発生する身体ベクトルの傾向」「拠り所とする空間」の2視点に着目すると、計10種が抽出できる[表2]。同時に、各事例のコーナーは図6に示すように位置づけられる。

表2 空間の方向ダイアグラム

「A-1：一方向家具型」は、OSのソファー(S)コーナーのように家具を拠り所とし、「B-1：設備型」はパソコンなどの設備コーナーを拠り所として、一方向に発生する。「A-2：内方向家具型」は、テーブルなどの家具を拠り所に、家具に向かって発生する。「B-2：沿い型」はOSのロッカーのように、間仕切りに沿うように、「C-2：内方向型」は家具のない場所で内方向に発生するパターンである。「A-3：外方向家具

図6 事例ごとにみた空間の方向分布

型」は、家具を拠り所に外方向に、「B-3:本棚型」は、本棚のあるコーナーで、本棚に向かう方向、本棚に背を向ける方向ともに発生する。「A-4:複合方向家具型」はOSの畳台のような家具的空間を拠り所に、「B-4:囲まれ型」は、ロッカーや壁で囲われた小空間で、「C-4:複合型」は家具のない場所で、様々な方向が発生する。この類型結果を、各事例がもつ空間にあてはめると、WSは10種中8種、OS、SSは6種を備え、WSのピアノ、OSのゲームコーナー、SSの畳の間、高校生の間など、類型が複合した空間もみられる[図6]。

子どもは「居やすい方向」を利用して空間を使う

ここでは前述の空間の方向を、子どもたちがどのように利用し他者と関係しているかみてみたい。フリースクールの子どもたちは互いの興味や活動パターンをよく把握しており、「他者を実際に視認できるか否か」よりも「視認可能性があるか否か」が、空間を選択する上で重要といえよう。なおここでは、ある空間を利用している子どもを「自己」とした場合、それとは別の空間を利用している者を「他者」と呼ぶ。

A-1:一方向家具型

WSのSコーナー1、OSのSコーナーとも「話す、議論する」(以下「話す」)、「読む、設備・道具を使う」(以下「読む・使う」)、「見る、観察する」(以下「見る」)場面が多く、頻繁に行き来するホール内の子どもたちの様子が一望できる[図7]。特にWSのSコーナー1は、スタッフから「なんとなく、公園のはじっこのベンチに座って公園の様子を眺めているような気持ちにさせる」と評される。この空間では、1〜複数人が、読書やおしゃべりなどでくつろぎながら、同時に子どもたちの活動や行き来する様子をつぶさに感じ取れる[図8]。いわば「他者を鑑賞する」様態を生み出している。また、WSのピアノ周辺は少数で利用され、「歌う、楽器を弾く」場面が多い。他の空間でも子どもたちが活動する中、ピアノ周辺では、数人の子どもがヴォイスパーカッションの練習をする。

図7 A-1:一方向家具型、A-4:複合方向家具型、B-1:設備型(OS、7月7日14時40分)

B-1:設備型
個人的活動の空間かつホール入口という動線上にあり、他者の視野に入りやすい
A-1:一方向家具型
ソファーでは、一列にならんで会話しながら、頻繁に行き来するホール内の子どもたちの様子がつぶさにわかる
A-4:複合方向家具型
様々な方向に利用でき、かつ他の近接する空間とつなげて利用しやすい。へりに腰をかけた子どもの隣では、別の4人の子どもが輪になって活動をしている
*視認可能範囲は、ソファーコーナー中央に座っている子どもから壁、間仕切りまでを結んだ線の総和

図8 A-1:一方向家具型、A-2:内方向家具型、B-3:本棚型(WS、6月10日16時50分)

B-3:本棚型
子どもたちは一人ひとり同じ読書という活動をしながら、別々の方向に向かって座っている
A-2:内方向家具型
一人でいるときは、周囲の子どもにほとんど関心を示さず絵画に没頭しているが、同じテーブルに子どもがやってくると、自分の作品について話し始める
A-1:一方向家具型
ソファーでは、頻繁に行き来するホール内の子どもたちの様子がつぶさにわかる

この練習をする子どもたちは「向こうに居る人たち（他の空間を利用している子どもたち）が、自分たちの歌声を聴いているかと思うと、興奮する」とコメントしており、誰が聞いているかはわからなくとも、他者を意識しながら活動している。一方他者も、ヴォイスパーカッションの練習風景を直接見に来る子どももおり、自己と他者は「他者に演出する」と同時に「他者が見守る」もしくは「他者が観客になる」様態を生んでいる。

B-1：設備型

パソコンコーナーでは個人的活動になりやすい。そこでホール入口という子どもたちが頻繁に行き来する動線上や視認しやすい場所に意図して配置される[図9,10]。実際、WSのスタッフは「人の視野に入りにくい奥まった場所につくると、全体の雰囲気と離れてしまう」とコメントしている。子どもたちは、周囲に背を向け一人の活動に集中できると同時に、その活動が孤立することなく人の目にふれ、通りかかった子どもが活動内容をみて話しかける[図9]。したがって、パソコンコーナーでは「他者が見守る」もしくは「他者が観客になる」様態を生み出している。

一方、WS、OSのゲームコーナーは、それぞれ、ホール中央部、ホール南端部に配置されて、ともにロッカーや壁で囲まれた半個室的空間である。子どもたちは複数人で落ち着いて集まる中で、「話す」という場面がみられる。

パソコンコーナーが個人的利用、ゲームが複数で共有利用という性質をふまえれば、パソコンコーナーは、「個人的目的に向き合う」様態、ゲームコーナーは複数人が、同じ空間内で「目的を共有する」と同時に「他者が視認・介入しない」様態を生み出している。

A-2：内方向家具型

テーブルは子どもの活動にとって重要な空間要素である。WSのIくんは、一人でテーブルにいる時は、他の空間でにぎやかな活動が起こっても、ほとんど関心を示さず自分の活動に没頭している[図8]。しかし、同じテーブルに子どもたちがやって来ると、即座に自分のつくっている作品について説明し始める。このようにテーブルのような内方向家具型は、自分の活動および居合わせた他者と関わりをもつ場所としても機能している。すなわち、空間利用者が自身の行為を他者へ表現し、他者が反応するという「他者に演出する」様態が成立している。一方で、WSのテーブル1・2、SSのSコーナーでは複数のグループが集まる場面や「見る」場面もみられ、すなわちA-1で述べた「他者を鑑賞する」「空間を共有する」と同時に「他者が見守る」様態を生み出している。

B-2：沿い型

OSホール中央付近のロッカー際という、他者と相互に視認しやすい空間ながら、他者が大勢いるソファーコーナーや畳台からある程度離れている[図9]。すなわち、その空間利用者たちだけで行為を

図9　B-2：沿い型／他者に視認されやすい空間にいながら、他者が大勢いる空間からある程度離れた空間を選んでいる

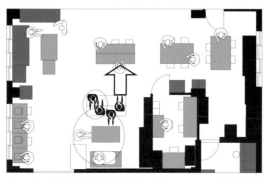

図10　A-3：外方向家具型／机をはさんで向かいのソファーの子どもと会話

行う「単一行為を共有する」と同時に「他者が見守る」様態を生み出している。

C-2：内方向型
各事例のホール中央は、他の空間で活動する子どもから視認されやすく、自分たちが描いた絵や工作物などを、周囲の子どもたちに誇らしげに表現する。すなわち、自分たちの世界を展開することで「他者に演出する」様態を生み出している。

A-3：外方向家具型
WSのソファーベッドは2〜3人で利用されることが多く、「話す」「読む・使う」「見る」場面が多い。図10に示すように、机をはさんで向かいのソファーの子どもとおしゃべりしたり、ホール全体を一望するなど、実に多彩に利用されている。様々な身体の方向が許容され、利用幅が広く、観察される様態としては、A-1やA-2と同様「他者を鑑賞する」「空間を共有する」様態を生み出している。

B-3：本棚型
WS、SSの読書コーナーは、1人で利用される傾向が強く、次いで2〜3人と少人数で利用され、主に「読む・使う」場面が多い。子どもたちは、様々な方向に座りくつろいで本を読む。2〜3人が居合わせる場合、子どもたちは読書しているが、別々の方向に座っている[図8,11]。「読む」という、個人的ではあるが共通した行為が集まりを生み出している。他者が声をかける場面はほとんどみられないが、他の空間から視認可能な場所に配置され、「他者が見守る」様態を生み出している。

A-4：複合方向家具型
外方向家具型同様、様々な方向に利用できると同時に、他の近接する空間とつなげて利用しやすい。例えば、へりに腰をかけゲームコーナーの子どもとおしゃべりしている隣で、別の4人の子どもが輪になっている[図7]。ここでは「他者を鑑賞する」もしくは「空間を共有する」と同時に「他者が見守る」様態を生み出している。

B-4：囲まれ型
同じ空間内にいながら、子どもたちは個々に時

図11　B-3：本棚型、B-4：囲まれ型

間を過ごす[図11]。様々な方向に座ることができるが、複合家具型と異なり仕切りに囲まれ、近接する空間とつなげた利用はできない。すなわち、空間利用者同士「空間を共有する」ものの、壁やロッカーに囲まれることで「他者が視認・介入しない」様態を生み出している。

C-4：複合型
他者から視認されやすいSSのホールでは、「空間を共有する」と同時に「他者に見守られる」様態を生み出している。

フリースクールはどのような居方を許容するか？

このように、子どもたちは空間の方向を利用しながら他者と関係を調整している。あらためて、フリースクール空間ではどのような居方が許容されているか整理してみる。

視認可能性をふくんだ他者
A-1でみられるように、子どもたちは他者を意識して活動することも多く、フリースクール空間では、他者が実際に見守っているか否かではなく、「見

守っているような様態」を生み出すことが要件となる。他者は、直接自己の活動に対する感想を述べたり活動に参加する「他者が観客になる」場合もあるが、本3事例がもつ視認性の高い開放的な空間は「他者が見守る」様態を生み出す上でも重要と考えられる。

視認不可能性をふまえた他者

おもにB-4のように、他者からの視線を遮り、複数人で集まって居ることができる空間も重要である。これは「複数人が同じ空間内で行為を共有する」と同時に「他者からの視認・介入を避ける」様態を生み出す上で重要である。

自己表現の対象としての他者

A-1〜2、C-2でみられるように、子どもは他者に自分の活動を表現する機会を求めている。すなわち、他者を自己表現の対象と捉え「他者に演出する」様態は、子どもの成長過程においても重要であろう。同時に「他者に演出する」様態は、子どもの活動内容や利用する空間の方向が異なる。当然ながら、フリースクールは様々な空間の方向を備えている必要がある。

鑑賞対象としての他者

A-1〜3の各家具型でみられるように、他者の活動の様子を観察したり眺める「他者を鑑賞する」様態がある。フリースクールが、子どもの自由に活動できる環境を整えていても、子どもが常に自分自身の活動に集中しているわけではない。むしろ他者の活動に刺激を受けたり、次にどのような活動をするか、ただじっと座って考えながら他者の活動を眺めていることも多い。他者が鑑賞対象になりえるには、図8で捉えたような他者の活動が見通せる空間を備えていることが、フリースクール空間には非常に重要と捉えられる。

自己が干渉し合わない集まり

B-3でみられる読書コーナーは、「共通行為に個人が集まる」と同時に「他者が見守る」という、特徴ある様態を生み出す。読書という個人的活動が行われる空間のため、空間利用者同士の交流は起こりにくい。しかし読書コーナーが、他者から視認され

やすい空間に配置されることで、他者との視覚的交流を生み出すことは留意すべきであろう。

単一行為・目的を共有する自己の集まり

B-2は、家具が特に設定されず利用が意図されない空間ではあるが、「単一行為を共有する」様態が生まれている。またB-1のゲームコーナーでも、その空間でしかできない行為を行う「目的を共有する」様態がみられる。同時に、目的の共有を強化する物理的セッティングとして、B-4と複合する場合があり、「他者からの介入を避ける」様態を強めることが可能となろう。

個人的目的に向き合う自己

B-1のパソコンコーナーは、パソコンを利用する目的で、個人的に利用される空間である。同時に、他者の動線上に配置され視認性を高める配慮により、個人的な空間になりすぎない様態を実現できる。

フリースクールはなぜ居やすいか

以上、各空間における子どもの「身体の向き」を居やすさの一つの指標に設定し、①その空間に居ながらにして、②自己と他者が無理のない関係を、③選択的に結べるよう、巧妙にしつらえられている様相が捉えられた。

そして、空間の方向を利用して、子どもがどのように他者と関係しているか明らかにした。

以下に、本論考のまとめを記すとともに、図12に、物理的セッティング例および「空間の方向」「自己の様態」「他者の様態」の相関関係を示す。

・空間の方向は、家具、間仕切りの有無によって発生する傾向が異なり、10種が抽出できる。空間の方向は、子どもの活動を規程すると同時に、他者と関係を結ぶ拠り所となる。空間の方向に留意することで、より居やすい空間の計画が可能になると考えられる。
・フリースクールでは、様々な空間の方向を利用した居方が可能である。子どもたちは、空間の方向を読み取り、その方向を利用しながら他者と関係を調節している。

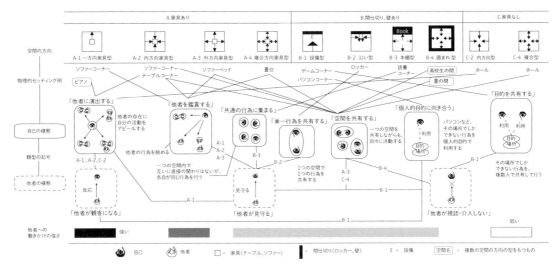

図12　子どもの居方にみるフリースクール

・本研究で取り上げた特徴ある場面からは、自己の様態として7種、他者の様態3種が抽出でき、これらは図12に示す関係をとる。本図より、フリースクールに通ってくる中で、子どもたちがどのように他者と接したいか、その一端を捉えることができる。同時にフリースクールでは、子どもたちの活動の行いやすさだけでなく、子どもたちがいわば「見えない交流」をいかに実現できるかが重要であると、改めて認識できる。

分おきの記録という調査方法に限界があるが、表1作成の目的は、人間の細かな動作ではなく、各空間における身の置き方の傾向を示すことである。よって表1の作成にあたり、限界性を認識しながらも行動観察記録と採取した写真を可能なかぎり用い、身体の向きを集計することとする。

*6　「身体の向き」と「身体ベクトル」を同義で用いる。身体ベクトルの集計は、ある程度の傾向を捉えるために、5日間で採取した計198場面中、5場面未満しか記録できなかった子どもの活動はカウントしない。また、できるだけ子どもの空間に対する直接的な要求を捉えるため、自由時間中の子どもの活動のみカウントし、子どもの自発的活動を制限する授業時間は除外する。

*7　垣野義典＋須田眞史＋初見学＋長澤泰「子どもの交流様態と場の構造　フリースクールの建築計画に関する研究（2）」（『日本建築学会計画系論文集』580号、2004年）3章および図7～10参照

注釈

*1　垣野義典＋長澤泰「子どもの活動実態からみた空間構成要素　フリースクールの建築計画に関する研究（3）」（『日本建築学会計画系論文集』591号、日本建築学会、2005年）第3章を参照。

*2　文部科学省（旧・文部省）は1992年、「不登校は誰にでも起こる現象」という認識を示した。そして、各児童・生徒が在籍する学校長の裁量により、フリースクールなどの民間が運営する教育機関へ通った日数を、学校に登校した日数にカウントできる規定を設けた。

*3　例えば通信制高校やサポート校と呼ばれる教育機関は、高等学校卒業程度認定試験合格を支援する教育施設と位置づけられる。

*4　「居方」はもともと、鈴木毅が提唱した概念であり、「ある場所に人が居る時の状態や、その時に周囲の環境とどのような関係をとっているか、またそれが他者にどのように認識されるかといったことの総称」とされる（鈴木毅「人の『居方』からみる環境」『現代思想』vol. 22-13、青土社、1994年）。これは、戦後からの建築計画研究上、焦点の当てられてきた機能主義に対する問題意識に端を発する。そして、空間と特定行為との対応関係ではなく、その空間にどのように居ることができるか、その質を問うところにこの概念の特徴がある。

*5　家具レイアウトによって人間の集まり方や行動が変わるという、ハンフリー・オズモンドの提唱したソシオペタル、ソシオフーガルの概念に通じる（Osmond, H, "Function as the basis of psychiatric ward design," *Mental Hospitals* 23, 1957）。ここでの「身体の向き」とは、具体的に子どもの胸部が向いている方向と定義する。当然ながら、人間は一日の生活の中で複雑な姿勢や動作をとるため、一人ひとりの子どもの厳密な身体の向きを捉えることは非常に困難である。また10

Chapter 7 戸外の居場所
居場所としてのまち

　瀬戸内海に面する美しい港町「鞆の浦」(広島県福山市)[図1]。古くから潮待ちの港として栄え、海上交通の要所として非常に重要な位置を占めており、常夜灯、雁木、波止場、立場、江戸時代の港湾施設が現存している唯一の港であり、『万葉集』にも詠まれていた瀬戸内海の景観を代表する港町でもある。特色のある街並みは宮崎駿監督のアニメ『崖の上のポニョ』の舞台にもなっている。

　港湾施設だけではなく、海側のエリアでは海に向かって秩序立って商いの場、蔵、港湾が順に並ぶようなコンパクトな都市空間構造・居住形態も中世港町の典型的な街並みである。

　鞆町は「鞆町鞆」「鞆町後地」「田尻町」「走島町」によって構成されているが、一般的に鞆の浦と呼ばれているのは八百屋、雑貨屋、洋品店、銀行、役場、美容院、クリーニング店など生活に密着している店舗が立ち並ぶ鞆町鞆、鞆町後地である。商店と住宅群、その間に昔からある診療所が点在している街路空間は現在でも昔とほぼ変わらない姿を残している。

　住宅は路地を挟んで風呂・トイレ、納屋が増築されたり、路地空間に調理用具が置かれ、台所として使われている場合も多い。植栽などの表出のほか、バケツや自転車などの溢れ出しも多く置かれ、隣近所と共有する路地空間は生活空間の一部になっている。住居の狭小密集に加えて、路地が家の一部であるような生活は、近隣の生活と密接するきっかけとなり、近隣同士の共同性を高めている要因の一つである。その反面、プライバシーのなさも垣間見ることができる。自分の家の中を開けたら、近所の人が入ってきて冷蔵庫からアイスを出していたり、「お前のおむつはいつも隣のおばさんが替えていたよ」などのエピソードからも、近隣と生活(空間)の一部を共有し、村落にみられる「共同性」を色濃く残した居住形態が現在に至ってもほぼ変化していないことが伺える。

　現在に至るまで継承されているこのような中世港町の都市空間構造と住まい方は都市計画史研究でも注目されており、研究蓄積も多い。鞆の浦の街並みは「平行系と垂直系の街路を中心に宅地が開発され、平行系・垂直系の集落が形成されている」「垂直路地型、平行路地型、ループ路地型によって複雑な路地が形成され、極めて高密な居住環境を成立させている」などと述べられている。また、鞆町の住宅の多くは「小規模な前土間型住居」であり、「間口が狭く、奥行方向に機能が分割されている」特徴がある。「裏口からのアプローチが必要とされている。さらに裏路地にそって共同井戸が形成されており、生活空間・生活動線としての裏路地の重要性が見いだされる」「私的生活空間は共有される路地空間に溢れ出し、そのことによって高密集住を可能にしている」との記述もある[*1,2]。

　このような特徴的な住まい方であるがゆえに、非常に濃密な近隣関係が醸し出されている。

　一方で、人口の高齢化も鞆の浦が抱えている大き

図1　潮待ちの港・鞆の浦

な課題である。かつて栄えていた主要産業である漁業、鉄鋼業は衰退し、若い人はまちを出て、お年寄りだけが残ったまちとなっている。設立当初は1万7,000人あった人口は2007年には約5,000人（2,201世帯）。65歳以上の高齢者は人口の39%を占め、独居高齢者の割合も全国平均の3%に対し、鞆町では5.3%を占めていた。その後、観光資源と空き家を利用して若い人の定住を誘致するまちおこし施策に効果が見られているのか、人口は増加する傾向になっている。2011年の人口は7,880人（2,979世帯）、2016年9月の人口は7,491人（3,489世帯）に増加した。人口の増加率よりも、世帯数の増加率が高く、つまり、世帯あたりの人口が減少した。また、65歳以上の人口の割合は2007年の39%から、2011年に43%、2016年に46%と増加し続け、人口の半分が高齢者で、独り暮らしの人も多いという現状となっている。

　一方で、これほどの高齢人口を抱えていながらも、特別養護老人ホームのような大規模高齢者介護施設は町内になく、在宅サービス、小規模多機能型居宅介護、認知症高齢者グループホームなどの住宅型（在宅支援型）サービスを利用しながら、地域生活を継続している高齢者が多いことも鞆の浦の地域性の一つとなっている。豊かな自然環境を有し、戸外の居場所が高齢者を地域で見守る拠点にもなっていることも、このようなサービス形態のみで地域ケアが成立する一因であると考える。本章では、街中に自発的に形成されている戸外の居場所を中心に、高齢者が地域に見守られる社会システム構築の糸口を探ってみる*3。

戸外の集まりの形成

　鞆町は年中温暖な気候に恵まれている。住宅の玄関前、住宅街の魚屋などの店先、バス停付近、常夜灯付近、海沿いの土手、井戸、胡神社、屋根のある場所、堤防など、街並みの中にさまざまな居場所があり、そこには必ずといってよいほど、お年寄りが集まっている。観光マップに掲載されている常夜灯などのような観光名所は同時に地域の高齢者の居場所にもなっている。豊富な観光資源を有しながらも、観光客に独占されることなく、またノスタルジーに終わることなく、地域住民の生活の場として

も成熟していることが鞆の浦の街並みの魅力の一つともいえる。

　鞆の浦で暮らすお年寄りは、みんな「（そこに）行けば誰かがいるから、みんな（お年寄り）がそこに立ち寄り、集まる」という居場所をもち、地域の方々が共有する暗黙の約束によって、半固定的な「集まり」が自発的に形成される。

戸外の居場所の諸様相

　街中にある典型的な居場所をいくつか紹介する[図2]。

① 鞆の浦さくらホームの玄関先

　商店やお好み焼き屋、床屋などの生活関連施設はすべて徒歩10分圏内という便利な場所に立地している「鞆の浦さくらホーム」は築270年の元醸造酢の工場を利用して、2004年にオープンした高齢者施設である。改修の際は内部のみ手直しを加え、地元の方に親しまれてきた外観はそのまま保つことにこだわった。当初は定員9名の認知症高齢者のグループホーム＋デイサービスセンターとして開設したが、2006年12月に登録定員15名の「小規模多機能型居宅介護」としても認可された。

　さくらホームのスタッフの半分以上は鞆町内に住んでいる。スタッフと高齢者との付き合いは、もともと隣人だったり、若いスタッフが利用者所有のアパートに住まうようになったりしたケースもある。前者の場合は隣人として、さくらホームの利用を勧め、その後も見守り関係が継続されていることも多い。後者はさくらホームの利用がきっかけとなり、自宅でも見守り関係が形成されている。

　地域住民でもあるスタッフがホームの玄関まわりにテーブルと椅子を置き、利用者とくつろぐ姿がほかのお年寄りも誘う。時々、ホームの中からピアノの音色が聞こえて、いるだけで豊かな気持ちになる。利用者とスタッフという関係を超えて近所同士のちょっとした井戸端会議の場にもなっている。

② 天ぷら屋

　元気な女将が切り盛りしている天ぷら屋では、昼前や夕方は必ず人が集まり、天ぷらを1枚買うだけでも長話になってしまう。女将は常連客の身の

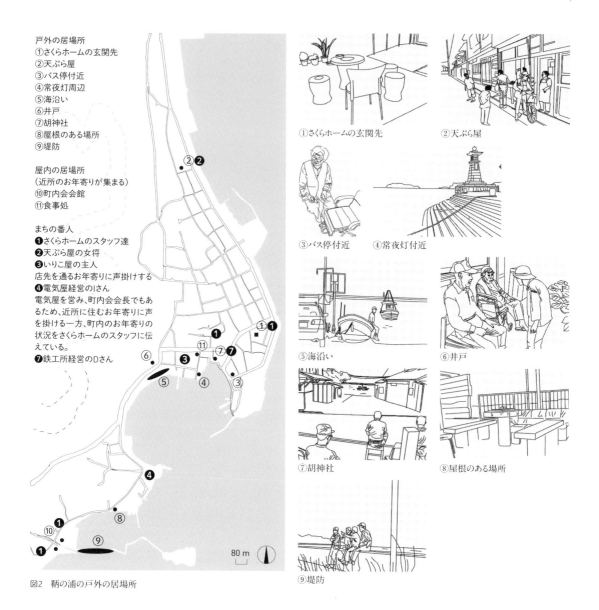

図2 鞆の浦の戸外の居場所

上相談も承っており、それぞれの家庭の事情や自宅の電話番号まで把握している。毎日顔を見せている高齢者が、1〜2日と顔を見せないような時、彼女はまず電話をしてみる。電話にも出なかったらすぐ自宅に駆けつけて様子を見に行く。ここの店先は鞆の浦で暮らすお年寄りの居場所となっていると同時に、見守りの関係もここから派生している。

図3 まちのシンボル・常夜灯広場

図4 常夜灯広場での集まり

③ バス停付近

鞆の浦では、息子、娘家族が広島市や福山市に住んでいるお年寄りが多い。病院通い、買い物、孫に会いにいくなど、週1回のペースで福山市街に出かけていくための交通手段はバス。バスを待つ間や降りた後に、そこにいる人とちょっとした世間話を交わすことが見慣れた光景となっている。

また、バス停には古いパイプ椅子やソファなどが置かれている。バスを乗って遠出しなくてもほぼ毎日決まった時間にここに来て、行き交う人と会話を交わす老婦人がいる。このバス停は観光客も使うため、地元のお年寄り、観光客、バス停を管理しているスタッフでいつも賑わっており、鞆の浦の観光情報の交換の場にもなっている。バスの待ち時間はあっという間に過ぎていく。

④ 常夜灯周辺

常夜灯まわりの広場は路地が入り組んでいる鞆町の一番広々とした場所[図3]。邦画『男たちの大和／YAMATO』、洋画の『ウルヴァリン:SAMURAI』のロケ地にもなっている鞆の浦を代表する景観でもある。

海に囲まれ、港湾の面影がもっとも濃く残されているため、観光客が必ず訪れる観光名所の一つである。まわりには観光案内所、雑貨屋、軽食が食べられるカフェも点在し、いつも観光客で賑わっている一方で、ここは地元のお年寄りが毎日寄り集う場所でもある[図4,5]。悪天候の日以外は、毎日10時頃と16時半頃に常夜灯周辺に集まってくる地元の人々の居住範囲は広く、多くは半径300m以内。徒歩の人もいれば、自転車で来る人も多い。観光客との交流がよく見られ、そのまま街案内に発展することもしばしばある。ここでは「どういう出会いが待ち受けているだろう」という未知の要素もあり、ある意味では非日常的な戸外交流空間であると言える。観光客が訪れるシンボル的な景観の存在により、このような非日常的な戸外の寄り集いのための空間が形成されている。お年寄りの目には、写真を撮り、カフェを利用する観光客が景色の一部として写り、皆が観光している光景をみることが日課となってい

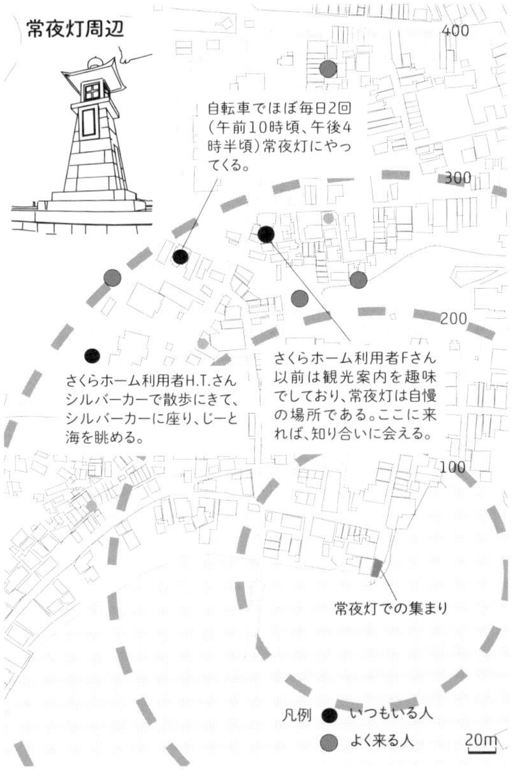

図5　常夜灯に集まる人々／常夜灯は古来からある港湾施設の一つであり、鞆の浦鞆の浦のシンボル的な景観であり、鞆の人々の誇りの一つである

図8　胡神社に集まる人々／神社の外に形が不揃いな椅子が無造作に置かれており、近所の人々が集まる。海を眺め、前の通の通行人に話し掛けながら過ごす

図6 心の原風景である海の景色

る。
　バス停や常夜灯広場で観光客と関わることは、鞆町の狭い地域社会から離れて、外の世界に触れるきっかけになっている。これらの場所は外の世界との接点として捉えることができる。

⑤ 海沿い
　漁師にとって、海は生業の場。早朝に漁に出ていき、とってきた魚を奥さんが捌いて道沿いの露店で売ることが毎日の生活である。住宅の多くは海に向かって建ち並び、海に開いている。海が見えることが何よりも大切であるとされている。元漁師の男性は今でも、毎朝家を出たところの海が見える場所に座って海を眺め続け、昼に自宅に戻って昼食をとり、午後はまた海を眺めて過ごす。高齢者施設に入って、介護を受けなければならないほどの認知症ではあるが、海を眺めていることで落ち着き、自宅での生活が継続できている。彼にとって、この海の景色は心の原風景であり、生きる支えとなっているといえよう[図6]。

⑦ 胡神社
　山、浜、住宅に取り囲まれている神社で、漁師の神様が祀られている。県道を隔て、眼前に一面の海が広がる。ここは、半径50mに住む住民が集まってくる場所である。互いに昔の漁師仲間、または顔なじみ、顔見知り、対等な関係で喫煙したり、雑談したり、通行人に声をかけたりしながら、海を眺めて過ごす。ここの椅子は海に向かって並べられ、集まっている皆は目を合わさず、会話も多くは交わさない。日陰で昼寝をしてしまう人もいる[図7,8]。夏の涼しい日には皆が下着姿で夕涼みしている。胡神社ではなじみの人々が寄り集い、日常生活の延長線上の一部になっている。

⑨ 堤防（海沿いの土手）
　中心部から少し離れた海が見える堤防。夕暮れ時に男性が集まる。等間隔で座り、海を見ながら少し会話を交わす。ここから見える夕日と海は美しい。

⑪ 食事処
　お好み焼き屋と肉屋が営む焼肉屋。地元の人の食卓的な存在。ここには観光客はほぼおらず、毎日、日課のように通ってくる独り暮らしのお年寄りもいる。食後、自分で冷蔵庫を開けてアイスを取り出

図7　胡神社での集まり

図9　常夜灯広場に持ち寄られた古い椅子

図10　胡神社に持ち寄られた古い椅子

して食べたり、まるでわが家で過ごすかのようになじんでいる。

　鞆の浦の住民は使い古した椅子をゴミとして廃棄するのではなく、街中の人が集まりそうな場所にさりげなく置いて、それが居場所の形成の一助となっている[図9,10]。上記のほかにも、井戸[図2:6]のまわり、屋根のある場所[図2:8]、町内会会館[図2:10]に使い古した椅子やソファが無造作に寄せられている場所があり、それぞれに近隣に住むお年寄りが自発的に集まり、居場所となっている。

戸外の居場所の成立条件と役割

　高齢者の地域生活においては、衣食住を支えるための介護行為、つまり機能的なサポートが必要であると同時に、心理的に支えるための情緒的サポートも必要と言われている。鞆の浦の場合、機能的サポート機能を担っているのはさくらホームのような介護施設である。一方で、戸外の居場所で自発的に発生している「集まり」はインフォーマルな見守り機能をもち、暮らしの中では情緒的サポートの役割を果たしている「場」として捉えることができる。さらにこの観点から、重層に織り成されている鞆の浦での戸外の居場所の成立条件と役割を紐解いてみる。

「あるじ」がいる

　胡神社の隣には、昔から鉄工所を営んでいるDさんの自宅兼工場がある。神社の前に、Dさんや周辺に住む人が家で使わなくなったベンチや椅子が置かれており、Dさんを中心として男性が集まってくる。ここに通ってくる人の多くは半径50m内に住む近所の人々で、一日に何回も繰り返して訪れる人、朝から晩まで椅子に座り海を眺めている人、通りすがりに自転車から降りてたばこを1本吸って去っていく人などがいる。にぎやかに冗談を交わす時もあれば、無言で海や通行人をただ眺めている静かな時もある。世代に関わらず寄り集うことができる日常生活の延長線上にある居場所として位置づけることができる。集まってくる目的はさまざまで、特にはっきりとした目的もない人もいる。「あるじ」であるDさんは人が多い時はスーッと自宅に戻り、少ない時はさり気なく出てくる。「常に誰かがいる状態」を保つための「あるじ的な役割」を自身が果たし、「居場所としての胡神社」の形成要素として不可欠な存在となっている。

　女将が切り盛りしている天ぷら屋でも、女将という「あるじ」の存在によって、おかずを買うという日常行為の延長線上に近所の高齢者の見守り拠点としての役割が形成されている。

　さくらホームのスタッフは、機能的なサポートを提供する介護施設のスタッフとしての側面と、戸外の居場所さくらホームの玄関先の「あるじ」である隣人としての側面を併せ持つ。介護施設であるさくらホームのサービス対象は要介護高齢者に限られるが、さくらホームの玄関先は子どもを含むすべての地域住民が立ち寄る居場所であり、そこの「あるじ」としての「顔」を持つことで、機能的サポートと情緒的サポートの境界が曖昧になり、地域で高齢者を見守る風土が形成されやすくなる。

　日常生活の延長として利用されている交流空間では、「あるじ」を媒介として、世代を問わずに隣近所の人々を中心とした交流が見られるという特徴がある。濃密な人間関係があるがゆえに、仲間同士互いに注意を払い、帰属意識が生じ、その結果、高齢者を地域で見守る拠点としての戸外での寄り集いが徐々に形成される。このほかにも日常生活の中

Chapter 7　戸外の居場所　　079

で築かれている見守り拠点が鞆町内には点在しており、いずれの拠点においても共通して「あるじ」がおり、これはなじみの人による情緒的要素として捉えることができる。「行けば誰かがいる」という安心感から成立する居場所であり、「あるじ」に支えられ、「人的」情緒的サポートの場となっている。

シンボリックな景観がある

鞆の人々の誇りの一つ、まちのシンボル的な景観である常夜灯まわりの広場に毎日通ってくる理由としては、「海を見ているとほっとする」という声が多かった。海は町民が慣れ親しんだ風景であり、物理的地域縁の一つであると言える。

「あるじ」というような「人」ではないものの、海や常夜灯のような心の原風景が宿り、心の支えとなりうる景色を媒介として形成された戸外での寄り集いの場は、なじみの風景による「物的」情緒的要素として捉えることができる。

なわばりと当事者意識

近年、観光地としても注目されるようになってきた鞆の浦だが、すべての飲食店、雑貨店、ギャラリーの経営者は個人事業主である。店主は地元で昔から代々店を営んでいる方もいれば、鞆の浦の魅力に惹かれ移住してきた若い人もいるが、大型スーパーも、24時間営業のコンビニエンスストアも、いわゆる大型チェーン店は一軒もない。個人商店のため、店づくりや接客に関するマニュアルもなく、店主の思いで自由にアレンジすることができるゆるやかさを持っている。店員もなじみのある地元の人のため、地域の方にとっては「昔からの知り合い」、お年寄りからみると「子どもの時から知っている人の店」という感覚になる。このような感覚から、地域住民にとっては、街中のすべての場所がなじみのある場所であり、自分のなわばりとして認識される。そのことで、街中で居場所をつくり、利用することに対する心理的敷居が低くなっている。

いずれの戸外の居場所においても、さまざまな不揃いな椅子やソファが置かれている。すべて近所の住民が持ち寄ったものである[図9,10]。必要な場所に椅子を持ち寄ることによって、そこに居場所が形成される。また、古い椅子が無造作に置かれていることで、集まっている人数や相手との関係性に合わせて、好きにしつらえることもでき、相手との距離の取り方もアレンジしやすいという自由度もある。

つまり、鞆の浦の戸外の居場所とは、住民が自分たちのなわばりの中で、自ら必要な場所として構築した「まちの居場所」である。そのため、自分が好きなようにアレンジし、使うことができ、結果として愛され、使われる居場所として成立している。このようななわばり意識から生まれるゆるやかさと自分がまちの「あるじ」であるという当事者意識が居場所の形成にとっては非常に大切な要素である。

場の形成・集まりの構造

戸外での居場所が、結果的にはさまざまなインフォーマルに高齢者を見守る場として形成されている[表1]。高齢者の在宅生活は、介護施設によって担われているフォーマルな介護サービスを中心とした機能的要素、戸外の居場所を中心に自発的に形成されているインフォーマルな見守り、つまり情緒的要素によって支えられている。機能的要素によるサポートのうち、介護スタッフが「隣人」として高齢者を見守っていることもこのまちの特徴である。情緒的要素については、なじみの人・慣れ親しんだ風景からなる「場」が街中に点在し、その場を通して社会的集まりが形成され、場への帰属感が生じ、場に参加している仲間同士の見守り関係が形成されることが特徴として挙げられる。

シンボリックな景観・常夜灯を媒介体とした場では、仲間による集まりと観光客などの他人とが居合わせ、同じ空間を共有することで場が形成されている。空間的なわばりがなく、場に居合わせるかたちであるがゆえに、場のアクセシビリティが高く、他者に対する許容性が大きい。高齢者にとって、ここは日常の煩わしさから離れ、しかもなじみの風景に支えられる情緒的要素として捉えることができる。

胡神社、天ぷら屋などでは「あるじ」を中心に仲間同士による継続的・ある程度固定的な寄り集いが形成されている。時間と場所を共有し、特別な目的は持たず、行動制約もない。このような場は住宅地や店先などに点在し、場所は「あるじ」のなわばり

表1 戸外の居場所の「場」としての構造　　　　　凡例：［------］開放的関係　［——］閉鎖的関係　［▓▓▓▓］周縁

媒介	シンボリックな景観	あるじ	フォーマルなプログラム
	情緒的サポート（物）	情緒的サポート（人） 他人	機能的サポート
サポート要素模式図	（顔なじみ／他人／景観／他人／顔なじみ）	（顔なじみ／あるじ＋仲間）	（仲間／他人 顔なじみ／仲間）
空間	風景・名勝など、なわばりがまったく存在しない屋外空間	裏路地・住宅地の一角、店先など、なわばりが存在する屋内・屋外空間	プログラムを遂行するために設けられている空間。原則的に事前に申し込んだ人しか使えない
状態	顔なじみによる集まり、他人同士が同じ空間を共有し、互いに開放的な関係であり、媒介体を通して交流する場合も見られる	仲間同士は互いに信頼関係が築かれ、集まりへの帰属感が生じる。他の顔見知りの人には開放的で、他人は加入しにくい	プログラム活動から出会い、互いに認め合う関係が形成される。そこでの出会いが継続し、周縁に仲間関係が形成・継続される
許容度	大 ━━━━━━━━━━━━━━━━━━━━ 小		
	（常夜灯、海沿い）	（胡神社、天ぷら屋、堤防、食事処、医院の待ち合い）	（さくらホーム、公民館、町内会会館）

でもある。このため仲間同士以外の顔なじみの人には開放的であるが、他人にはやや参加しにくい雰囲気がある。シンボル的な景観による場と比べると、アクセシビリティが低くなり、他者の許容性も小さくなる。参加している高齢者にとっては、ここはなじみの人と一緒にいることで支えられる、人による情緒的要素が得られる場である。

さくらホームのデイサービスには互いに顔なじみ、他人同士など、多様な関係を持つ者同士がサービスを利用（参加）するという共通の目的で集まり、あらかじめ予定されている活動（プログラム）を行う。「デイサービスを利用する」という名のもとで発生している場であり、高齢者に機能的サポートを提供している。同時に、ここでの出会いをきっかけに他人同士も顔なじみとなり、仲間関係が形成される場合もある。このようなフォーマル的プログラムを媒介とする場が発生する空間の多くは、公民館の集会室や公的介護拠点の居間などの機能空間である。場のアクセシビリティはもっとも低く、他者の許容度も小さい。

このように、公的介護サービス拠点、多様な場、サービス拠点に関わる人、場の「あるじ」や場に関わる人によって、鞆町のケアネットワークが織り成され、ネットワークケアシステムが構築されている。

ケアネットワークの一要素としての居場所

戸外の居場所が高齢者の見守り拠点として機能しているのは、鞆の浦の地域性、インフォーマルケアの場としての戸外の居場所とフォーマルケアの働きかけによる相互浸透、地域に密着した介護施設の存在によっている。

鞆町が持つ集落形態や住まい方などの地理・居住環境上の特徴と、住民間の強い結束などの地域性により人間関係が継続されやすく、共同性が生み出されやすい背景がある。つまり、共同体としての地域社会が継続されてきたことで、インフォーマルなケアネットワークを形成させていく土壌がすでに培われていたと言える。

また、地元住民が慣れ親しんできた建物を利用していること、スタッフの半数以上が町内に住んでいることで、さくらホームは介護拠点である以前に地域における一軒の家として存在している。スタッフは介護職員である以前に一住民であり、フォーマルとインフォーマルの二つの側面を持っている。町内会長や場の「あるじ」にお年寄りの生活の様子を聞いたり、商店に来るお年寄りを見守るように依頼したりするなどの働きかけを通して、地域縁による情緒的要素とさくらホームによる機能的要素の

橋渡しを担っている。さらに一般の地域社会に高齢者の見守りへの意識と関心の目を向けさせ、相互に浸透しながら共に高齢者を支える関係を築き、その結果としてネットワークケアシステムが構築されている。

　高齢者の在宅生活を支えるには彼(彼女)らの生活を可能なかぎり抱え込めるサポートシステムが必要である。さくらホームは地域に密着しているからこそ、地域との関わりを持ちやすい。地域に潜んでいる「共同性」を発掘し、それらをつなげ、鞆町のようなネットワークケアシステムの核としての役割も果たすことができている。高齢者人口の増加、在宅高齢者の要介護度の重度化によって、介護保険サービスだけで高齢者の在宅生活を支えることは難しい。高齢者を見守る場としての居場所づくり、地域におけるケアネットワークを形成させる促進剤として介護施設が機能していくことも期待されている。

まちのリビングとしての居場所

　地域全体で高齢者を見守るシステムの構築は超高齢社会の日本にとっては喫緊の課題である。その一方で、互いの見守りが必要なのは、これまで福祉の対象とされてきた高齢者、障害者などの社会弱者に限らない。核家族化によって孤立しがちな子育て世帯や放課後の学童も、社会全体で見守ってほしい。利用者を限定せず、アクセシビリティに優れ、だれでも気軽に立ち寄ることができる居場所、「まちのリビング」としての居場所づくりは今後「公共」が担うべき大切な役割である。

　今回は鞆の浦という特徴的な地域性を持つ場所での事例を見てきたが、どの地域も有していると思われる固有の「地域性」を発掘し、大切にすることはとても重要である。今回の事例からは、地域住民の地域資源に対する当事者意識を高め、「まちのリビング」としての居場所を構築していくためのヒントが得られたのではないだろうか。

注釈
*1　藤本ふみ「交流を生む戸外で行われる日常生活に関する研究　広島県鞆の浦における地域性と生活スタイルの変化を中心に」東京大学卒業論文、2003年
*2　東京大学工学部建築学科稲垣研究室「近世の遺構を通してみる中世の居住に関する研究」『住宅建築研究所報』10巻、住総研、1984年
*3　厳爽「認知症高齢者の在宅生活を支えるネットワークケアの構築に関する事例考察」『日本建築学会計画系論文集』No.642、日本建築学会、2009年

参考文献
・アーヴィング・ゴッフマン著、丸木恵祐＋本名信行訳『集まりの構造　新しい日常行動論をもとめて』誠信書房、1980年
・橘弘志ほか「地域に展開される高齢者の行動環境に関する研究　大規模団地と既成市街地におけるケーススタディー」『日本建築学会計画系論文集』No.496、1997年

Chapter 8 「福祉」の視点で見た「まちの居場所」

「まちの居場所」に「コミュニティ」「ケア」「共生」が必要

　「まちの居場所」はいつでも誰もが自由に訪れて自由に過ごすことができる場所である。従来の「施設」に対するアンチテーゼとして、日々の暮らしの中から何らかの気づきを持った住民が主体となってできあがったものである。「誰もが」にはもちろん何らかの支援を要する人も含まれるが、「まちの居場所」についてこれまで注目されてこなかった。多くは福祉施設という「閉じられた」場で日中を過ごしてきたからである。この「閉じられた」には地域からの隔離、施設内での隔離の二重の意味が含まれる。これまでも社会福祉法人は「閉じられた」状況を脱却し、地域の中に施設を建設し、施設もできるかぎり「開く」取り組みもなされてきた。福祉施設について、これまで年齢や障害程度といった対象者ごとに施設体系ができあがっていたが、近年年齢や障害程度を問わない新しいタイプの「まちの居場所」が生まれてきた。ここでのキーワードとして「コミュニティ」「ケア」「共生」が挙げられる。それらの関係について触れていくが、いずれにも通底するのは彼らの生活を隔離するのではなく、ふつうの暮らしをすることであった。

　それぞれの用語をまずは整理しておく。「ケア」には多彩な意味があり、広井良典は「①『介護』『看護』、②中間的なものとして『世話』があり、③広くは『配慮』『関心』『気遣い』という広範な意味を持つ概念である」と指摘し、「人間は誰しも、『ケア』する対象を求めずにはおれないし、また自分が『ケアされる』ことを欲し、その対象は人に限定されず『普通『自分以外の何ものか』に向けられたものであるのに、その過程を通じて、むしろ自分自身が力を与えられたり、ある充足感、統合感が与えられたりするものである」と述べている[1]。本論では「ケア」はむしろ広い意味にて用いることが適切であると考えており、「ケア」は子ども、障害者、高齢者も含めてすべての人が行うことができる見過ごされがちな行為である。

　「共生」について、三重野卓は、「それぞれの主体が、異質性、多様性を踏まえて相互作用を行いながら、他者を受け入れ、ともに存在することを意味」し、「共生社会」には『『生活の質』に対して社会全体が責任を負うという視点があり、人びとの連帯、統合が重視される」と指摘している[2]。ここでは年齢、障害、出自を問わず誰もが差別されることなく、ともに同じコミュニティに暮らすこととする。

　ここで言う「コミュニティ」とは、これまでさまざまな議論がなされているが、ここでは個々人が暮らす地域での日常生活圏域であり、「まちの居場所」の「まち」に相当すると簡潔にまとめることとする。

ケア×共生

　ケアはこれまで狭義の意味で必要な人に対して専門職員が施設内部で行ってきた。また施設は属性によって細分化され専門性の高い支援をそれぞれ提供してきた。しかし、この枠組みを超えて属性によらず広義のケアを行っているのが、いわゆる「富山型デイサービス」である。ここでは「施設」の中で共生しながら個別にケアを受けたり、あるいは相互にケアしていく光景が当たり前のように見られる。「富山型デイサービス」が誕生したのは1993年に看護師が立ち上げた「デイサービスこのゆびとーまれ」が最初である。退院した高齢者が在宅で生活できるよう家庭的な雰囲気のもとケアの提供を行った。その建物は、地域の身近な場所にあり、民家を改修した小規模な建物であった。しかし、最初から高齢者に利用を限定したものではなく、赤ちゃんや障害者など地域で支援が必要な誰もが受け入れることを行った。個人の取り組みで始まった「富山型デイサービス」がやがて広く支持されるようになり、

富山県が中心になって行政の縦割りにとらわれない柔軟な制度をつくり上げた。ここで展開されていることは、高齢者や障害者は、一方的にケアを受ける側ではなく、ケアを提供する側にも回ることである。障害者が建物中で自分なりの役割を見つけて掃除をしたり、介護の必要な高齢者が赤ちゃんをケアすることがふつうに見られる。ここにやってくる利用者やスタッフは誰彼と区別することなく誰もが同じ地域で暮らし、同じ建物で一日をともに暮らす一員として、お互いがケアしながら共生している。一人ひとりの年齢や属性が違うからこそ、それぞれにできることとできないことがあり、自分ができるかぎりのケアを行うことで誰からも受け止められ、お互いがケアをするという人間の要求が満たされるのだろう。

コミュニティ×共生

社会福祉の分野では、共生社会の実現に向けて長年さまざまな課題を乗り越えてきた。特に障害者やその家族が社会の一員として社会に参加することを求めてきた。デンマークでは、戦後すぐから知的障害者の「ノーマルな暮らし」を追求していった。それがノーマライゼーションである。

ニルス・E. バンク＝ミケルセンは「ノーマライゼーションとは、障害のある人たちに、障害のない人と同じ生活条件を作り出すことである」と述べている。

ベンクト・ニィリエが試みた定義によると、「すべての知的障害者の日常生活様式や条件を、社会の普通の環境や生活方法に可能な限り近づけることを意味する」として八つの原則、①一日のノーマルなリズム、②一週間のノーマルなリズム、③一年のノーマルなリズム、④ライフサイクルにおけるノーマルな体験、⑤ノーマルなニーズの尊重、⑥異性と暮らす生活、⑦ノーマルな経済水準の保障、⑧ノーマルな環境基準を挙げている[*3]。

さらに時代は進みインクルージョン（包摂）という考えも生まれた。1980年代になると移民に代表されるように社会的に排除されうることをなくし、あらゆる人が社会に包摂され共生することを目指した「ソーシャル・インクルージョン」という考えが出てきた。

ニィリエがノーマライゼーションは年齢を問わずさまざまな人に適用できることを指摘しているが、ノーマライゼーションは障害を中心に据えた概念であり、インクルージョンはさまざまな人を対象にしている点でより包括的な概念である。日本ではインクルージョンはよく教育において用いられてきたが、近年貧困の問題や経済格差などを解消し公正さを求めることが社会的に強まり注目されている。ノーマライゼーションとインクルージョンの違いについて、「差異」へのアプローチの違いに注目し、清水貞夫は次のように述べている。

ノーマライゼーション原理は、「差異」の存在をノーマルな生活への回復ないし社会の見方（イメージ）の解消を追求するが、インクルージョンの主張は、「差異」を問うことなく「包み込む」ことで多様性を受け止める社会を要求する[*4]。

ノーマライゼーションは障害者と健常者の差異の存在を提示し、それをノーマルなものにするよう努めることで社会からの差別や排除をなくしていこうとするものである。インクルージョンは、その差異の存在を重視せず「包み込む」ことで多様性を受け止める社会を要求している。

インクルージョンに基づく社会が少しずつ実現している。われわれの日常の暮らしを営むコミュニティの中にさまざまな人が暮らしている。家族構成、年齢、収入などまちまちであり、それぞれが働き、余暇を楽しむなどふつうの生活をしている一方で、それが難しくなっている人たちもいる。たとえば介護が必要な人、単身高齢者、障害者、生活に困窮している人が挙げられる。これまでのように排除されることなく今後はこうした人と共生していくことがよりいっそう必要であろう。人口が減少し、コミュニティのありようが変化していく中、すべての人が参加していくことでよりよいコミュニティができる。たとえば街中の清掃活動を思い浮かべれば理解できるだろう。中学生や障害者が始めた活動が多くの人の意識を変えやがてまちを変えることはよくある。

働くこと一つとってもフルタイムは無理でも1時間、さらには30分だけなら働ける人もいるだろ

う。さらにはスピードや効率性を重視せず、自閉症者や知的障害者のようにゆっくりだが確実に仕事をこなせる人たちの能力を生かすことも必要だろう。要は一人ひとりをコミュニティに適応させるのではなく、社会が一人ひとりを包み込める、一人ひとりが適応できるコミュニティをつくるというパラダイムシフトが必要であろう。

いつの時代も変わらず、どんな理念でも障害を問わず誰もがコミュニティで過ごすことを求めてきた。共生は完全に実現できていないかもしれないが、徐々にコミュニティの中で実現しつつある。

コミュニティ×ケア

コミュニティケアは1960年代から主に個々の精神(知的)障害者の支援として言われてきたものであり、1990年代イギリスでコミュニティケアによる障害者の地域での支援が行われるようになり注目された。コミュニティとケアの関係をみると、マイケル・ベイリーは以下のように言及している[5]。

第1段階:care at home out of the community(在宅放置の状態)
第2段階:care out of the community(在宅放置か入所施設隔離の状態)
第3段階:care in the community in institution(入所施設中心の隔離の状態)
第4段階:care in the community(公的な入所・在宅福祉の整備中心の状態)
第5段階:care by the community(地域社会を巻き込んで公私が参画した状態)

第1段階とは何の支援も得られていない状態である。日本では1960年代以降、人が住むところから隔離された地域などに入所施設が建設され始めたが、多くはコミュニティと何ら関わりがなかった。1990年代から第4段階に突入し、現在は第5段階に進行しつつあると考えられる。渡邉洋一によると"in"と"by"の違いについてベイリーは"in"はあくまで公的な援助だけであること、"by"は公的や公的以外の個人・民間もケアに関わって支援している状態と明確に区別していることを指摘している[6]。

第5段階は障害者が健常者と何ら変わらず地域でふつうに暮らすことを目指し、コミュニティに関わる一員として彼らを支援する取り組みである。ベイリーは障害者を想定していたが、この考え方は地域包括ケアや地域での見守りが全国各地で見られるように、現在では子ども、高齢者さらにはコミュニティに暮らす誰にでも当てはまる考え方であろう。

"care by the community"が進行しつつある中で渡邉はケアの担い手について以下の指摘をしている。

社会福祉を志向するコミュニティには、それ自体にはケア(具体的援助)の解決装置を包含しないものの、ケア(精神的援助)を相互関係として構築されるという理解である。社会福祉を志向するコミュニティの構成要素としての福祉アソシエーションが具体的な日常生活でのケア(具体的援助)を展開するという位置関係を設定したい。すなわちコミュニティケアは、福祉アソシエーションを核として制度的な展開と非制度的な展開が求められることである[7]。

「福祉アソシエーション」すなわち社会福祉法人などの組織を中心に多様な個人・団体が当事者の生活全般を地域の中で支援していくことが求められている。近年、障害者福祉や高齢者福祉の分野では「地域に住む」や「住み慣れた地域に住み続ける」ことが強く求められるようになり、その実現に向けて地域包括ケアに代表されるようにまさしく社会福祉法人などの組織を中心にしたネットワークが形成されようとしている。「コミュニティがない(崩壊した)」と言われるように地域に住む人と人との関係が希薄になっているコミュニティにとって、渡邉の指摘はケアの視点からみた今後のコミュニティの望ましい姿と捉えることができよう。

「まちの居場所」を端緒として

いくつかの「まちの居場所」があるコミュニティには「コミュニティ×ケア×共生」が実現する萌芽が見られる。従来の「施設」ではない小さな「まちの居場所」が端緒となっていて、コミュニティ全

体に「コミュニティ×ケア×共生」が浸透しつつ
ある。「まちの居場所」で「ケア×共生」が始まり、
「コミュニティ×共生」が醸成され、「コミュニティ
×ケア」が実践されるプロセスである。「まちの居
場所」は単に使う人(住民)にとっての居場所だけ
でなく「まち」にもつながっていくゆえに「まちの
居場所」である。「まち」を見て、人を見る必要があ
る。このことに関連して、広井は前述の"care by the
community"をさらに進めて以下のように指摘し
ている。

　コミュニティケアは〔……〕おそらくそれは単にケ
　アの提供される場所が施設からコミュニティに移
　るということに尽きるのではなく、つまり「コミュ
　ニティにおけるケア care in community」という
　ことに尽きるのではなく、より積極的に、「コミュ
　ニティ支援としてのケア」、あるいは「コミュニティ
　(づくり)のためのケア care for community」という
　意味までを包含するものと思われる*8。

　ここにはコミュニティで暮らす年齢や障害を問
わない誰もが対象となり、誰もがコミュニティで過
ごしていくためにケアを行っていくこと、制度と非
制度の二分法を超えていくことが求められる。ま
た広井が指摘するように近年は「福祉」の概念が拡
張していて、その中には現在は地域の中で健康に生
活できる人ももちろん含まれている*9。福祉施設が
単なる「施設」を超えて、日常的にいつでも誰もが
立ち寄れて、お互いに何らかのケアを持ちつつ過ご
すことができ、なおかついざという時には具体的な
援助(介護)を受けることもできる「福祉」の視点での
「まちの居場所」にも拡張する必要があろう。
　「まちの居場所」は、「居場所」を重視するとゴー
ルだが、「まち」を重視すると出発点である。「まちの
居場所」は「居場所」を重視することはもちろん、現
在の日本の状況(少子高齢化、コミュニティの崩壊、財政不足)
をみると、「まち」を重視する時代になってきたと
思われる。まず当人にとっての「居場所」があり、そ
こでの「居場所」を通して「まち」を知る／見るきっ
かけとなり、そして当人が「まち」へ大なり小なり、
有形無形を問わず関わる機会が得られることも必
要であろう。
　以上のように今後、各地で人口が減少し、コミュ

ニティのありようが変化する中、社会福祉法人の中
にも、コミュニティを見つめ、対象を限定せず受け
入れ、誰もがお互いにケアしながら共生していくこ
とを志向する「まちの居場所」は注目されている。
それでは次に事例を紹介する。

事例1
三草二木 西圓寺

所在地　石川県小松市
面積　538m²
運営日　月〜日曜
開設年　2008年
代表　社会福祉法人佛子園
サービス　温泉、飲食、駄菓子屋、高齢者デイサービ
ス、障害者生活介護、就労継続支援他
1日の職員　常勤6名、パート10名

西圓寺誕生まで

　西圓寺は石川県小松市の小さなまちの中心部に
立地する。江戸時代から続く寺の住職が2005年に
死去したのち、跡継ぎがおらず廃寺の危機に陥っ
た。住職の死から1年、宗派の異なる寺の住職でも
あり、社会福祉法人佛子園の理事長が縁あって、歴
代区長(町内会)や酒造の会長、檀家に呼ばれて西圓
寺のことについて依頼される。ちょうどこの時期、
佛子園ではある地域で障害者グループホームを建
設することに反対される出来事があった。何十年
と地域で活動していた佛子園でも、障害者の地域移
行の一環であるグループホーム建設が反対される
現状を鑑みて、「地域全体を変える、福祉を利用する
人と『特別』な関係ではなく、『日常』の関係にする
ために必要なことを西圓寺で考える」こととなっ
た。
　住民から要望があったとはいえ、一方的に法人
が事業を行うだけでは従来の特定の利用者だけを
対象にした福祉施設の建設と何ら変わりはない。
そこで障害者の参画と地域住民が協力することを
条件として廃寺・土地を買い取ることにした。その
時点で地域住民の協力の内容は特に決まっていな
かった。その後、何度も法人と地域住民が会合を重
ねて、また理事長が海外青年協力隊で経験したプロ

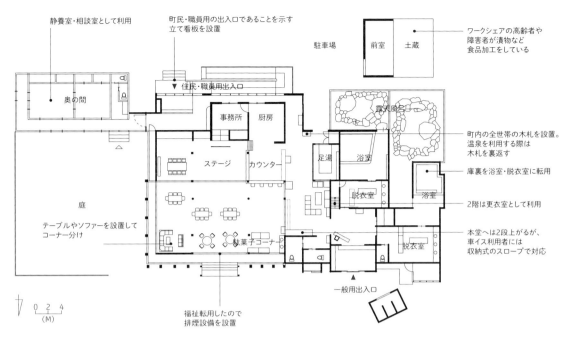

図1　西圓寺平面図

ジェクトサイクルマネジメントを用いて住民の積極性を引き出していった。そこで温泉を掘ることに決まり、障害者・高齢者の福祉事業サービス(デイサービス)にカフェ・温泉・駄菓子屋の機能も加えた地域住民が自由に過ごすことができる「三草二木 西圓寺」が2008年に誕生した。もともと本堂であったところをみんなが集えるようにし、本堂の脇を調理場・カウンターに改修した。温泉は寺に隣接して増築し、足湯はお寺と増築部の間に設けられた。寺や寺の付属(住職の住居部分など)はほぼそのまま転用している。

ごちゃまぜ

高齢者・障害者は働く場やデイサービス、子どもは遊び場として西圓寺で思い思いに過ごしている。町内全世帯は無料で温泉に入れ、入湯するときには世帯ごとの木札を裏に返す仕組みである。木札を裏に返すことで、他の住民が来たとき誰が温泉にいるのかがわかり、近所付き合いのきっかけになっている。温泉は住民だけでなく観光客の利用もあり、1日30〜40人の利用はある[*10]。住民以外の人は入湯料400円を支払うが、石川県の銭湯代よりも数十円安い価格設定である。西圓寺ができるまで近所付き合いが皆無だったが、今では楽しく談笑していると住民は語る。法人所有の建物ではあるが、住民たちは自分たちのお寺と思って自由に過ごしている。たとえばもともとなかった体重計を自分たちが買ってくる。ランチョンマットがないと誰かが買ってくるといった物資の支援はよく行われている。

退職した高齢住民の中にはワークシェアの形で西圓寺で販売する梅干しなどをつくっている。また自宅の畑でつくった野菜が余れば西圓寺で販売するなど、高齢者は単なる温泉や食事の利用者や福祉サービスの受け手だけではなく西圓寺運営の担い手でもある。いつでも自由に西圓寺の受け手や担い手に変わるというよりもその境界線がない点で、理事長が西圓寺を引き受けるときの条件「地域住民が協力する」ことをあっさりと実現できている。

町内にコンビニがないこともあり、西圓寺には駄菓子屋コーナーを設けている。子どもを引きつける仕掛けではあるが、そもそも西圓寺全体が子どもたちにとって魅力ある場所であった。足湯は子どもたちの集いの場になっている。学校が終わると待ち合わせに足湯にやってきて、そのまま西圓寺に滞在しゲームなどに興じる。またある小学生は西圓寺におもちゃを隠している。もともとのお寺をそのまま転用したのでおもちゃの隠し場所には困らない。

西圓寺には鐘があり、17時になると決まった子

図3 温泉／700m以上掘削して掘り当てた

図2 メインアプローチ／写真奥ののれんが一般用出入口であり、一般客はそこから入る

図4 旧本堂／年齢・障害に関係なくみんなが集い、思い思いに過ごす

どもが鳴らしている。スタッフが鐘を鳴らすことを始めたけれども子どもたちがやり出した。そのうちある男の子が必ず鳴らしにやってくるようになった。「いつも鐘を聞いているよ」とまちのお年寄りから言われることも彼にとってはやりがいになっているのだろう。今では高学年になり、17時に鐘を鳴らしに来ることが難しくなってきたので後継者を探しているという。このことも理事長の最初の条件「地域住民が協力する」ことを子どもながらに実践していると言える。

いつのころからかまちの子どもが別のまちの同じ小学校の子どもを西圓寺に誘うようになったという。西圓寺は子どもにとって単なる遊び場以上の場所であり、自分たちのまちになくてはならない、大切で誇りに思える場所になっている。

障害者の中には電動車イスを使う重症心身障害者の方もいる。みんなと居たいと大空間で過ごし、本人は高齢者やさまざまな人からケアを受けているがケアも提供している。単なる一方的なケアの受け手ではなくケアの担い手でもある。たとえば認知症高齢者が食事をあげようとして当初はうまくいかなかったが、いつのまにか障害者が動かせなかった首を少し動かして認知症高齢者から食事をもらえるようになったという。

西圓寺では温泉に入浴したり、毎日食事をしたり、もちろん料理をつくったり、味噌を仕込んだり、目的もなくやってきて長居したり、多くの人がさまざまな過ごし方をしている。その中で他者としっかり関わったり、距離をとった関わりをしたりと関係の濃淡はさまざまであるが、前述のような関わり（＝ケア）は日常的に行われている。年齢や属性に関係なくお互いが同じ地域に住み同じ大きな空間でともに時間を過ごすからこそケアが生まれ、共生も実現できている。「ここで起こったことは人をミックスすると元気になること」と理事長は語る。直接べたべた関わるのではなく距離間を持って関わることが重要と、ここをフィールドに活動する近畿大学の山口健太郎氏は語っている。

西圓寺の工夫

西圓寺は単に古いお寺の本堂を活用したから賑わっているわけではない。西圓寺が「まちの居場所」となるよう工夫が施されている。温泉、カフェや駄菓子屋以外の工夫を紹介する。

<u>温泉利用客等は表玄関から、住民は裏の玄関から</u>

西圓寺には2種類の玄関がある。一つは温泉に入りに来た客や観光客が利用する玄関である。もう一つは住民専用の玄関である。西圓寺が自分の生活の一部として利用できるように寺の裏に玄関を

図5　カウンターバー／旧本堂脇に設ける。ワークシェアの高齢者や障害者が働く

図6　写真左に足湯。右のカウンターで西圓寺で開発した商品を販売（撮影：加藤悠介）

図7　建物裏の玄関／「ここは野田町民、職員スタッフの通用口です。正面玄関にお廻りください」と看板を設置

設けて住民は自由に出入りしている。この配慮は長いスパンで考えると住民の西圓寺に対する愛着につながってくると思われる。

足湯

　温泉は入湯料が必要であるが、もっと気軽に使ってもらえるよう足湯も設けている。子どもの中では暇になったら足湯に行こうという合言葉があり、そこでゲームをしている。駄菓子屋もあるが、足湯があるからみんな来ている。

寺の機能はそのまま大事にする

　寺はもともと町内の信仰の機能だけでなく文化・教育の機能も担っていた。その機能は残して文化・教育の発信基地として定期的に音楽会などさまざまな行事を開催している。また年末には町内の有線放送を通じてお寺の大掃除の呼びかけを行っている。西圓寺が誕生するとき、できるかぎり建物や植物もそのまま活用し、梁の色やもみの木などは新築には絶対できないものがあると理事長は語る。

　2008年1月には57世帯199人であったが、2014年1月には68世帯213人と世帯数・人数も増加している。きっと西圓寺の影響もあるのだろう。

事例2
共生型地域オープンサロンGarden、共生型コミュニティー農園ぺこぺこのはたけ

所在地　北海道当別町
運営日　月〜土曜
開設年　2008年
代表　社会福祉法人ゆうゆう
1日の職員　常勤2名、ボランティア10名、就労継続支援B型4名（定員は10名）

過疎地域で「地域を創る」ことを目的に誕生

　過疎地域では都会への若者の流出が多く、さらに高齢化と財政的な問題によるさまざまなサービスの低下が問題となっている。地域で生活をする子ども・障害者・高齢者が十分に生活でき、支える人・支えられる人の区別をなくし、「地域を創る」ことを目標に、まちに開いた「当別町共生型地域オープンサロンGarden」（以下、ガーデン）が2008年に誕生した。

　北海道医療大学で福祉を学んでいた学生が、2003年学生時代に空き店舗対策の一環として大学が取り組んだ企画に参加し、地域のボランティア活動に取り組む。その活動をベースに2005年にNPO法人を取得した。その背景には同じ町内で就職先がなく大学の地元を離れることの問題意識もあった。当初はパーソナルアシスタントとして障害者の支援を行っていたが、年に46名しか利用されず、利用者の要望に応える形で、さまざまな人の支援（フォーマル・インフォーマルを問わず）を行うようになった。学生時代に立ち上げたこともあり、職員は若く、「地域を創る」新しい取り組みに積極的である。

　やがてその活動が評価され、具体的な活動拠点

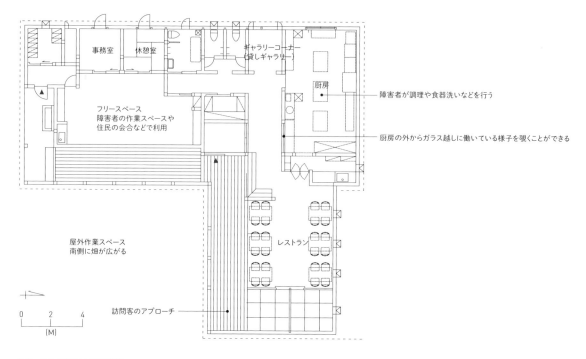

図8 ぺこぺこのはたけ平面図

として2008年にガーデンを石狩当別駅(札幌駅から電車で40分)の近くに開設した。またガーデンの取り組みが評価され、行政からの支援を受けて、2011年には「当別町共生型コミュニティー農園ぺこぺこのはたけ」を一駅離れた石狩太美駅の近くに開設した。「共生型コミュニティー農園」と名付けているとおり「農」と結びついている。農業地域であり新鮮な野菜が入手しやすい「地産地消」のレストランを運営している。また高齢の農業経験者の技術提供を受けて、隣接する畑などで障害者の就労に結びつけたり、子どもや農業非経験の住民が農業体験することができる。

ガーデン、ぺこぺこのはたけは各駅から徒歩数分のところに立地している。ガーデンは当別町の中心部、石狩当別駅前のメインストリートに面して日中人や車の往来がある。ぺこぺこのはたけはベッドタウンとして開発された石狩太美駅前にあり、隣が保育所、道路を挟んで向かいが小学校や町役場の出張所というまちの中心部に位置する。

L字型の建物

ガーデンの建物はL字型の建物で、囲われた内側屋外部分は広場としてさまざまなイベントに使えるようにしている。メインエントランスは「L」の交差部の外側にあり、人の出入りに気づきにくいデメリットがある。L字型の一方にテーブルや畳を設けた喫茶スペース、もう一方に駄菓子コーナーや相談コーナーがある。いずれもイベントのときには自由にレイアウトを変えることができ、屋外とも一体的に利用できる。L字型の建物にした理由はお互いの様子を知ることを重視しているためである。喫茶スペースで過ごしているときもう一方にいる人たちの様子を広場越しに見ることができる。直接関わることはなくても誰がいるのかわかる。

ぺこぺこのはたけもガーデンと同様、同規模のL字型の建物を新築した。建物に囲われた部分は広場と畑にし、隣接する畑も借りている。L字型の内側からアプローチし、メインエントランスは中心部にある。ガーデンでは人の出入りがわかりにくかったのでそれを改善した。中心部にエントランスがあり、そこから入ると貸しギャラリースペースとガラス張りの厨房があり、厨房ではシェフや障害者が働いている様子を見ることができる。L字型の一方がレストランスペース、もう一方が障害者の作業スペースや夜間・休日に地域住民が使える集会スペースである。レストランに食事に来る人はレストラ

ンの内部はもちろん、障害者が調理補助や給仕として働いている様子や広場越しにもう一方のスペースの様子も知ることができる。

さまざまな人を巻き込む仕掛け

　ガーデンではさまざまな取り組みをしている。最初に障害児との出会いから事業を始めた経緯もあり、障害者の就労（就労継続支援B型）としてカフェやドーナツづくりを行い、高齢者はボランティアで駄菓子屋の当番、相談窓口や趣味の活動を行っている。札幌のホテルで働いていたシェフを雇い、本格的なドーナツ、クッキーなどの菓子を販売している。また住民が集うサロンや一日シェフも行っている。まちにはこのような地域に開いた場所がなかったこともありさまざまな人がここにやってくる。もちろん喫茶だけでなく子どものいる世帯ができたてのドーナツを買いに来ることも多い。住民の中には、利用者として喫茶にやってくるだけでなく野菜を提供するなど施設を支える側にも立っている。駄菓子コーナーにはボランティアで高齢者が店に立つ。その高齢者がいることで知り合いの人も雑談しにやってくる。もちろんその人たちはボランティアに入っていない日は利用者としてコーヒーを飲みに来る。多くの人が行き交う中で障害者は店番をしたり、ドーナツづくりをしているので、多くの人と接触する機会を持っている。

　ぺこぺこのはたけでは、地産地消のレストランを中心に据えてさまざまな人が関わる仕組みをつくっている。敷地に隣接する畑では、高齢の農業経験者の技術提供を受けて、障害者が農作業をしている。また移住してきた団塊世代の高齢者が畑仕事をしたり、イベントを主催したりしている。そこで取れた野菜や地元の野菜を使って障害者が調理をしている。調理したものを障害者が給仕し、ここにきた住民が食べていく。レストランの料理も住民が飽きない工夫をしている。東京のコーディネーターが毎月レシピをつくり盛り付けの指導をしている。客はこだわりの料理をここで楽しめる。

　もう一方の空間では、レストランのように周囲のペースに巻き込まれると能力が発揮できない障害者が自分のペースでスタッフの支援を受けて働いている。その様子を住民はガラス越しに知ることができる。このような関わりはささやかであるが、彼が親元を離れ自立してまちで暮らすときにはさまざまな支援が必要になってくるので将来的に生きてくるだろう。この空間は前の畑と一体的に使うことを想定して土間にし、住民が夜に集会で活用できるようにしている。

　隣接して保育園や小学校があるので子どもたちにとっても自然と身近な場所になっている。駄菓子を買いに来たり、畑でのイベントに参加したりしている。また親とともにランチを食べに来ることもある。

「あらゆる住民にあらゆる住民が手を差し伸べること」

　社会福祉法人ゆうゆうのミッションに「『そこの困っている人に手を差し伸べる』ことこそが都会ではない地域の福祉であり、必要なのは『あらゆる住民にあらゆる住民が手を差し伸べること』のできる仕組み」として「地域を創る」ことを掲げている。「あらゆる住民にあらゆる住民が手を差し伸べること」は社会福祉法人のミッションとして奇妙に思える。ふつうは特定の対象者を法人が支えることをミッションにすることが多かろう。法人が手を差し伸べるのではなくあくまでも住民が手を差し伸べる点にこだわり、そのプラットフォームと

図9　ガーデン建物全体／駅前のメインストリートから広場や喫茶スペース、駄菓子コーナーが見える

図10　ガーデン喫茶スペース／写真左側に広場、写真右側に畳スペースがあり、奥が入り口・厨房

図11　ぺこぺこのはたけ全景／建物正面が全面開口の作業スペース。写真左に畑がある

して福祉施設という枠を越えてガーデンやぺこぺこのはたけは機能している。

両方の地区とも人口は少なく、地域に誰がいるのか把握しやすい規模である。地域にとって誰が住んでいるかを知ることは今は必要なくても、いざというときに必要なことであり、顔の見える関係があることは大切なことである。都市部では地域に誰がいるのか把握することは人口の面から難しい。小さなまちだからこそ同じ地域に住むあらゆる住民の生活全般を広く支えることができる。小さなまちであることは今後の福祉を見つめるときに決してデメリットではなくむしろメリットになりうる。ガーデンやぺこぺこのはたけはその拠点として「コミュニティ×ケア×共生」を担う「まちの居場所」である。ここでの10年近くに及ぶ活動は確実に身を結びつつある。ボランティア登録数1,600人は人口の10%という数字を見てもわかるだろう。

事業者のコミュニティへのまなざしと専門性を出さない

ここで紹介した事業者ははじめに高齢者や障害者など従来の福祉の対象者を特定していない。まずコミュニティがあってそのコミュニティで必要なことは何かを考えてきた。その中からさまざまな人が利用できる「まちの居場所」を立ち上げていった。ここを利用する人は従来の福祉の対象者に限らず、実に多くの人がやってきている。これまでの社会福祉法人にない視点として、コミュニティをみるからこそ、事業として温泉や足湯、スイーツを売りにしたカフェといった発想が生まれてきたことが挙げられる。

はじめに「福祉」ありきで「まちの居場所」が始まったのではない。「福祉」の枠組みを拡張、あるいは「福祉」の枠組みを取り払い「まちの居場所」がで

きあがった。そこには専門性はまずは出てこない。まずはコミュニティを見るまなざしであって、それぞれの専門性はできあがったのちに発揮される。

建物全体のつながり

「共生×ケア」を実現するために空間的な仕掛けを用意している。西圓寺では旧本堂であり、ガーデンとぺこぺこのはたけではL字型の建物とそれに囲まれた外部空間である。西圓寺では旧本堂に高齢者や障害者が日中過ごすことができる場や町内外の人も使う食卓やカウンター、さらには高齢者や障害者が働く厨房、駄菓子屋といった具合に主な活動が旧本堂で展開されている。直接会話を交わすことはなくても何度も利用するうちにお互いに認知をすることが期待できる。ガーデンとぺこぺこのはたけではL字型の建物にすることで空間を分節しているが、窓越しに外部空間、L字型の一方の空間まで視覚的につながっている。さらにはぺこぺこのはたけではガーデンの反省を活かし、入口もL字型に囲まれた外部空間に面しているので、人がやってきたときにはすぐに誰が来たのか認識できる。このように全体のつながりをもたらす空間は重要である。

自由に使えて公共も担う空間

ここで紹介した「まちの居場所」は用途が特定されている空間もあるが、さまざまな活動が展開できるよう空間にゆとりを設けている。その活動は事業者が主催するものもあれば、住民の集会など地域住民が主催するものもある。コミュニティで何か活動するときに場所の問題は必ず出てくる。近くに集会所や公民館などがあればよいが、地方にはそのようなものがあってもアクセスの問題もある。

図12 ぺこぺこのはたけ厨房・レストラン／入ってすぐに厨房と駄菓子コーナーがあり、奥がレストラン

図13 ガーデン駄菓子コーナー／写真手前に店番の人の作業スペースを設ける

図14 ぺこぺこのはたけ作業スペース／日中は障害者が活動するスペース、夜間・休日に住民も利用できる

そのときに「まちの居場所」は集会で利用できる場所となり、一種の公共性をもった場所にもなる。

コミュニティの単位

ここで紹介した「まちの居場所」のあるコミュニティの人口は決して多くはない。西圓寺では200人程度のコミュニティにある。町内の住民は温泉を利用する際、世帯ごとに用意された木札を裏返しにして温泉入浴中であることが他の住民にもわかる工夫をしている。典型的な昔からのコミュニティをイメージするが、西圓寺では決してそのようなイメージは持たない。奥田欣也[10]が指摘するようにゆるやかに自由に利用者が振る舞っている。誰も知らないということではなく知っているけどほどよい距離感を保っている。ガーデンやぺこぺこのはたけは札幌市に隣接する人口1万6,000人強の小さな自治体にある。さらに周辺人口1,000人程度の駅のある地区に立地しているが、実際は車社会であり駅を利用する範囲が広域なので駅の利用圏域の人口はさらに増える。小さなコミュニティの単位であるからこそ、事業者はコミュニティの課題に対しても解決策を実践できたり、住民一人ひとりが困っていたら手を差し出すこともできるのだろう。「まちの居場所」がコミュニティを見ているがゆえに住民に愛着が生まれて、住民たちが「まちの居場所」を使う側から支える側にもまわるのだろう。

障害者の働く場と事業性を考える
──「まちの居場所」の自立に向けて

「まちの居場所」は常に運営資金の問題を抱えている。今回紹介したところはいずれも事業性を考え、単独で経営的に自立する方法を模索した。西圓寺は介護保険事業や障害者総合支援法に基づく事業を実施しているが、温泉、食事や特産品の収益で事業性を高めて「まちの居場所」の自立を目指し、ようやく数年前から経営的に自立できるようになった。ガーデンやぺこぺこのはたけは障害者総合支援法に基づく事業を実施しているが、スイーツやランチの収益で事業性を高めるようにしている。

2事例とも障害者の働く場として障害者が住民に見えるように掃除や調理補助などいくつかの労働をこなしている。障害者はそこで働くことでコ

ミュニティの一員としての誇りも持ち、誰かから直接感謝の言葉を聞くことは何よりも嬉しいし、自信にもつながる。

ただ障害者が「まちの居場所」で働く際に注意する点は、障害者の居場所となるように彼らのペースを大切にすることである。彼らはゆっくりだが確実かつ丁寧に仕事を行う。自分のペースで働き、かつコミュニティのさまざまな人と関わって、居場所が確保できている。それは誰かの役に立っているという「社会的居場所」であり、そこに専門性のあるスタッフのケアが必要である。

注釈
*1　広井良典『ケアを問いなおす 「深層の時間」と高齢化社会』筑摩書房、1997年
*2　三重野卓『「生活の質」と共生』増補改訂版、白桃書房、2004年
*3　清水貞夫『インクルーシブな社会をめざして ノーマリゼーション・インクルージョン・障害者権利条約』クリエイツかもがわ、2010年
*4　同書
*5　Michael Bayley, *Mental Handicap and Community Care: A Study of Mentally Handicapped People in Sheffield*, Routledge and Kegan Paul, 1973
*6　渡邉洋一『コミュニティケアと社会福祉の展望』相川書房、2005年
*7　同書
*8　広井良典『コミュニティを問いなおす つながり・都市・日本社会の未来』筑摩書房、2009年
*9　同書
*10　奥田欣也+山口健太郎「複合型福祉施設の利用実態と交流様態に関する研究」『日本建築学会計画系論文集』Vol. 79、No. 705、日本建築学会、2014年

参考文献
・広井良典『ケア学 越境するケアへ』医学書院、2000年
・川島ゆり子、「コミュニティ・ケア概念の変遷 新たなケアの展開に向けて」『関西学院大学社会学部紀要』103号、関西学院大学、2007年
・『コトノネ』vol. 19、はたらくよろこびデザイン室、2016年

Chapter 9 人びとをつなぐプラットフォームとプレイスメイキング

地域コミュニティに開かれた「まちの居場所」

　地域コミュニティの中心として、賑わいや活気があふれていた地方都市の中心市街地[図1]。かつて、そこには「まちの居場所」がたくさんあった。商店街や駅前をぶらぶら歩けば、生活に必要なものは何でも揃った。喫茶店やファーストフード店、カフェやレストラン、居酒屋やバーをすぐに見つけることができ、ふらりとそこに立ち寄れて、お茶や食事をしながら、お酒を飲みながら、一人でも、二人でも、グループでも、家族と、友達と、職場の人たちと、一定の時間、そこで過ごすことができた。

　本を買いに行く書店、洋服を買いに行く服飾店、雑貨を買いに行く雑貨店、文房具を買いに行く文房具店、おもちゃや人形、プラモデルを買いに行く玩具店。これらの店舗は、「○○を買いに行く」という目的を持って行く店であるが、目的を持たずにふらりと立ち寄ることもできた。

　学校や役場、銀行、郵便局、病院・医院などの公共・公益施設も、誰もが訪れやすい交通至便な商店街や駅前に立地していた[*1]。つまり、商店街や駅前にはこのような店舗や公共・公益施設がたくさんあり、地域コミュニティに開かれた「まちの居場所」として存在し、機能していた。

図1　奈良県桜井市中心部の様子（1970年頃）

商店街・駅前の衰退と「まちの居場所」の喪失

　地方都市の商店街や駅前であたりまえだったこの情景は、いつ、どのようにして変わってしまったのだろうか。

　地方都市の商店街や駅前の賑わいと活気のピークは、昭和40年代(1965～74年)であったと言われている。この期間に、スーパーマーケットをはじめとした大規模小売店舗が出現し、人びとは生活に必要なものを、一つの大きな店舗で揃えるようになっていく[*2]。商店街や駅前の店舗をたたみ、大規模小売店舗の一角に移転する商店主も出始めた。

　1960年頃から始まった郊外住宅地の開発と、それに伴う郊外への人口流出も大きな要因である。鉄道やバスなどの公共交通機関を利用すれば中心市街地の職場に通勤できるサラリーマン世帯を大量に生み出し、核家族世帯の住む住宅が郊外住宅地に大量につくられた。商店街で代々商売を営み、店舗の2階に居住していた商店主が、郊外住宅地に住宅を建て、家族をそこに住まわせ、自分の店舗に「通勤」する例も出始めた。店舗の2階は居住空間ではなくなり、物置、あるいは空き部屋となっていく。

　一方、郊外住宅地やニュータウンの建設が始まり、公共・公益施設や商店などが計画的につくられ、まちの成長・成熟とともに地域コミュニティに開かれた「まちの居場所」がつくられていった[*4]。

　モータリゼーションの進展も一因である[*3]。商店街や駅前には駐車場が少なく、駐車場完備の郊外のショッピングモールに自家用車で買い物に出かける人びとが増えた。

　バブル崩壊後も、郊外では大規模ショッピングモールの建設が相次ぎ[*5]、その影響を受け、商店街や駅前は急速に衰退し、中心市街地は空洞化した。2000年以降になって、ようやく中心市街地の商店街や駅前のあり方を見直し、地域コミュニティを取り戻す取り組みが見られ始める[*6]が、依然として商

店街や駅前では空き家・空き店舗・空きビルが増え続けている。

このように、商店街・駅前では、かつてあったはずの「まちの居場所」は失われ、空間(スペース)はあるにもかかわらず、人びとは「居場所がない」という感覚を抱き続けている。

人びとをつなぎ直し、地域コミュニティを取り戻す

地方都市の商店街や駅前は衰退し、中心市街地は空洞化しているが、そこには地域コミュニティがないのだろうか？ いや、依然として地域コミュニティは存在する。空き家・空き店舗・空きビルは増え続けているが、そこに住み続けている人びともいる。そうした空き物件を所有し、管理している人びともいる。そこで商売を営んでいる人びとも、子どもを育てている人びとも、小学生も、中学生も、高校生も、確かにいるのだ。地域コミュニティを取り戻すためには、そういう人びとをつなぐ「プラットフォーム」が必要である。

本章では、奈良県桜井市における居場所づくり(プレイスメイキング)の事例を通して、人びとをつなぐプラットフォームのあり方を考察する。

桜井駅南側エリアの歴史的経緯

桜井市の人口は5万7,491人(2018年9月1日時点)であり、JR・近鉄桜井駅の南側に中心市街地が広がっている。このエリアには旧伊勢街道の沿道における商売を起源とする本町通商店街があるが、現在は、8割以上の店舗が空き店舗となっている[*7]。桜井市は、古代から続く万葉文化を今に伝える「日本で一番古いまち」として知られており、山辺の道、海石榴市、大神神社が至近である。また、桜井駅南口は、土舞台、安倍文殊院、談山神社などの観光地へつながる桜井市の玄関口である[図2]。

桜井駅南側エリアの近世以降の経緯を以下に記す。

近世

伊勢街道沿いに町場が形成され、街割と町家から構成されるまちができる。伊勢街道・上街道・多武峯街道の交差点は「札の辻」と呼ばれ、この界隈は「本町」と称され、地域コミュニティの中心となる[図3]。

明治・大正・昭和戦前

都市化と近代化が進展する。桜井駅南側エリアでは、吉野林業を背景とした製材業が栄え、製材所や原木市場が建ち並び、近世から続くまちの基本構造の上に「モダニズム」[*8]が付加され、まちは活気にあふれる[図4]。

戦後復興期・高度成長期

旧伊勢街道沿いに本町通商店街が形成され、商業利便性の観点から、町家にアーケード・看板・シャッター・ショーウィンドウなどが付加され

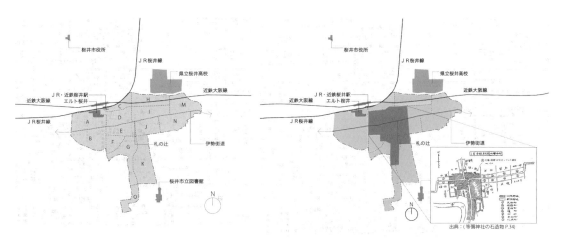

図2　桜井駅南側エリアの概要(平成26年建物悉皆調査より)　　図3　桜井駅南側エリアにおける町場と札の辻

図4　旅館・皆花楼はかつては旧伊勢街道に面していた

図5　桜井駅南側エリアと旧伊勢街道（1954年）

図6　札の辻に面する岡本商店（昭和初期と推定される）

る[図5〜7]。

1965（昭和40）年頃から桜井駅南口で再開発が行われ、大規模小売店舗（ジャスコ桜井店など）や駅前ビル（一番街など）、駅前ロータリーなどが整備される。本町通商店街の店舗をたたみ*9、大規模小売店舗や駅前ビルの一角に移転して営業を続ける商店主も出始めた。郊外住宅地に住宅を建てた場合、店舗の2階は物置や空き部屋となるので、この頃から徐々に本町通商店街の衰退が始まったと言える。

また、この頃、桜井駅南側エリアに建ち並んでいた製材所や原木市場は、駐車場が確保できる郊外の阿倍木材団地に移転した。モータリゼーションが進展し、木材の輸送に大型トラックが利用されるようになったことや、以前より製材所から発生する粉塵が問題視されていたことも移転の要因であった。

しかし、阿倍木材団地の建設と製材所や原木市場の移転は、桜井駅南側エリアから製材業に従事・関与する人びとを遠ざけてしまう結果となった。都市計画的に行われた事業が、まちから賑わいや活気を奪い、地域コミュニティを変容させたと言える。

バブル崩壊後

ジャスコ桜井店が閉店し、長らく空きビルとなっていたが、2014年には建物が取り壊され、駐車場となった[図8]。

本町通商店街でも空き店舗が目立つようになり、シャッターを閉めた店とその上部を覆うアーケードによって、商店街は昼間でも薄暗く、人びとが気軽に立ち寄れる空間ではなくなった。

2012年には本町通商店街に面し、人びとに親しまれていた妙見湯（前身は皆花楼の浴場）が閉店され、2014年には、奈良県下で一番古い松田タンス店（1845年創業）が火災により焼失した[図9]。

2015年夏には、駅前ビル（エルト桜井）の1階に入居していたスーパーマーケット（まねきや）が閉店し、長年このエリアに住み続けてきた高齢者は、徒歩では生活に必要な買い物さえできない状況になっている。

「歴史的まち資源」を活用したプレイスメイキング

このように、桜井駅南側エリアでは、近世に形成された街割と町家から構成されるまちの基本構造の上に、明治・大正・昭和戦前には製材業の活況を背景としたモダニズムが付加され、戦後復興期・高度成長期にはアーケードや看板などの現代の素材・材料・製品が付加されてきた。幸いなことに、このエリ

図7　札の辻に面する岡本商店（2013年）

図8　ジャスコ桜井店の跡地

図9　焼失し建物の基礎だけが残っている松田タンス店（手前）と焼け残った店舗（奥）

図10 桜井本町たまり場

図11 壁面いっぱいに描かれた現代アート

図12 たまり場の1階

アは戦災や震災に遭うことなく現在に至った[*10]ため、歴史的に継承され、上書き・更新され続けてきた「歴史的まち資源」[*11]が残存している。

桜井市では、2012年に「桜井市景観計画」が制定され、桜井駅周辺地区と本町通地区は「重点景観形成区域」に指定され、「特に景観に配慮すべき地区」とされ、「地域固有の歴史・文化を尊重し、その価値をより引き立てる景観を創造する」とされている[*12]。このような景観計画があり、景観まちづくりの方向性が示されながらも、このエリアに残存する「歴史的まち資源」である建築物の所有者の理解が得られず、取り壊され、空き地となり、景観計画や景観まちづくりの方向性に合致しない新しい建築物が建設されてしまう例もある。

このような状況の中、2011年に「桜井市本町通・周辺まちづくり協議会」(まち協)が発足し、「歴史的まち資源」に着目したまちづくりを推進する機運が高まってきた。

以下、「歴史的まち資源」を活用したプレイスメイキングの実例を紹介する。

桜井本町たまり場

「桜井本町たまり場」は、本町通商店街のほぼ中央に位置する「前田布団店」の空き店舗を改修し、2011年にオープンした。建物所有者は前田氏のままであり、まち協が賃借し、管理・運営している。建物は昭和30年代（1955〜64年）に建築され、当初は文房具屋であった。前面道路から向かって左側に広い開口部があり、透明ビニルシートが取り付けられているので、シャッターを開けると道路から建物の奥まで見通せる[図10]。

もともと店舗であり、靴のまま気軽に入れるように、内部にはタイルカーペットが敷かれている。「1階」と呼ばれる道路と同じレベルにある部屋には、「奈良・町家の芸術祭HANARART 2013」(はならぁと)で制作された現代アートが壁面いっぱいに描かれており、これは黒板としても使用可能である[図11,12]。奥には「地下」と呼ばれる一段下がった部屋があり、テーブルと椅子が置かれている[図13]。1階上部には「2階」と呼ばれる部屋があり、まち協の事務所になっている。つまり、スキップフロアになっているので、内部空間が連続しており、外部に対しても非常に開放的である。

たまり場は、「本町通商店街に趣味の部屋が欲しい」という意見を受けてつくられた。そのため、現在でも、たまり場で行われているイベントは、周辺住民が個人的な趣味で始めたボランティア活動やサークル活動が多い。読み聞かせサークル「子ども読未知」を主宰する福島千佳氏は、ふつうに子育てをする生活を送ってきたが、「桜井市には子どもに

図13 たまり場の地下

図14 子ども読未知の活動

表1 2015年のたまり場のイベント一覧　　　　　　　　　(回)

	①カフェ・勉強会	②映画会	③講座	④会議・作業	⑤その他	合計
1月	2	1	1	2		6
2月	4	1	5	5	1	16
3月	1	1	2	3	1	8
4月	1	1	1	3	2	8
5月	2	1	1	5	1	10
6月	2	1	1	12	2	18
7月		1	1	8	4	14
8月	2	1	1	5	8	17
9月	3	1	3	7	2	16
10月	2	1	3	11	9	26
11月	1	1	1	12	7	22
12月	1	1	2	2	3	9

読み聞かせをしたり、読書の楽しさを教える場がない」と話す。たまり場ができてからは、ここを拠点に読み聞かせの活動を展開している[図14]。2016年からは、たまり場で「まちライブラリー@桜井」が開催されている。

表1は、2015年にたまり場で行われたイベントの一覧である。①カフェ・勉強会は、このエリアの住民同士をつなげ、地域コミュニティを活性化する「コミュニティカフェ」の役割を持っている。②映画会は、映画好きの理髪師(まち協会員)の個人的な趣味から始まっているが、月1回の上映日には、吉田酒店(まち協会員)から生ビールの差し入れもあり、セルフメイドのスクリーンと音響設備によって、「コミュニティ映画館」が出現する。③講座は、このエリアの住人が交代で自分の職能や専門性について語ることで、このまちにおける生きがいや役割を確認し合う。④会議・作業は、まち協の定例会議、市役所・商工会・自治会・大学・高校を含めたワークショップなどのほか、お祭りの準備作業にも使われる。

こうしてみると、たまり場はこのエリアの「コミュニティセンターのようなもの」と呼ぶことができる。たまり場のような地域コミュニティに開かれた「まちの居場所」があることで、このまちに住む人びとが自然につながることができる。

たまり場の2階に事務所を構えて活動していた瀧野太郎氏(まち協会員)は、2015年、駅前にコミュニティカフェ「IBASHO」をオープンさせた。残念ながら、このコミュニティカフェはオープン後1年足らずで閉店したが、たまり場はこのような起業者を呼び寄せるプラットフォームにもなっている。

佐藤邸(旧永船邸)

「佐藤邸」(旧永船邸)は、札の辻から徒歩1分の敷地に、永船氏が1940〜45年頃に建築した木造平屋の町家である。札の辻は、近世には高札場がおかれ、1975年頃まで魚市場が開かれていたことから、永船氏は魚市場に関連するなんらかの商売を営んでいたと推定できる。

その後、空き家になっていた町家を2013年、等彌神社[*13]の宮司である佐藤高靜氏(まち協会員)とその家族が購入した。購入時には、同年行われた「はならぁと桜井」のメイン会場として使用されること、開催までの約2か月間は若手現代アート作家が佐

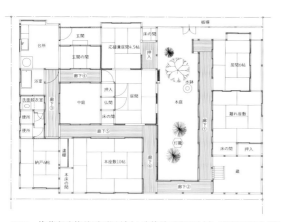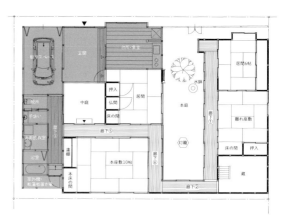

図15 佐藤邸改修前平面図(左)と改修後平面図(右)／網掛け部分が改修部分。その他の部分については畳替え、木部洗い、壁と建具の補修、基礎と床組の補強・補修のみを行った

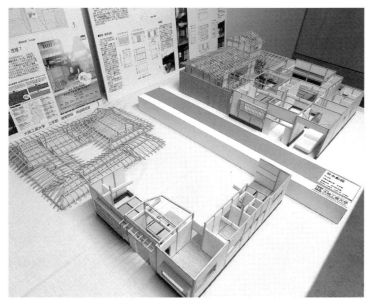

図17 改修前に行われたワークショップ

図16 実測調査をもとに作成された模型（手前が改修前、奥が改修後）　　　　　　　　　　　　　図18 改修後の佐藤邸（はならぁと開催時）

藤邸に滞在しながら桜井市民とともに作品を制作すること（いわゆるアーティストインレジデンス）が決まっており、そのための実測調査・改修が必要であった[図15]。筆者らが実測調査を行い、改修提案をまとめたうえで、改修前後の模型[図16]を制作し、佐藤氏を含めたまち協メンバー、作品を制作する芸術家でワークショップを行った[図17]。

ワークショップの結果、佐藤邸は以下の5点をポイントに改修されることになった。

① 佐藤氏とその家族は、この町家を自らの居住用として使用（主として佐藤氏の母が使用）しながら、セミナーハウスなどとして開放し、地域コミュニティに開かれた「まちの居場所」とする意向を示している。
② かつては「トオリニワ」であったと考えられる台所・浴室・洗面室・便所は、カーポートおよびサニタリースペースとする。
③ 玄関・玄関の間は、メインエントランスとしての格式を重んじるとともに、前面道路から中庭へと通じる開放的な空間とする。
④ 前面道路から本庭へアクセスできるようにする。
⑤ 正面ファサードのアルミ柵、樋などを工夫し、伝統的な町家としての面影を再生する。

アメリカの都市社会学者レイ・オルデンバーグは、「近所のあらゆる人を知っていて、近所のことを気にかけている人物」を「パブリックキャラクター」（地域の顔役）と呼んでいる*14。等彌神社の宮司であり、まち協のメンバーでもある佐藤氏はまさに「パブリックキャラクター」であり、佐藤邸は人びとをつなぐプラットフォームとして、今後の活用が期待される[図18]。

櫻町珈琲店（旧井田青果店）

「旧井田青果店」は、昭和20年代（1945～54年）に建築された木造2階建の町家形式の店舗である。魚市場が開かれていた札の辻は目と鼻の先であり、当時、井田青果店は前面道路まで商品棚を出して青果や果物を販売していた。1965年頃は大変な賑わいであったと聞く。閉店後、空き店舗となり、正面ファサードの2階部分と屋根は長らくトタン板で覆われていた。

駅前のスーパーマーケット（まねきや）が閉店して以来、このエリアでは、高齢者を中心として、いわゆる「買い物難民」問題が発生していた。そのため、まち協が、移動型スーパーマーケット「とくし丸」に依頼し、旧井田青果店の前で、生鮮食料品の販売をしてもらった。とくし丸が来る時間のすこし前に旧井田青果店のシャッターが開くので、このエリアに住まう高齢者がベンチに座って待つ姿が見られ

Chapter 9　人びとをつなぐプラットフォームとプレイスメイキング　099

図19　旧井田青果店　　　　図20　現況模型(左)と改修提案模型(右)　　　　図21　コミュニティカフェ「櫻町珈琲店」

た。とくし丸のスタッフは1名だが、運転・設営・レジ・接客・撤収をすべて一人でこなしていた[図19]。

2015年、まち協の会長で、旧井田青果店の2軒隣で服地・生地・手芸用品の専門店「ぜに宗」を営む小西宗日出氏が旧井田青果店を購入した。筆者らは、改修コンセプトの立案を依頼され、まち協と相談しながら改修提案をまとめ、現況模型と改修提案模型を制作した[図20]。

旧井田青果店の改修コンセプトは、以下の5点であった。

① 旧伊勢街道沿いのまちなみ形成として、近世から続く伝統的な町家の外観を継承し、桜井らしい「木の家」とする。
② 移動型スーパーマーケット・とくし丸と連携して、旧井田青果店のキッチンカウンターからも、出来立てのお弁当や軽食を販売し、高齢者・子ども・子育て層・中高生などでいつも賑わう場所とする。
③ 朝はモーニング、日中は喫茶・軽食、夕刻からはバーとなるカウンター席をしつらえ、気軽にふらりと立ち寄れる場所とする。
④ 桜井市で取れた新鮮な野菜や果物、その他の特産品の販路拡大のための物販スペースを設ける。
⑤ 2階はフリースペースとし、可動式の畳スペースを設け、様々なアクティビティに対応可能とする。

その後、まち協が上記の改修コンセプトと事業性を検討したうえで、コミュニティカフェを運営する事業者を探したところ、桜井市出身の男性と北海道室蘭市出身の女性のカップルが見つかった。まち協は、2016年度に設計者・施工者を選定し、2017年4月にコミュニティカフェ「櫻町珈琲店」がオープンした[図21]。

このプロジェクトは、近世より地域コミュニティの中心であった札の辻至近に、地域コミュニティに開かれた「まちの居場所」をつくりだし、再び人びとをつなぐためのプラットフォームをつくりだそうとする試みである。加えて、近世から続く伝統的な町家の外観を再生・継承し、旧伊勢街道沿いのまちなみを保全する試みでもある。

本町通商店街のアーケードの撤去事業について

「歴史的まち資源」を活用したプレイスメイキングの実例を3例取り上げたが、これらはいずれも空き家になっていた町家や店舗を、まち協メンバーが購入あるいは賃借し、周辺住民の意向や意見を丁寧に汲み上げながら、桜井市と協働してつくりあげた「まちの居場所」である。

筆者は学識経験者・実務経験者の立場から、アドバイス、コーディネートなどを担当し、利活用提案、設計監修などを行った。

ここで、物理的な建築物(ハード)が「まちの居場所」という「場所」(ハードとソフトが融合したもの[*15])になる可能性について触れておきたい。

本町通商店街には、2013年までアーケードがかかっていた。そのため、道路からは建築物の屋根は見えなかった。また、建築物のファサードの2階部分は看板などで隠され、いわゆる「看板建築」となっていることが多かった。そのため、建築物が本来持っている魅力が失われていた。

2013年、商店街まちづくり事業費補助金によって、本町通二丁目のアーケードが撤去され、LED街路灯と防犯カメラが設置され、たまり場が「空き店舗を活用したコミュニティ施設」として設置された。次いで、2014年、本町通一丁目のアーケードが

図22 米田邸（アーケード撤去前）

図23 米田邸（アーケード撤去後）

図24 ソラほんまちフェスタの様子

撤去され、さらに本町通三丁目のアーケードも撤去され、同様にLED街路灯と防犯カメラが設置された。

このことにより、商店街の両側に立ち並ぶ建物の2階や屋根が見えるようになり、改めて人びとが、「山や空を背景としたまちなみの地域特性や伝統性」について考え直す機会となった[図22,23]。LED街路灯と防犯カメラの設置は、本町通商店街における暮らしの安心・安全につながっている。

また、かつて本町通商店街で行われていた夜店も復活した。アーケードの撤去により空が見えるようになったことにちなんで、2014年から、毎年11月に「ソラほんまちフェスタ」が実施されている。ソラほんまちフェスタでは、近隣の奈良県立情報商業高校の生徒が、空き店舗を利用して野菜を売っている[図24]。

さらに、2016年には、かねてから準備を進めていた都市再生推進法人「桜井まちづくり株式会社」（以下、まち会社）が設立された。5年にわたるこのエリアでのまち協の活動がベースとなっているが、桜井市役所、桜井市商工会などのファシリテーションや支援も大きな推進力である。

2014年12月に締結された「奈良県と桜井市とのまちづくりに関する包括連携協定」によって、2015年度には桜井駅周辺地区まちづくり基本構想が策定され、2016年度には桜井駅周辺地区まちづくり基本計画策定が着手されるなど、このエリアに残る地域特性や伝統性を保持した空き家・空き店舗・空きビルやまちなみを活用したプレイスメイキングの方向性が明確に示された。

このように、物理的な建築物（ハード）が「まちの居場所」という「場所」になるためには、ハードとソフ

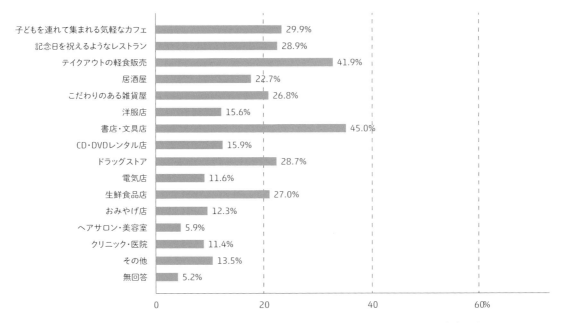
図25 商店街にあったらいいなと思うお店（「平成27年度桜井市本町通商店街1〜3丁目にぎわい創出&継続検討事業報告書」より）

トを区別せずに融合させながらデザインする「感性」が必要であり、「まちの居場所」になりそうな「歴史的まち資源」を発掘すると同時に、「まちの居場所」を支え、維持管理していく補助や助成などの制度や推進主体(ソフト)が必要となってくる。

ル・フルドヌマン～櫻町 吟～(旧京都相互銀行)

「旧京都相互銀行」は、町家が建ち並ぶ本町通商店街の中で、一際異彩を放つ木造モダニズム建築である。大正時代から昭和戦前の建築と推定され、石・タイル・モルタル貼りの外観は鉄筋コンクリート造を思わせるが、内部に入ってみると、木造であることがわかる。筆者らは、所有者の依頼を受け、まち協と協力して旧京都相互銀行の掃除・片付けのボランティアを行った。

図25は、2015年にこのエリアで行われた「商店街にあったらいいなと思うお店」についてのアンケート集計結果である。「ドラッグストア」「生鮮食料品店」などの生活に必要なものを揃える店のほか、「書店・文房具店」「テイクアウトの軽食販売」「子どもを連れて集まれる気軽なカフェ」「記念日を祝えるようなレストラン」「こだわりのある雑貨屋」「居酒屋」など、ふらりとそこに立ち寄れて、一定の時間、一人で、あるいは誰かと過ごせる「まちの居場所」が必要とされていることがわかる。

このアンケート結果を受けて、まち協およびまち会社が旧京都相互銀行でコミュニティレストラン事業を行う事業者を探したところ、フレンチレストランを運営したいという意向を持つ森田銀司氏が見つかった。まち協およびまち会社は、2017年度に設計者・施工者を選定し、2018年5月にコミュニティレストラン「ル・フルドヌマン～櫻町 吟～」がオープンした[図26, 27]。

なお、旧京都相互銀行の設計者は長らく不詳とされてきたが、近年の調査により、岩崎平太郎の設計であることがわかってきた。岩崎平太郎は、武田五一・亀岡末吉に師事した建築家であり、大正初期から昭和初期にかけて、吉野銀行の各支店の設計を行っていた。確認されるものに、「五條支店」「高田支店」「田原本支店」「黒滝出張所」に加え、「桜井支店」がある[*16]。さらに、登記簿謄本調査により、旧京都相互銀行が「旧吉野銀行桜井支店」(1930年竣工)であることがほぼ確定している。

現在、この建築物については、文化庁の登録有形文化財建造物制度の活用の可能性を探っている。

人びとをつなぐプラットフォームのあり方

歴史的に継承され、上書きされ続けてきた「まちの資源」が残っている場合、それらの多くは長い時間をかけて地域コミュニティとともに歩んできた「なじみの場所」である。商店街や駅前が衰退し、空洞化しているからといって、空き家・空き店舗・空きビルを安易に売却し、取り壊すことは、「なじみの場所」を一つひとつ失っていくことであり、地域文化の断絶を引き起こすことでもある。

人びとをつなぐプラットフォームをつくるためには、まず、見過ごされがちな「歴史的まち資源」の特性や伝統性に目を向け、理解したうえで、プレイスメイキングの可能性をみつけ、丁寧な検討を重ねていくことが重要である。

地域に暮らす人びとは、つながりを求め、地域コミュニティを取り戻したいと願っている。人びとをつなぐプラットフォームをつくるうえで、このような人びとの「コミュニティライフのニーズ」に寄り添いながら、まちをデザインしていく「コミュニティデザイン」の視点が肝要である。

図26　旧京都相互銀行

図27　ル・フルドヌマン～櫻町 吟～

さらに、つくられたプラットフォームを支える事業、制度、運営方法の開発、専門的職能を持つ人材の育成、とりわけプレイスメイキングに関わる「感性」の醸成、「まちの居場所」をつないでエリア全体をマネジメントしていく「エリアマネジメント」の視点、自分たちが自分たちでつくったと思えるまちづくりのしくみなどが必要だろう。

———————

注釈

*1　特別養護老人ホーム、宅老所などの高齢者福祉施設、障害者グループホーム、福祉作業所などは、公共の福祉に寄与すべき公共・公益施設だが、従来、中心市街地の商店街や駅前につくられることはなかった。近年、ノーマライゼーション概念の浸透により、中心市街地の商店街や駅前に、地域に開かれた施設として設立される例が増えており、これらは、地域に住まう人びとをつなぐ「まちの居場所」として注目されている。

*2　1973年に、消費者の利益の保護に配慮しつつ、大規模小売店舗の事業活動を調整することにより、その周辺の中小小売業者の事業活動の機会を適正に保護し、小売業の正常な発展を図ることを目的として、「大規模小売店舗法」（大店法）が制定された。この法律により、地元商工会議所が設置する商業活動調整協議会（商調協）の意見を聞きながら、大規模小売店舗の出店調整が行われていた。したがって、この時期商店街や駅前にあった既存店舗はある程度まで保護されていたと言える。

*3　日本におけるモータリゼーションは1964年の東京オリンピック直後から始まった。手頃な価格の大衆車の供給、1974年のオイルショック後の石油の低価格化などから、郊外住宅地に住む人びとの生活に自動車が浸透した。

*4　千里ニュータウンは、高度経済成長のさなかの1962年に「まちびらき」された。日本経済は1975年頃から低成長の時代に入るが、千里ニュータウンをはじめとする郊外住宅地は、サラリーマン世帯・核家族世帯を主体とした地域コミュニティとともに、安定的に成長し、成熟の時代を迎える。「ひがしまち街角広場」は、2001年に千里ニュータウン新千里東町の近隣センターの空き店舗を利用してオープンした「まちの居場所」であるが、まちびらき以来30年以上にわたって、地域コミュニティに開かれた「なじみの場所」であり続けたことに大きな意味がある。

*5　1991年の大店法改正では、商調協の廃止を含む大幅な規制緩和が行われた。改正前は、商調協の意見を聞きながら、大規模小売店舗の出店調整が行われ、商店街や駅前にあった既存店舗はある程度まで保護されていたが、改正後はこれらの既存店舗は保護されなくなり、商店街や駅前の衰退・空洞化が進んだ。

*6　1998年には中心市街地の衰退・空洞化を是正するための「中心市街地活性化法」が制定され、同年、ゾーニング（土地利用規制）を促進するため、都市計画法も改正された。また、2000年には大型店と地域社会との融和の促進を図ることを主眼とした「大規模小売店舗立地法」（大店立地法）が施行された（「中心市街地活性化法」と「都市計画法」は2006年にも改正されている）。これら三つの法律は、「まちづくり三法」と呼ばれ、中心市街地の衰退・空洞化に歯止めをかけ、商店街や駅前を活性化し、地域コミュニティの再構築を目指したものである。

*7　『Naránto』2016年春夏号、エヌ・アイ・プランニング

*8　桜井市におけるモダニズムは「木造モダニズム」と言ってよい。この時期に新築された建築物の実例として、「旧京都相互銀行」（旧吉野銀行桜井支店）のほか、「児童養護施設飛鳥学院」「学校法人聖ペテロ学園育成幼稚園」などがある。

*9　商売をしなくなった店舗を「仕舞屋」と呼ぶ。しかし、もともとは店舗であるので、格子戸、格子窓、ばったり床几、こまよせ、うだつなどの伝統

的意匠、ミセ、トオリニワなどの伝統的空間はそのまま残存していることが多い。

*10　桜井駅南側エリアは戦災や震災に遭うことなく今日に至っている一方でたびたび火災に遭っている。火災は木造建築の大敵であるため、町家のファサードに火災への備えとしての「用水石桶」が現在でも置かれている例が多数見られる。1955年には、製材所から出火し大火がおこり、179戸が全焼した。この大火は、このエリアにおける製材所を、郊外の阿倍木材団地に移転させるきっかけとなった。

*11　筆者らは、歴史的に継承され、上書き・更新されてきた建築物等を「歴史的まち資源」と位置づけ、その発掘・発信・活用に関する研究を行い、当該地域の地域固有性や伝統的住文化の継承を目指す研究を行ってきた。「歴史的まち資源」の多くは空き家化しており、所有者の高齢化や遠方への転居などによって、その維持・管理が困難な状態にある。2014年制定の「空家等対策の推進に関する特別措置法」における「空き家再生等推進事業」により、「歴史的まち資源」を活用したプレイスメイキングに関する法的手続きが整備されたが、既存建築物の大規模修繕・改修に関する課題はいまだ解決されていない。

*12　「桜井市景観計画」桜井市ウェブサイト　URL：http://www.city.sakurai.lg.jp/sosiki/toshikensetsubu/toshikeikakuka/toshikeikakumasutapuran/1394093754582.html

*13　古来より鳥見山に鎮座していたとされる神社。鳥見山は神武天皇が皇祖神を祀ったとされる場所。

*14　レイ・オルデンバーグ著、忠平美幸訳『サードプレイス　コミュニティの核になる「とびきり居心地よい場所」』みすず書房、2013年

*15　筆者は、『場所』を「人びとがつくるもの」であるととらえている。また、そのような『場所』は「現象」としてとらえなくてはならないと考えている。建築は、物理的な三次元空間であると同時に、社会・文化的な存在である。建築はそれが建つ地域固有の社会と文化、地域に住まう人びととの生活とともに、過去から現在、そして未来に向かってあり続ける存在である。そこでは様々な出来事が起こり、記憶となって蓄積され、継承されていく。つまり、ハードウェアとしての三次元空間だけでなく、出来事や時間（四次元）といったソフトウェアをも考え合わせなくてはならない。「サードプレイス」がオフィスワーカーの「居心地のよい場所」として存立するためには質の高い空間と時間、つまり「現象」が必要である。さらに、近年、インテリアや家具のデザインコンセプトとして「ヒュッゲ」という語が用いられることが多いが、私は「ヒュッゲ」も、人びとが物理的な三次元空間を使いこなす「現象」であるととらえており、そのための時間をDrive（自ら動かす）していることに着目したい。なお、「ヒュッゲ」については、『ヒュッゲ　365日「シンプルな幸せ」のつくり方』（マイク・ヴァイキング著、アーヴィン香苗訳、三笠書房、2017年）を参照されたい。

*16　川島智生『近代奈良の建築家岩崎平太郎の仕事　武田五一・亀岡末吉とともに』淡交社、2011年

Chapter 10

誰もが役割をもてる施設ではない場所
居場所ハウス

東日本大震災の被災地に開かれた場所

　NPO法人「居場所創造プロジェクト」が運営する「ハネウェル居場所ハウス」(以下、居場所ハウス)は、アメリカ・ワシントンD.C.の非営利法人「Ibasho」の呼びかけがきっかけとなり、2013年6月13日、岩手県大船渡市末崎町[*1]にオープンした[表1]。建物はハネウェル社(アメリカ)の社会貢献活動部門「ハネウェル・ホームタウン・ソリューションズ」(Honeywell Hometown Solutions)の災害復興基金を受け、陸前高田市気仙町の古民家を移築・再生したものである[*2][図1]。

　居場所ハウスは、Ibashoが掲げる次の8理念に基づいて運営している。

① 高齢者が知恵と経験を活かすこと(Elder Wisdom)
② あくまでも「ふつう」を実現すること(Normalcy)
③ 地域の人たちがオーナーになること(Community Ownership)
④ 地域の文化や伝統の魅力を発見すること(Culturally Appropriate)
⑤ 様々な経歴・能力をもつ人たちが力を発揮できること(De-marginalization)
⑥ あらゆる世代がつながりながら学び合うこと(Multi-generational)
⑦ ずっと続いていくこと(Resilience)
⑧ 完全を求めないこと(Embracing Imperfection)[*3]

　Ibashoの8理念が描くのは、面倒をみてもらう存在だと見なされる傾向にある高齢者が、何歳になっても自分にできる役割を担いながら地域に住み続け、世代を超えた関係を築いていける状態であり、居場所ハウスはそれを具現化するための「施設ではない場所」である。

　居場所ハウスは木曜を除く週6日、10〜16時にカフェを運営しており、コーヒー、ハーブティーなどの飲み物を若干のお気持ち料で提供している。飲食店や店舗がほとんどない地域の状況を受けて、2014年10月から毎月の朝市を、2015年5月からは食堂をスタートさせた。食堂は木曜を除く週6日、11時半〜13時半に運営しており、事前の予約なし

表1　居場所ハウス基本情報(2019年3月現在)

オープン		2013年06月13日
住所		岩手県大船渡市末崎町字平林54-1
運営日時	運営日時	10〜16時(事前の予約で21時まで貸し切り利用可)　食堂:11時半〜13時半
	定休日	木曜
	朝市	毎月第3土曜　9〜12時
メニュー	カフェ	コーヒー(200円)、ハーブティー(200円)、ゆずティー(200円)、ソフトクリーム(250円)など(緑茶・麦茶は無料)
	昼食	うどん、そば、カレーライス、焼き鳥丼、中華飯、週替わりランチなど(400〜600円)(事前の予約は不要)
運営主体	運営主体	NPO法人・居場所創造プロジェクト
	NPO法人設立	2013年3月8日
	役員	理事10人(うち8人が末崎町民)、監事2人(2人とも末崎町民)
	正会員数	86人(うち末崎町民:74人)
運営当番	月・火・金曜	4人のパートが2人ずつ交代で運営
	水・土・日曜	2〜3人ずつのボランティアで運営
建物	建物	陸前高田市気仙町の築60年の古民家を移築・再生(建物はNPO法人が所有、土地は有償で賃貸)
	敷地面積	966m²
	延床面積	115.15m²

図1　古民家を移築・再生した建物

図2　日常の様子

図3　日常の様子

で食事ができる。

　公民館や集会所は、普段は鍵が閉まっており、会議や教室など何らかの目的がある時にだけ利用する。それに対して居場所ハウスは、運営時間内であれば自由に出入りできる。過ごし方が決められておらず、お茶を飲んだり、話をしたり、本や雑誌を読んだりしながら思い思いに過ごせる場所である[図2,3]。日によっては生花や手芸、郷土料理づくり、健康体操などの教室が開かれたり、歌声喫茶や会議、食事会などの集まりが開かれたりする時間帯もある[図4,5]。1月のミズキ団子、3月のひな祭り、5月の鯉のぼり、7月の七夕、8月の納涼盆踊り、12月のクリスマスなど季節ごとの行事や飾り付けも行われている[図6,7]。季節の行事や飾り付けは、かつては家庭や地域で行われてきたが、少子高齢化や東日本大震災などの影響で行われなくなりつつある。居場所ハウスには季節の行事や飾り付けを継承する役割もある。

　日々の運営に関わるメンバーや来訪者の中心は高齢者である。世代を超えた関係が言われる場合、高齢者は同じ世代として一括りにされる場合もあるが、例えば65歳と90歳の人とでは人生を送ってきた環境も異なる。居場所ハウスは世代の異なる高齢者が日常的に顔を合わせる場所になっている。

　休日などには子どもが遊びに来たり、親子が行事に参加したりすることもある[図8]。2015年5月には子どもの一時預かりをするために、元教員や元保育士らが中心となり「わらしっ子見守り隊」が立ちあげられた。現在、このグループのメンバーは夏休みや冬休みなどに子どもと一緒に昔の遊びをしたり、焼き芋を焼いたり、宿題をしたりする「居場所っこクラブ」を開いている[図9]。2017年4月から毎週

図4　生花教室

図5　山岸仮設の元住民が定期的に開いている同窓会

図6　子どもたちと一緒にひな人形を飾る

図7　納涼盆踊り

図8　遊びに来た子どもたち

図9　居場所っこクラブでの焼き芋づくり

月・火・金曜の夕方、一般社団法人「子どものエンパワメントいわて」の主催による「学びの部屋」が始まり、中学生を中心に毎回十数人参加している[*4]。学びの部屋は東日本大震災で学習環境を失った子どもたちに対して自学自習するための場所を提供することを目的とした始められた活動である。末崎町内では大田仮設で開かれていたが、大田仮設が2017年3月末で閉鎖されたため、居場所ハウスに場所を移して開催されることになった。このように居場所ハウスには仮設住宅で行われていた活動の受け皿としての役割もある。

オープンから2018年7月末までの約5年間の来訪者数は延べ約3万5,400人、1日平均にすると約22.8人になる[*5、図10]。2015年5月から2018年7月末までの食堂利用者数は延べ8,700人、1日平均にすると約9.0人になる[*6、図11]。来訪者数、食堂利用者数とも時間の経過とともに増加傾向にある[*7]。来訪者は女性の方が多いが、男性も一定の割合で訪問し続けている[図12]。

日々の運営に関わるメンバーは先に述べた通り地域の高齢者が中心である。運営についての情報や意見を交換したり、次月の予定を確認したりするための定例会をオープン当初の2013年6月から毎月欠かさず開いており、毎回10〜15人が参加している[図13]。現在の運営当番は、月・火・金曜はパートが2人ずつ、水・土・日曜はボランティアが2〜3人ずつ担当している。

試行錯誤を通して徐々につくりあげる

居場所ハウスがオープンするまでに地域の人々を交えたワークショップやミーティングが1年以上かけて行われてきた[表2]。最初のワークショップでは従来の高齢者施設とプロジェクトでつくっていく場所は何が違うかについてイメージを出し合ったり、Ibashoの8理念を共有したりすることが行われた。その後、メニュー、運営内容、建物について意見交換したり、自分がどのような役割を担えるかを紹介し合ったりするワークショップが開かれた。このようなプロセスが取られたのは、居場所ハウスを外観が古民家風の高齢者施設にしないためであり、そのためには地域で運営するという意識を共有

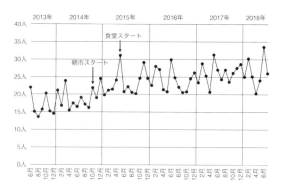

図10　来訪者数の推移

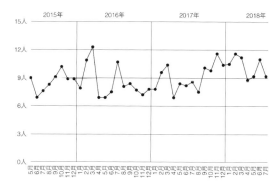

図11　食堂利用者数の推移

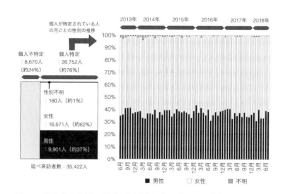

図12　来訪者の性別の割合／性別はゲストブックより確認している。オープンから2018年7月末までのゲストブックで個人が特定されるのは2万6,752人で、延べ来訪者数の約76％にあたる。個人が特定されないとは、例えば、姓・名いずれかしか書かれていない場合、「食事の人」と書かれている場合などである。個人が特定されているにもかかわらず性別が不明とは、姓名だけでは性別が判断できない場合である

図13　毎月欠かさず開いている定例会

表2　居場所ハウスの歩み

年	月	出来事
2011	3月11日	東日本大震災
	3月17日	ワシントンDCの非営利法人「Ibasho」代表がワシントンDCで行ったレクチャーで被災地支援に言及
	3月22日	世界各国の被災地支援を行う国際NGO「Operation USA」が、Ibasho代表にコンタクト。Operation USAは東日本大震災の被災地におけるプロジェクトを計画していた
	11月	Ibasho代表が大船渡市の知人に大船渡市・陸前高田市でのプロジェクト実施の可能性を打診
	12月	大船渡市・陸前高田市で、Ibashoのコンセプトに基づくプロジェクトを行うことを確認
2012	1月12日	9か月の協議を経て、Ibashoの提案がOperation USAのプロジェクトとして正式に認可
	2月13〜18日	Ibasho、Operation USAのメンバーらがプロジェクトの候補地として大船渡市・陸前高田市の5地域を訪問。大船渡市末崎町では(当時の)末崎地区公民館長を訪問。5地域を訪問した結果、大船渡市末崎町でプロジェクトを行うこととなる
	5月14日	Ibasho、Operation USAのメンバーの訪問にあわせて最初のワークショップを開催。以降、2013年5月8日までの間に計6回のワークショップを開催
	9月15日	NPO法人「居場所創造プロジェクト」設立総会を開催。運営する場所の名称が「居場所ハウス」に決定
	10月16日	地域説明会を開催
	10月24日	地鎮祭を開催
2013	3月8日	居場所創造プロジェクト設立
	5月15日	鍵引き渡し
	6月13日	オープニングセレモニー開催
	6月29日	最初の運営会議(定例会)を開催
	7月1日	1人の女性をパートとして雇用。この日より週5日をパートで、週1日をボランティアで運営
	9月18日	建物正面壁に看板を設置
	10月1日	パートの辞職に伴い、この日より毎日ボランティアで運営
	11月8日	本棚をつくり和室に増設
	11月24日	初めての大きなイベント「居場所感謝祭」を開催
2014	1月13日	3人の女性をパートとして雇用。この日より週3日をパートで運営
	2月12日	末崎中学校前の三叉路に掲示板を設置
	2月17日	和室と土間の間にあった柱を撤去
	5月23日	居場所創造プロジェクト、平成26年度社員総会開催。食事の提供や地場産品の販売など運営の核になる活動を行うことを確認。末崎町の6人が新たに理事に就任
	6月7日	大船渡町の飲食店よりキッチンカーを借りる
	7月13日	「一周年記念感謝祭」開催。キッチンカーを活用して軽食を提供
	8月24日	休耕地を活用した農園での作業を始める
	10月25日	最初の朝市開催。以降、2013年12月までは毎月第1・3土曜に、2014年1月から毎月第3土曜に開催
2015	1月末	キッチンカーでは常時食事を提供するのが難しいため、屋外にカマドの保管も兼ねたキッチンの建築を始める
	2月13日	キッチンカーを返却
	3月18日	居場所ハウスの4人が、東北大学で開催された第3回国連防災会議のパブリックフォーラム「Elders Leading the Way to Inclusive Community Resilience」にパネリストとして参加
	4月30日	保健所から、屋外のキッチンで食事を提供するための「飲食店営業」(軽飲食)の営業許可が降りる
	5月3日	この日に開催された「鯉のぼり祭り」にあわせて、屋外のキッチンを活用した食堂オープン
	5月25日	「わらしっ子見守り隊」による子どもの一時預かりの受付開始
	11月22日	居場所ハウスの玄関前で、農園から収穫した野菜の販売を始める。以降、野菜が収穫された日に販売
2016	3月26日	委託販売コーナーの棚を東側の壁に設置
	4月16日	居場所ハウス周囲に高台移転してきた人々を招いての交流歓迎会開催
	5月	「わらしっ子見守り隊」が「わらしっ子見守り広場」と名称を変更
2017	4月	一般社団法人「子どものエンパワメントいわて」の主催により「学びの部屋」が始まる。毎週月・火・金曜の夕方開催
	8月4日	最初の「居場所っこクラブ」を開催
2018	4月	「学びの部屋」が「学びの時間」と名称変更
	5月13日	居場所創造プロジェクト、平成30年度社員総会開催。理事長が交代する
	6月16日	「五周年記念感謝祭」を開催

することや、地域にどのような人がいるかを共有したりすることが必要だと考えられたからである。

このようなプロセスを経てオープンしたが、実際に運営が始まると、オープンまでに想定していなかったことも含め様々な課題が生じてきた。当初はボランティアだけで日々の運営当番を担当する計画だったが、十分なボランティアが集まらなかったこともあり、2013年7月から1人のパートを、2014年1月からは複数のパートを雇用することになった。NPO法人の方向性を決める理事会と、日々の運営に関わるメンバーが参加する定例会との間の意思の疎通が十分でないという課題が生じたため、2014年度には定例会に参加するメンバーを含めた末崎町民の6人が理事に就任した。

現在行われている教室や活動、季節の行事などのプログラムのほとんどはオープン時点で計画されておらず、運営に関わるメンバーの話し合いや、来訪者からの提案により、徐々に行われるようになってきたものである。居場所ハウスの運営はオープン時点で決まっていたのではなく、運営を通して徐々につくりあげられてきた。これを地域の人々が居場所ハウスという建物の利用の仕方を発見してきたプロセスと捉えることができる。

当初、カフェとしてスタートした運営のあり方を大きく変えたのが朝市と食堂である。居場所ハウスは末崎地区公民館「ふるさとセンター」、末崎保育園、末崎小学校、末崎中学校、大船渡市農協末崎支店など末崎町の主要施設が集まる場所に立地している[図14]。55戸と11戸の二つの災害公営住宅、防災集団移転促進事業による戸建住宅が建設され[図15,16]、周囲の人口は増加している。けれども買い物をしたり、食事をしたりできる場所がほとんどない。こうした地域の状況と、補助金に依存しない運営を確立するためにスタートさせたのが朝市と食堂である。

末崎町には豊かな海の幸がある。農業をしている人、料理や郷土料理をつくるのが得意な人、手芸が得意な人もいる。これらを扱うマーケットを開催することで地域に特産品を定着させ、地域内でお金がまわる仕組みをつくりたい。こうした考えに基づき2014年10月から朝市をスタートさせ、現在は毎月第3土曜の朝市として定着している。末崎町内外で農業や漁業などを営む人、店を営んでいる人などに加えて、居場所ハウスも野菜や軽食を出品している。当初の考えを十分に達成するには至っていないが、高台移転してきた人々を含めた近隣の

図14　居場所ハウス周辺

図15　居場所ハウス周囲に建設された中層の災害公営住宅(写真右側)

図16　居場所ハウス周囲の防災集団移転促進事業による戸建住宅地(写真左側)

図17　多くの人で賑わう毎月の朝市

図18　屋外へのキッチンの建設

図19　居場所農園

図21　本棚の設置

図22　花の手入れ

人々がやって来て、買い物をしたり会話をしたりしながら時間を過ごす光景が見られる[図17]。

食堂については、キッチンカーを活用して行事の時に軽食を販売していた時期もあるが、保健所の許可の関係などでキッチンカーでは食堂を常時運営するのが難しかった。そこで2015年1月末から、現役時代に建築関係の仕事をしていた70代のメンバーとその同級生で現役の大工が中心となって屋外にキッチンの建設を始めた。2015年5月からはキッチンを活用して食堂の運営をスタートさせた[図18]。うどん、そば、カレーライス、チャーハンなどの定番メニューの他に、週替わりでひっつみ汁、結婚式の披露宴で出される「おぢづき」などの郷土料理がメニューになることもある。

2014年8月末からは近くの休耕地を借りて農園とし[図19]、収穫した野菜を朝市で販売したり、食堂の食材として用いたりしている。

このように居場所ハウスではカフェの枠にはおさまりきらない多様な活動が展開されるようになってきた。

居場所ハウスで注目すべきは、徐々につくりあげられてきたのは運営に関わるソフト面だけに限らないことである。屋外のキッチンの建設だけでなく、地域の人々は様々なかたちで建物内外の空間

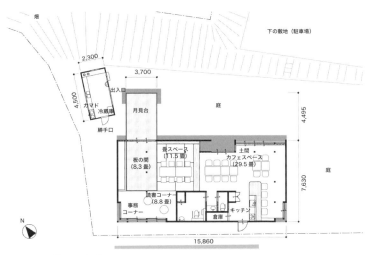
図20　居場所ハウス平面図

に手を加え、徐々に使いやすい場所にしてきた。

居場所ハウスの空間は大きく土間と和室の二つに分かれている[図20]。設計では土間と和室とを緩やかに分離するため間に柱が設けられ、和室を屋外(月見台)とを緩やかにつなぐため和室の一部が板敷きとされていた。しかし運営を続けているうちに土間と和室の間の柱はない方がよい、和室の畳と板敷きの間に段差があるとつまずいて危ないという意見が出されるようになった。運営に関わるメンバーの話し合いにより、土間と和室の間の柱を撤去し、板敷きの部分にも畳を敷くこととした。この他にも、道路沿いの看板、和室の本棚、裏の物置、ロフト部分への梯子、勝手口などを新たに取り付ける作業も行われてきた[図21]。

屋外は必要に応じて手を加えていくようにするという考えから、最初はあえて舗装されていなかった。運営が始まってから花壇や畑をつくったり、案内板、法面の安全柵、駐車スペースなどを設置したりする作業が行われてきた[図22]。

利用者としての参加を超えて

高齢者施設ではしばしば「利用者さん」という言葉が使われる。この言葉は丁寧だが、暗黙のうちにサービスする側/される側を線引きしている。居場所ハウスではやって来た人が「利用者さん」と呼ばれることはない*8。ここに地域の人々でつくりあげていく場所としての本質が現れている。居場所ハウスにおいて地域の人々は自分にできる役割を担うことで、ともに場所をつくりあげる当事者なのである。

居場所ハウスの日々の運営当番は地域の人々がパートやボランティアで担当しているが、運営当番以外にも大工仕事、花・植木の手入れ、事務作業、子どもの見守りなど仕事の経験をいかした協力もある。郷土料理づくり、草履づくり、着物の着付け、子どもを対象とするものづくりなど各種教室の講師は、様々な特技をもつ地域の高齢者に依頼することが多い[図23,24]。

ただし、運営への関わりは仕事の経験や特技をいかすことだけに限らない。運営当番が調理に忙しい時には食事を運んだり、食べ終えた食器を洗ったり[図25]、お茶を出したり、薪ストーブに薪をくべたりする人もいる。朝市などで販売するための干し柿づくり、クルミむき、椿の実の殻とりなどを行う人もいる[図26]。自分でつくったお菓子や漬物、収穫した野菜や果物などを差し入れする人もいる。自分には何もできないからと砂糖や小麦粉などを差し入れる高齢の女性もいた。

居場所ハウスは地域の人々が自分にできる具体的な役割を見出す余地のある場所であり、地域の人々により少しずつ担われる役割の積み重ねによって居場所ハウスは成り立っている。もし専門家や限られた人だけがサービスを一方的に提供する場所であれば、こうした多様な関わりは生まれなかった可能性がある。

クルミむき、椿の実の殻とりなどを進んでされる高齢の女性は、「出されたお茶を座って飲むだけでなく、何かやることがあった方がいい」と話す。一方的にお世話されるだけでは居心地が悪く、自分にできる役割を担うことで堂々と居られるようになる。それが消費や娯楽ではなく、誰かにとって意味あるものであれば、自分が役に立っているという尊厳につながる。つまり、役割を担うことで、そこは居場所になるのである*9。

歳を重ねると身体が思うように動かなくなったり、様々な悩みが出てきたりするのは当然のこと。

図23　磯花寿司づくり教室

図24　夏休みものづくり教室

図25　食べ終えた食器を洗う高齢の女性

そうであっても一人ひとりが自分にできる役割を担えることが大切にされ、肩身の狭い思いをすることなく堂々と居られる場所、同時に、他者の存在を尊重できる場所。これを実現しようとする試みが居場所ハウスである。

地域を資源化していく

地域の人々から居場所ハウスに対して運営への協力や、物品の寄贈の申し出がある一方で、居場所ハウスから大工仕事ができる人、パソコンが使える人、郷土料理が得意な人などに声をかけ協力を依頼することもある。店を営む人に声をかけ朝市に出店してもらうこともある。行事の時には公民館からテントやテーブル、椅子などを借りることもある。このように様々な資源を運営にいかせるのは、地域をよく知っている人がいるからである。

地域の資源を運営にいかすことは、オープン前から意識されていた。オープンまでに自分ができることを紹介するワークショップが開かれたが、このワークショップの目的は地域の人的資源を共有することであった。

ただし、あらかじめ資源だと認識されているものだけが運営にいかされるわけではない。仕事の経験をいかして大工仕事を担当している男性は「まさか退職後にこのようなことをするとは思ってもいなかった」と話す。農園にしている土地はメンバーの紹介で借りることができた休耕地だが、居場所ハウスがあるからこそ、休耕地が農園にできる土地という資源として認識された。災害時の備えとして屋外のキッチン内に設置しているカマドは、末崎町内の個人宅で一部が破損したまま数十年も放置されていたものを移設、修復したものである[図27]。

このように当初は資源だと認識されていなかったものが、居場所ハウスとの関わりにおいて事後的に資源として発見され、思いがけず役に立ったということがしばしば生じる。最初から資源だと認識されていたから運営に活用しただけでなく、運営を通して事後的に資源として発見されていくプロセスがあることも見落としてはならない。居場所ハウスは地域をそれまでとは違う価値観で認識し直すきっかけになることで、地域にあるものを資源化し、新たな価値を生み出している。

事後的に新たな価値が生み出されることは朝市、食堂にも当てはまる。朝市、食堂は周囲に店舗や飲食店がほとんどない地域の状況を受けて始められたものだが、単に地域の人々が買い物や食事をすませるだけの場所ではない。近所に買い物や食事ができる場所があり、そこでは新鮮な食材や旬の食材が手に入る。顔なじみの人や、時には長い間顔を合わせていなかった人、地域外の人と顔を合わせることができる。自分でつくったものを売ることもできる[図28]。朝市や食堂は、居場所ハウスが豊かだと考える地域での暮らしのあり方を目に見えるかたちで示していると言える。

運営を通して新たな価値が事後的に生み出されていく*10。それは、当初想定していた課題の解決というマイナスの状態を埋め合わせることを越えたものである。

「まちの居場所」を育てる

居場所ハウスのこれまでの歩みは、地域の人々が中心となり「まちの居場所」を育ててきたプロセスだと言える。居場所ハウスからは、「まちの居場所」を育てていくために大切なポイントを学ぶこ

図26　運営当番と来訪者によるクルミむき

図27　放置されていたカマドの確認

図28　朝市に出店する高齢の女性

とができる。

最初から交流を意識せず、まず人々が居合わせる状況を生み出す

　人々の交流を実現しようとする場合、交流を目的とするプログラムを提供するだけでは、そのプログラムに興味のある人や、元々地域活動に積極的な人しか参加しない場合がある。居場所ハウスは木曜以外は毎日開いていて、自由に出入りでき、過ごし方も決められていない。お茶を飲んだり、話をしたり、本や雑誌を読んだりと、プログラムに参加せずとも思い思いに過ごせる。教室や会議、同好会などのプログラムが行われる時間帯もあるが、プログラムが行われている間にも絶えず人の出入りがある。プログラムが行われている隣では、参加者以外の人がお茶を飲んだり、話をしたりしている。周りからプログラムの様子を覗く人もいる[図29, 30]。居場所ハウスはみなが同じプログラムに参加するのでも、それぞれが無関係にバラバラに過ごすのでもなく、思い思いに過ごす人々が「居合せる」状況、つまり、「別に直接会話をするわけではないが、場所と時間を共有し、お互いどのような人が居るかを認識し合っている状況」[*11]が実現されている。

　最初から交流を目的とするプログラムを提供するのではなく、まず人々が居合わせる状況を実現すること。これが結果として多様な関わりにつながる可能性がある。例えば、居場所ハウスではいつも来ている人がしばらく姿を見せないと、心配して電話したり、家に様子を見に行ったりしたこともある。このように、たとえ同じプログラムに参加していなくても、互いを認識し合っていることで、緩やかな見守りにつながることもある。

　ただし、プログラムを提供しないことで自動的に「居合わせる」状況が実現されるわけではないこ

とには注意が必要である。「何をしに来たんだ？」という目で見られたため来にくくなったという話を聞いたことがあるが、プログラムに参加しない時でも訪れたり、過ごしたりするためには、その行為が不自然に映らないような大義名分が必要になる[*12]。運営当番や他の来訪者の対応により不自然にならない状況をつくることも大切である。また、居場所ハウスがカフェを基本とし、食堂を運営したり朝市を開いたりしていること、つまり、お店の形態で運営していることもこの点に関わってくる。つまり、代金を支払って飲食したり、買い物したりすることは、プログラムに興味がない人や地域活動に積極的でない人にとっても居場所ハウスに来たり、過ごしたりするための大義名分になるのである。

　従来の公共施設では営業行為が禁止されている場合が多いのに対して、2000年頃から各地に開かれている「まちの居場所」はカフェ、レストランなどお店の形態で運営されている場所が多いことは注目すべきである。

　最初から交流することを直接的に求めるのではなく、人々が居合わせる状況をまず生み出すこと[*13]。そこから結果として、人と人との多様な関わりが生まれていく可能性にかける姿勢が求められる。

主客の関係を緩やかなものにし続ける

　居場所ハウスは地域の人々がサービスの利用者になるのではなく、何らかの役割を担えることを大切にしている。地域の人々の関わり方は様々であり、人によって得意なこと、できることも当然異なる。運営を継続するにつれ、運営に中心的に関わる人とそれ以外の人が出てくるのは自然なことであり、誰かが中心的に関わらなければ運営できないのも事実である。居場所ハウスでは、全員が同じ役割を担うことを期待するのではなく、あくまでも自分

図29　健康体操をする人、その隣で遊ぶ中学生、奥でノートパソコンで作業する人

図30　郷土料理づくり教室の隣で囲碁をする人

にできる役割を担えることが大切にされているのである。

　ここで忘れてはならないのは自分が何らかの役割を担うことが、他の人から役割を奪い、他の人をサービスの利用者にしてしまう可能性があることである。「誰かのために何かをやってあげたい」という思いは大切であり、その実践は何かをする側にもされる側にも喜びを生む。しかしこれが一方通行になれば、サービスする側／される側の関係が固定化され、依存関係が生み出されてしまう。悪意からでなく善意から依存関係が生み出される場合がある。

　従って、サービスする側／される側の固定された関係をつくらず、主客の関係を緩やかにし続けることを意識することが大切になる。具体的には、他の人のために役割を残しておくこと、他の人が役割を見出せる余地を積極的につくり出すこと、あるいは、あえて手を出さないことを不親切だと見なしたり、怠けていると見なしたりせず、その意義を積極的に認め合える雰囲気をつくることなどを日々の運営において意識しておくことが大切である。

生じた課題にその都度対応し、
徐々につくりあげていく

　居場所ハウスにおいて地域の人々は試行錯誤しながら運営のあり方を決め、運営体制を確立させ、農園、朝市、食堂などの活動を徐々に展開してきた。運営内容に関わるソフト的なことに限らず、空間にも徐々に手を加えてきた。

　試行錯誤は何らかの課題への対応としてなされるものだが、試行錯誤により徐々に場所をつくりあげるプロセスは、地域の人々にとってコミュニケーションのきっかけとなり、自分にできる具体的な役割を見出す機会にもなる。居場所ハウスは試行錯誤を通して地域の人々が「このような場所にしたい」と思い描く姿に徐々に近づいていく。

　地域の人々が完成された場所の利用者ではなく、ともに場所をつくりあげていく当事者になるためには、試行錯誤のプロセスが欠かせない。

　試行錯誤を積極的なものと捉えるためには、「まちの居場所」をつくりあげるプロセスに関する認識を変える必要がある。つまり、専門家や特定の人だけでつくるという認識、最初に完成させてから利

用を始めるという認識から解放されなければならない。Ibashoの理念が描く通り、完全を求めるのではなく、常に未完成な状態であることが許容されなければならない。

責任をもてる当事者であること

　公共施設では飲食ができない、物品の売買ができないといった過ごし方に関わるルールが定められていることが多く、こうしたルールを地域の人々が変えるのは容易ではない。居場所ハウスでは過ごし方に関わる明示的なルールはない[*14]。例えば、夕方以降に懇親会が開かれることもある。地域の人々がつくった手芸や工作などを販売することも奨励している。いずれも運営に関わるメンバーがその時々で判断して決めていることである。

　これは鍵の管理にも当てはまる。居場所ハウスでは運営に関わるメンバーの何人かが鍵を管理しており、戸締まり、薪ストーブの火の始末、備品の管理など全てを行っている。自分たちで鍵を管理しているため、夕方急に会議を開いたり、懇親会を開いたりと柔軟な対応ができる。定休日に出入りして事務作業、大工仕事、花や植木の手入れを行うこともできる。誰かの許可を得ないと時間外に出入りできない場所と、自分たちの判断で時間外でも自由に出入りできる場所では、地域の人々の関わり方が大きく異なる。

　過ごし方に関わるルールを定めてトラブルを未然に防止することは、利用者を守るために、そして運営者が責任を問われないようにするために必要な措置である。しかし、これは地域の人々が責任をもてる当事者、「あるじ」になることも未然に妨げることになる。「まちの居場所」は自分たちの活動を自分たちの責任で行い、トラブルが生じればその時々で対応できる場所である。

生み出されたものの価値を事後的に共有していく

　居場所ハウスは地域の人々の試行錯誤により徐々につくりあげられてきた。試行錯誤は生じた課題への対応として始められるものだが、朝市や食堂を例にあげたように、運営を通して生み出されたものは課題解決というマイナスの状態を埋め合わせることを越えた豊かな意味を持ち始める。日々の運営を通して、「このようにしたかった」という

Chapter 10　誰もが役割をもてる施設ではない場所　113

図31　これからの運営を考える意見交換会

図32　陶芸教室

図33　音楽演奏会

暮らしの豊かさが目に見えるかたちで事後的に生み出されてくるとすれば、生み出されてきたものの価値を事後的に共有していくことが大切になる。

この点について居場所ハウスはまだ試行錯誤の段階だが、年に一度開催している周年記念感謝祭、これまでに何度か開催した運営を考える集まり[図31]、毎月の定例会はそのための機会になり得る。

地域活動において特別な行事や集まり、会議は形式的で堅苦しいものだと捉えられる場合もあるが、「わざわざ言わなくてもわかる」という姿勢ではプロセスを共有しない人、関わりの頻度が少ない人に対して排他的になる恐れがある。生み出されたものの共有により運営メンバーや来訪者のメンバーの裾野を広げていくためには、こうした機会を定期的に設けることも一つの方法だと考えている*15。

地域の外部に開かれた場所

居場所ハウスの来訪者の中心は地域の人々だが、地域外から訪れる人々もいる。オープン以来、被災地支援のために訪れた人々により教室や行事などが開かれてきた[図32,33]。このように、居場所ハウスには地域の人々が外部の人々と接触できる場所という側面もある*16。

居場所ハウスのある地域では、野菜や果物、魚介類など非常に多くのおすそ分けがなされている。おすそ分けのような現金を介さない互助の関係は、長年にわたる関係の履歴の上に成立している。こうした関係が重要なことは言うまでもないが、それは時として固定化したものになる恐れがある。外部の人々はその関係の中に容易に入り込めないが、

だからこそ、いくつかの既存の関係の周縁にいる存在として、それらの間を行き来し、結果としてそれらを媒介できる可能性がある。長年住んでいると、その地域の暮らしがもつ価値を当たり前のものとして見過ごしてしまうことがある。外部の人々にとって地域の暮らしは知らないことばかりだが、だからこそ、地域で当たり前とされている暮らしの価値を発見したり、揺さぶったりできる可能性がある。地域が外部に開かれていることは、その地域を「相互補完的なかたちで支え」*17るのである。

人口減少社会においても幸福かつ豊かに暮らしていくためには、「そのまちに暮らす人の現状に思いを馳せ、未来を案じ、継続的に関わりを持ち続ける人」としての「関係人口」*18が大切だと指摘されている。居場所ハウスは、ささやかだが「関係人口」を生み出す窓口としての役割を担ってきたと言える。居場所ハウスは地域の外部に開かれている。それゆえ、地域を相互補完的なかたちで支えていく拠点になる可能性がある。

注釈

*1　末崎町は大船渡市に10ある町の一つ。漁業が盛んで、ワカメ養殖発祥の地でもある。東日本大震災の津波による被害を受け、人的被害は死者32名、行方不明者29名、家屋の被害は全壊606戸、大規模半壊53戸、半壊58戸、一部損壊40戸になる（岩手県大船渡市「地区別の被害状況について」2011年6月2日より）。震災後、末崎町内の5か所に計313戸の仮設住宅が建設されたが、高台移転の進展に伴い、2018年3月末で全ての仮設住宅は閉鎖された。仮設住宅の空き住戸は被災地支援の活動や支援者などに開放されていた。筆者は2013年9月から2016年5月まで末崎町内の山岸仮設、2016年6月から2017年3月まで末崎町内の大田仮設、2017年4月から居場所ハウス近くの空き家を借りて生活し、居場所ハウスの日々の運営に携わりながらフィールドワークを続けてきた。末崎町の2018年12月末時点の人口は4,108人、世帯数は1,516世帯。高齢化率は、2017年10月末時点で38.8%である。人口減少が続いており、2018年12月末時点の人口は震災前年の約8割にまで減少している。

*2　オープンまでに次のような主体が末崎町外から関わった。
Ibasho：理念の提唱、コーディネート、ワークショップの開催
国際NGO・Operation USA：プロジェクト・マネジメント

ハネウェル社：建設資金等の提供
社会福祉法人典人会：ローカル・コーディネート
小澤氏：古民家の提供
北海道大学建築計画学研究室：基本設計
有限会社伊東組：施工

*3 清田英巳＋アレン・パワー＋高橋杏子＋田中康裕＋原田麻穂『Ibashoカフェ 大切にしたいこと』2版、Ibasho、2014年

*4 2018年4月から学びの部屋は「学びの時間」と名称を変更し継続されている。2017年4月から2018年7月末までに計193回開催され、参加した子どもは延べ2,178人、1回の平均は11.3人になる。参加者の割合は小学生約7%、中学生約86%、高校生約7%である。

*5 来訪者数はゲストブックによりカウントしているが、朝市、納涼盆踊りなど大きな行事の日はおおよその人数でカウントしている。来訪者数は、運営に関わるメンバーも含んだ人数である。ただし、学びの部屋の参加者は含んでいない。

*6 食堂利用者数は、運営に関わるメンバーも含んだ人数である。

*7 来訪者数とオープンからの経過日数の回帰分析の結果は、P値＝0.000、係数＝0.0059、食堂利用者数とオープンからの経過日数の回帰分析の結果は、P値＝0.006、係数＝0.0015となり、いずれも5%水準で有意である。

*8 「利用者さん」と呼ばないようにするという決まりはなく、自然にこのような状態が実現している。

*9 居場所には「自分の役割がある場所」という意味もある（Chapter 1を参照）。

*10 ヒビノケイコは「そろそろ『地域課題を解決する』という思い込みから抜け出したほうがいい」という記事において、「今大事なのは『いかにして、自分の地域を差別化するか?』『他の地域に勝つか?』『問題を解決し続けるか?』という発想というのではなく、『いかにして光る場を作り出すか?』ということ」であり、「世界観の実現」だと述べている（ヒビノケイコ「そろそろ『地域課題を解決する』という思い込みから抜け出そう。妄想から始まる『世界観の表現』へ」ヒビノケイコの日々。人生は自分でデザインする。』2015年3月9日 URL：http://hibinokeiko.blog.jp/archives/23562348.html）。

*11 鈴木毅「体験される環境の質の豊かさを扱う方法論」『建築計画読本』舟尾國男編、大阪大学出版会、2004年

*12 ゴッフマンは「『無目的』でいたり、何もすることがないという状態を規制するルールがある」ために、「仕事中に『休憩』したい人は、喫煙が認められているところへ行って、そこで目だつように煙草を吸う」「魚などはいないから自分の瞑想が妨げられるおそれのない河岸で『魚釣り』をしたり、あるいは浜辺で『皮膚を焼いたり』するのは、瞑想や睡眠を隠すための行為」になるというように、人は「誰の目にも明らかな行為をすることで自分の存在を粉飾する行為」をするのだと指摘する（アーヴィング・ゴッフマン著、丸木恵祐＋本名信行訳『集まりの構造 新しい日常行動論を求めて』誠信書房、1980年）。ここで指摘されているように、誰の目にも明らかな大義名分がないと、特定の目的をもたずに過ごすことは周囲の人の目に不自然に映るのである。

*13 橘は人と環境の関係のモデルとして「人はある明確な意図・目的を持って行動しており、ある目的を達成するための場を選択し、そこに行って目的を果たして帰ってくる」という「意図支配モデル」と、「まずは地域での行動・生活があり、そこでさまざまな相互作用の結果、その場・その時の状況によって自分との関係付けが形成される」という「行動先行モデル」の二つをあげている。そして「行動先行モデル」とは「人と環境との相互作用によるより柔軟な関係」であり「とくに身体的・社会的状態の変化が激しく、また個人差も大きい高齢者が住み続けられる地域環境を考えた時、人と環境との関係の柔軟さは重要な視点となると思われる」と指摘する（橘弘志＋高橋鷹志「地域に展開される高齢者の行動環境に関する研究 大規模団地と既成市街地におけるケーススタディー」『日本建築学会計画系論文集』496号、日本建築学会、1997年）。

*14 新潟市の地域包括ケア推進モデルハウス「実家の茶の間・紫竹」では、過ごし方に関わるルールはないが、地域の人々の助け合いの基本となる「矩を踰えない距離感」を大切にする関係を築くために、「その場にいない人の話をしない（ほめる事も含めて）」「プライバシーを訊き出さない」「どなたが来られても『あの人だれ!!』という目をしない」と

いう「茶の間のルール」が定められ、室内に掲示されている（田中康裕『『まちの居場所』の継承にむけて』長寿社会開発センター・国際長寿センター、2017年）。筆者は、「まちの居場所」には、過ごし方に関わるルールではなく、「茶の間のルール」のように人々の関係を支えるための何らかのルールが必要ではないかと考えている。

*15 筆者は定期的に居場所ハウスについての記事をSNS上に投稿してきた。また、活動の歩みを冊子や記事・レポートとしてまとめてきた。これらの目的の一つは、居場所ハウスが生み出した価値を共有することである。

田中康裕編『居場所ハウスのあゆみ 2012-2014』Ibasho、2015年
田中康裕「試行錯誤により再構築されていく地域 岩手県大船渡市『居場所ハウス』が目指すもの」『近代建築』2015年10月号、近代建築社
田中康裕「プロダクティブ・エイジング実現に向けた『まちの居場所』の役割と可能性 岩手県大船渡市『居場所ハウス』の取り組みから」長寿社会開発センター・国際長寿センター、2016年
田中康裕「『まちの居場所』が担う意味 岩手県大船渡市『居場所ハウス』の試みから」『財団ニュース』Vol. 35、高齢者住宅財団、2016年11月
田中康裕「岩手県大船渡市『居場所ハウス』の歩み プロダクティブ・エイジング実現に向けた先駆的取り組みの考察」長寿社会開発センター・国際長寿センター、2018年
田中康裕「東日本大震災の被災地から 大船渡市末崎町『居場所ハウス』の試み」『建築と社会』Vol. 100、No. 1165、日本建築協会、2019年4月

*16 居場所ハウスがこうした側面をもつのは、海外からの働きかけがきっかけで開かれた場所であること、被災地支援のために多くの人々が外部から訪れていたことなど、東日本大震災の被災地に開かれた場所であることと密接に関わっている。鷲田清一は、東日本大震災の被災地の住民による「まちが開いた」という言葉を紹介しているが（鷲田清一『語りきれないこと 危機と傷みの哲学』角川学芸出版、2012年）、東日本大震災の被災地は、地域の外部に開かれていたと捉えることができる。

*17 広井良典は『コミュニティ』という存在は、その成立の起源から本来的に"外部"に対して『開いた』性格のものであり、『外部とつながる』というベクトルの存在が、一見それ自体としては"静的で閉じた秩序"のように見える『コミュニティ』の存在を、相互補完的なかたちで支えているのではないだろうか」と指摘する。広井は「神社・お寺」「学校」「商店街（あるいは市場）」「自然関係」「福祉・医療関連施設」を例にあげ、「『外部』との接点（あるいは外部に開かれた"窓"）としての性格をもつ場所が『コミュニティの中心』としての役割を果たしてきた」ことを指摘している（広井良典『コミュニティを問いなおす つながり・都市・日本社会の未来』筑摩書房、2019年）。

*18 高橋博之「都市と地方をかきまぜ、『関係人口』を創出する」『人口減少社会の未来学』内田樹編、文藝春秋、2018年

Chapter 11　「まちの居場所」としての公共図書館

公共図書館の今

　新聞や雑誌を読みながら長時間滞在する高齢者。親が絵本を読み聞かせする横で遊びに興じる子どもたち。宿題や友達との会話を楽しむ学校帰りの生徒たち。今、公共図書館に足を運ぶと、従来の図書の貸出や読書、学習目的だけでなく、さまざまな目的で図書館に滞在して、時間を過ごす場所として利用されている光景が目に飛び込んでくる。

　そのような様子を見て、これは本来の公共図書館のあり方ではない、公共図書館とは本とともに静かに過ごす場所であると主張する向きもあるかもしれない。しかし、市民の日常生活やさまざまな活動のために必要となる多くの情報がマスメディアやインターネット、スマートフォンを通して家庭や手元で簡単に得られる現代において、公共図書館の機能や空間、サービスのあり方、使い方、捉えられ方が変わるのはある意味、必然であろう。また、公共図書館は文化的な市民生活を成り立たせるための公的サービス拠点であり、公共空間であるならば、そのあり方を時代とともに見直すことは必要であろう。

　しかし、時代とともに求められるサービスや機能、空間などが変わるとしても、公共空間として維持しなくてはならないこともあるのではないか。そうだとしたら、それは何であろうか？

公共図書館とはどんな場所か

　国際連合教育科学文化機関 (ユネスコ) は1949年に公共図書館宣言 *1 を制定し、1994年に改訂した。この宣言には公共図書館が備えるべき条件が盛り込まれているが、本稿との関連から、筆者が重要と考える点を以下に挙げてみる。

・地域の情報センターであること

・すべての人が平等に利用できること
・質の高い、地域の要求や状況に対応可能なこと
・資料には、人間の努力と想像の記憶とともに、現今の傾向や社会の進展が反映されていること
・蔵書およびサービスはいかなる思想的、政治的、あるいは宗教的な検閲にも、また商業的な圧力にも屈してはならないこと
・原則として無料であること
・地方および国の行政機関が責任を持つこと
・すべての市民にとって来館しやすい開館時間を設定すること
・農村や都市といった異なる地域社会の要求に対応すること

　これらの内容を考え合わせると、公共図書館は私たちが知っている図書館固有の機能や空間以上に、まさに公共空間として機能や空間、運営のあり方の理念、方法が求められていることがわかる。

「まちの居場所」としてみた 国内の公共図書館

変わる公共図書館

　日本の公共図書館に目を向けると、戦後に各地に開館した公立図書館はその後、本の貸出に重きを置いた空間計画や運営が目指されたが、後にさまざまな目的で滞在することを可能とする滞在型の公立図書館が各地に生まれた。その先駆けは「苅田町立図書館」(1990年) や「伊万里市民図書館」(1995年) であり、これに「せんだいメディアテーク」(2001年) が続く。また長野県小布施町のように、まちづくりとの連携が公共図書館の空間計画や運営の核の一つになっている事例が近年増えてきている。さらに、各自治体が現在取り組んでいる公共施設再編においては保有施設規模やその立地の最適化が計画課題となっているが、公共図書館も例外ではなく、駅

116　Part 2　研究・調査・実践事例を通した「まちの居場所」をめぐる論考

図1　武蔵野プレイス／前庭と図書館外観

図2　武蔵野プレイス／1階のカフェ

図3　武蔵野プレイス／地下1階の図書閲覧スペース

前の公有地にオープンした「武蔵野プレイス」もそうした事例の一つである。2016年の日本建築学会賞(作品)の選評でも、市民の日常的な居場所としての公共図書館を実現した点が高く評価されている。そこで、本稿でもまず武蔵野プレイスの特質を考えてみたい。

また、図書館という場所や本や情報そのものを媒介にして、さまざまなつながりをつくることを主眼とした取り組みもある。まちライブラリーは、蔵書ゼロから図書館を立ち上げ、知的な刺激を媒介にして「知縁」を生み出し、徐々に蔵書とコミュニティを形成していく取り組みである。知の集積地という図書館の持つイメージを拡張して、知識をつなぎ、そして人をつなぐという図書館の新しい姿を体現している。

武蔵野プレイス

JR武蔵野駅前に開設された武蔵野市立図書館分館である。図書館機能を基盤にしながら、市民活動拠点や青少年の居場所づくりのために必要な空間とそれに対応できるスタッフを配置し、人口15万人の自治体が経営する市立図書館分館でありながら年間150万人超の来館者を迎えている。

武蔵野プレイスの特筆すべき特性は、その立地や建物の平面と断面の構成を見るだけでも想像できる。筆者が注目する点を挙げてみる。

鉄道駅至近に立地

公共交通ネットワークの結節点という利便性の高い場所に開設されていることで、武蔵野市民以外の来訪も可能となり、図書館への来訪自体が主目的でなくても、通勤通学や買い物などの「ついで利用」が期待される。筆者が行った調査研究[*2]によると、2016年時点で日本の公共図書館の約6割が駅から1km以内に立地しているが、人口減少時代における公共図書館は今後一層、鉄道駅など公共交通網の結節点近くや幹線道路沿いに立地するようになってくると予想される。よって、武蔵野プレイスはまず立地の点で好事例の一つと言えそうである。

前庭から続く1階の空間

駅前広場に隣接し、車交通を排除した円形の前庭に面して立地している[図1]。前庭があることで、図書館の存在がわかりやすいだけでなく、図書館利用者ではない前庭の滞在者や通行人も、図書館の存在や中の様子を感じることができる。また、図書館利用の後に、気候のよい時期にはここで借りた本を読んだり、仲間との楽しいおしゃべりを続けることもできる。

前庭から入ると、1階には新着・返却資料カウンターや雑誌ラウンジ、ギャラリーとともにカフェが目に入る[図2,7]。そこには書架が連続的に並ぶ図書館特有の風景はない。さらに、反対側にもう一つの建

図4　武蔵野プレイス／1階の雑誌・新聞ラウンジ

図5　武蔵野プレイス／3階のワークラウンジ

図6　武蔵野プレイス／地下2階の青少年向けスペース

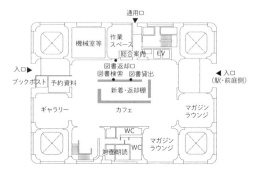

図7　武蔵野プレイス／1階の空間構成

図8　武蔵野プレイス／2階の空間構成

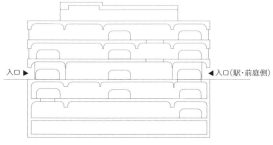

【4階】レクチャー・個人作業フロア

【3階】親子・市民活動フロア（打ち合わせ、情報収集、相談、印刷など）

【2階】親子・家族向け図書フロア（子ども図書の読書、貸出など）

【1階】エントランスフロア（返却・ラウンジ・ギャラリー・カフェなど）

【地下1階】一般図書フロア

【地下2階】青少年の居場所フロア（フリースペース、各種スタジオ）

【地下3階】駐車場

図9　武蔵野プレイス／各階の構成

物玄関があり、ただ通り抜けていくこともできる。よって、1階の雰囲気は図書館の入口というよりも、むしろ街路の延長のような空間となっている。

ヒューマンスケールの部屋の集合

　地下2階から地上3階までに図書17.8万冊、雑誌630タイトル、新聞38紙が収められ(2017年時点)、利用可能となっている。しかし、ここでも立ち並ぶ書架の間をぬって歩くという、いかにも図書館らしい空間体験は期待できない。空間的には、9m前後のグリッド上でくり抜かれた「ルーム」と呼ばれるスペースの壁沿いに、高めの書棚、中央部に視線が通

る高さの書棚が置かれている[図3,8]。よって、書棚に囲まれているというよりも部屋に包まれているような雰囲気である。この雰囲気の醸成には、ルームの寸法とともに、壁と天井がなめらかな曲面でつながっていることが効いている。

さまざまなタイプの家具の配置

図書館で読書をするとなると、背筋を伸ばし、本に集中しなくてはという意識が多かれ少なかれ生まれる。しかし、家に帰ってリラックスした時には、足を伸ばし、横になって本を読んでいる人が多いのではないだろうか。図書館でももう少しリラックスして本に親しみ、情報に触れたいとなれば、家具のデザインは大変重要となる。特に、雑誌や新聞に目を通したり、AV資料を楽しむ際にはくつろいだ姿勢でと考える人は少なくないだろう。

武蔵野プレイスの新聞や雑誌の閲覧ラウンジには、個人の領域が不明確な木の家具が導入されている[図4]。着席の向きや人数を固定しない家具は、オブジェのようでもあり、座ろうとする人に着座の位置選択や姿勢の幅を与えている。さまざまな姿勢で座っている人を見れば、その場所が有する許容性を感じることができる。もちろん、公共の場所での一定のマナーや許容範囲はあろう。しかし、滞在する人の姿は、その場所は何を許容し、また何を禁じているのかが視覚化された結果だとすれば、家具の選び方や置き方も自ずと変わってくるだろう。

生涯学習、市民活動、そして青少年活動の支援

武蔵野プレイスの断面構成を見れば、複合用途の組み合わせであることが確認できる[図9]。地下1階から地上2階がおもに図書館空間であるのに対し、地上3階は大人と子ども向けの生涯学習のための機能と空間が建物外周側に配置され、中央部には市民活動支援のオープンな空間が用意されている[図5]。また、地下2階には青少年のための空間が用意されている[図6]。スタジオラウンジという無料で利用できるスペースの周りには、音楽や工作、調理、パフォーマンスを楽しめるスタジオが配されている。武蔵野プレイス周辺には、駅前ということもあって多くの商業施設があるが、ここではお金がなくても青少年が過ごせる場所を用意しようという意図がある。

また空間構成に目を向けると、地上3階は大人向け、地下2階は青少年向けと利用者層は異なるが、共通して建物外周側にそのフロアのメインとなる目的空間を配し、中央は共用性の高い空間となっている。つまり、滞在する利用者の姿がまず見えることで、そのフロアの雰囲気を一目で理解できる構成だと言える。

まちライブラリー@大阪府立大学

これまで、図書館は本と出会い、本から知識を吸収する機会を与える場所であった。しかし、まちライブラリーで出会うのは人である。本は人をつなぐきっかけであり、媒介物であり、図書館は本を媒介に人をつなぐことを実現する場所である。

まちライブラリーのコンセプト

まちライブラリーは、礒井純充氏（森記念財団）が2011年頃からまちのあちこちに図書館をつくる個人活動から出発している。病院などまちの一角に本棚を設けて、オーナーやスタッフ、利用者が本を置き、その本をきっかけに交流を生み出すことを意図している。本にはメッセージカードがついており、そこには「誰が持ってきたか」「なぜ持ってきたか」といった書き込みだけでなく、読んだ人の感想欄もついている。このメッセージカードがあることによって、一冊の本が「顔が見える本」になり、話のきっかけを生み、交流を促す。他人の本棚を覗き見する感覚に近いと言えそうだ。

まちライブラリーは全国に約690か所あり（2019年5月時点）、開設される場所も寺院や病院などさまざまである。病院に開設されたまちライブラリーでは、人工透析の間に利用されているという。大学という知の生産と集積の地でも開設されている。

これから紹介する「まちライブラリー@大阪府立大学」（以下、ライブラリー）[図10]では、本の役割を最も重要視していると思われる大学＝知の拠点が、本の持つ新たな可能性を追求している点が興味深い。

まちライブラリー@大阪府立大学の運営

ライブラリーはJR近鉄・南海のなんば駅の近くにあり、利便性が高い場所に立地している。大学が南海電鉄所有のビルの2〜3階をサテライトキャンパス「I-siteなんば」として借りており、2階には会

図10 まちライブラリー＠大阪府立大学／まちライブラリー内観

図12 まちライブラリー＠大阪府立大学／メッセージカードの例

図11 まちライブラリー＠大阪府立大学／ワークショップで集まった本

議やセミナー用の部屋、3階には経済学研究科と研究推進機構21世紀科学研究センター観光産業戦略研究所、同窓会サロン、そしてライブラリーが入っている。開設当初、大学は一般社団法人まちライブラリーに運営を委託していたが、2016年度からは大学が直接運営し、大学から一般社団法人まちライブラリーに本の貸出や寄贈などの業務を委託している。

蔵書ゼロから始める運営

ライブラリーは基本的に会員制（入会費500円）をとっており、会員数は約2,100人である。開館日時は火～土曜日の13～20時であり、一般参加も可能なイベントは月に5～10回程度、主に平日の夜と土曜日の昼間に実施されている（2019年4月時点）。日曜・月曜・祝日の休館日には大学が公開講座を行い、ライブラリーの新たな利用者獲得を目指している。

2012年10月から企画や運営の検討を開始し、2013年4月に蔵書ゼロの状態から始めた。2013年3月のプレオープンイベントでは延べ500人強が集まった。本棚に本を置くことを「植える」と表現し、「植本祭」というワークショップ（WS）を開催した。具体的には、WSの提案者がテーマに沿った本を1冊持ってきて、その後そのテーマに関した本棚（コーナー）がつくられていった[図11]。テーマは多様であ

り、ライブラリー運営者が大学関係者のみだったら実現が難しそうなテーマも少なくない。WSのテーマと参加者が持ち寄る本の関連性も、厳密には問うていない。なぜなら、テーマに沿った議論の精緻化よりも、人同士のつながりの広がりや深化を目的にしているためである。他のまちライブラリーは個人ベースだが、ここは複数のテーマや活動からなる複合体となっているのも特徴と言える。

蔵書数は9,600冊を超え（2019年5月時点）、月400～600人の利用がある。通常、図書館利用者は特定の層に偏りやすいが、ここは若者から高齢者まで多世代に利用されている。

市民をつなぐ図書カード

ライブラリーの蔵書にあるメッセージカードからは、この本の読者がどのような感想や思いを持っているのかがよくわかる[図12]。個人情報が必要以上に隠匿されがちな今日において、真逆の方法をとっているとも言える。そもそも図書館に収められている本も、実際に手にとって読んだ人は多数いたはずである。そういう筆者も、図書館の本が貸出カードで管理されていた時代に、興味のある本に挟み込まれていたメッセージカードを見て、その貸出人数に驚いたり、カードに知り合いの名前を見つけて嬉

しくなった記憶がある。

大学で開設する意義

　開設場所も重要と言えそうだ。個人宅の玄関先がまちライブラリーになっている事例もあるが、一般には入りづらいものである。しかし、商業施設や公共施設、そして大学のサテライトキャンパスの一角がまちライブラリーになっていれば、そこに入ってしばらく滞在し、本や陳列物を手に取ることは容易となろう。一方で大学や大学図書館は、別の意味で敷居が高いという市民もいる。よって、大学でまちライブラリーを運営するということは、大学という場所の敷居を低くする意味合いや効果もあろう。地域社会への貢献が第三の使命となった今日の大学ならではの取り組みである。同時に、これまでに制度的、社会文化的に築かれた「敷居」を低くすることが、公共施設を「まちの居場所」にし、また育むうえでは必要なことにも気づかされる。

「まちの居場所」としてみる
海外の公共図書館

　海外に目を転じると、疲弊した都市や地域コミュニティの再生や社会包摂の一翼を公共図書館が担う例が少なくない。

　本稿で取り上げるロンドン・タワーハムレッツ区立図書館「アイデア・ストア」*3,4 とイタリア・ボローニャ市立図書館「サラボルサ図書館」*5,6 は、さまざまな市民の今日的で、かつ立地する地域固有のニーズに応えるため、また公共図書館という誰もが無料でどれだけでも居ることができる場所であるために発生する要求や課題に応えるために、公共図書館のあり方をその立地や建築空間、運営、サービス等の面から再考し、実現した成功例である。そこでは、日本の公共図書館ではなかなか見られないダイナミックな空間的再編や既存建築を活用した空間整備に加えて、市民の要求に応えるあらたなサービスや活動プログラムが提供されることで、公共図書館が市民にとっての日常的な「まちの居場所」になっている。

アイデア・ストア

図書館再整備までの経緯

　2002年から順次開館した区立図書館(通称アイデア・ストア)のあるロンドン・タワーハムレッツ区は、人口約26万人の半分を移民が占め、低所得者が多く、ロンドンで最も貧しい地域の一つである。移民の多くは英語の読み書きができず、高等教育も受けていないことから、区民1人あたりの図書館数はロンドン特別区の中で最も高かったにもかかわらず、1990年代にタワーハムレッツ区の13館の区立図書館を移民はほとんど使っていなかった。また、1998年にイギリス全体の公共図書館の市民利用率が平均50%だったのに対し、タワーハムレッツ区では18%であり、ロンドン特別区の中で最も低い区の一つであった。

　この状況に対して、区の担当部署は1年かけて区立図書館の存続や利用に関する区民意向調査を実施し、区民が求める公共図書館のあり方を検討した。その結果、区民は図書館を必要としているものの、現状の図書館の空間とサービスには改善の余地があるという結論に達し、既存の区立図書館を再編することを決断した。

　では、その実践を具体的に見ていこう。

立地の再考

　タワーハムレッツ区の多くの図書館は住民がアクセスしにくい場所に立地していたため、区は図書館の数以上に立地に問題があると判断し、住民が徒歩で20分以内に到着できることを前提に、13の区立図書館を最終的に7館に集約する再編計画を策定した。現在では5館のアイデア・ストアと2館の既存図書館を運営している[表1,図13]。新設のアイデア・ストアは、共通して既存の商店街や屋外マーケット、地下鉄など鉄道の駅近くに立地している。また近くに学校や病院などの公共施設が立地している場合もある。

建築デザイン上の配慮

　改修された「アイデア・ストア・ボウ」(ISB)を除き、共通して外壁は目を惹くカラフルなガラス張りとしていて、IT関連店舗や若者向けのファッション店かのようである。これは、従来の公共図書館の

表1 タワーハムレッツ区立図書館の概要

図書館	開館年	延床面積(m²)	蔵書数(点、2012年3月時点)	年間貸出数(2012年度)	年間訪問者数(2013年度)
アイデア・ストア・ボウ(ISB)	2002年(改修)	1,350	42,273	131,748	286,958
アイデア・ストア・クリスプ・ストリート(ISCS)	2004年(増築)	1,240	53,695	157,366	431,600
アイデア・ストア・ホワイトチャペル(ISW)	2005年(新築)	3,700	82,380	253,813	689,381
アイデア・ストア・カナリー・ワーフ(ISCW)	2006年(新築)	940	33,927	124,985	298,055
アイデア・ストア・ワットニー・マーケット(ISWM)	2013年(新築)	1,270	21,463	87,896[*1]	319,652[*2]
ベスナル・グリーン図書館(BGL)	既存図書館	不明	42,980	96,224	147,184
キュービット・タウン図書館(CTL)	既存図書館	不明	24,784	66,106	75,422

*1 前身であるワットニー・マーケット図書館のデータ
*2 開館した5月以降のデータ

イメージを変えるデザイン戦略であるが、商店街などに隣接していることから、大きな違和感はない。

図書館内部の空間構成は、来館者が滞在する閲覧スペースを商店街や道路沿いに配置し、外部のパブリックスペースと隣接させることによって、内部の利用者の存在やアクティビティを可視化し、図書館内外の空間的なつながりを強めている[図14]。内部空間でも商業施設のような鮮やかな色彩を使ったインテリアデザインを採用し、多くの人に入ってみたいと感じさせる空間づくりを行っている。

ISBでは玄関を入ってすぐの目に付く位置にカフェを置くことで、商店街との機能上の連続性を意識している[図15]。別の見方をすれば、スタッフが待ち構えていない空間構成だと言える。また、開架書架も立位の人の目線を遮らない高さに抑えられている。さらに、書架が並ぶ読書スペースだけではなく、パソコン(PC)を自由に使用できるスペースや学習コースのための教室、子ども向けのスペース、行政サービスを提供する窓口も設置している。蔵書数が比較的少ないためでもあるが、本(書棚)で埋め尽くされた、もしくは本(書棚)が主役の空間という印象はない[図16,17]。

次でも紹介する学習コースはアイデア・ストア

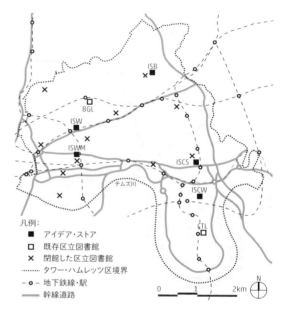

図13 アイデア・ストアの配置

の特色であり、そのために用意されている教室や子ども向けのスペースは、新築の「アイデア・ストア・ホワイトチャペル」(ISW)や「アイデア・ストア・ワットニー・マーケット」、増築の「アイデア・ストア・クリスプ・ストリート」(ISCS)では後背の住宅地に面する静かな場所や、建物中央の比較的落ち着いた位

図14 ISCS／商店街に立地

図15 ISB／図書館カウンターとカフェ

図16 ISW／図書閲覧スペース

図17 ISCS／PCスペース

図18 ISW／就業支援のIT教室案内

図19 ISCS／学習教室

置に配置されている[図17]。つまり、外部と内部、特に閲覧スペースとの視覚的連続性が確保されるような空間構成となっているのである。

実際に現地に赴くと、区民が実にさまざまな目的でアイデア・ストアに来て、滞在している様子が目に飛び込んでくる。本を読む人々だけでなく、無料で使えるPCでネットサーフィンをしている人、お茶をしながらおしゃべりしている人々、スマートフォンをいじって時を過ごしている人、窓際でただ外を眺めている人、そして時には居眠りをする人など。このような人々の姿を見ていると、アイデア・ストアという場所が備える可能性や許容性を彼らが体現し、無言の内に他の区民に伝えていると思えてくる。

多彩な学習コース

タワーハムレッツ区は、区立図書館と成人向け学習センターは利用者を共有していることから、両者の連携を強化すれば、英語の読み書きができない移民や高等教育を受けていない区民に対する学習支援の相乗効果が期待できると考えた。アイデア・ストアは現在、従来の公共図書館サービスだけでなく、ファッションや料理、ダンスなどの生涯学習コースを成人学習センターと連携して提供している。さらに最近では、住民の就業と健康支援にも対応するために、外国語やITリテラシーの習得、フィットネス・コースも提供している[図18,19]。

アイデア・ストアの成果

このような空間やサービスなどのダイナミックな再編が何をもたらしたかは、読者にとって大変興味深い点であろう。そこで、アイデア・ストア全体に関するいくつかの統計データを見てみよう。

2011年度におけるタワーハムレッツ区の全区立図書館への来館者数(歴史資料館を含む)は、最初のアイデア・ストアであるISBが開館する前の2001年比で240%増、貸出冊数(オンライン図書館、成人学習センターの貸出数も含む)は28%増となり、2008年度の区民の区立図書館利用率は56%に達した。また、最も規模の大きいISWの2013年度の年間来館者数は、イギリスの全公共図書館の中で8位になった。さらに、区が実施した2014年の年次住民調査によれば、抽出された調査対象住民の61%が区立図書館のサービスに対して高い評価を示した。この統計データからすれば、アイデア・ストアへの再編は成功と言ってよいだろう。

ここで注目したいのは、本の貸出冊数や人数以上に来館者数が大幅に増加した点である。市民ニーズに応える多彩なサービスやプログラムを提供する公共図書館を評価するには、これまでの公共図書館の運営面の評価指標である貸出冊数や人数以上に、来訪者数に留意する必要があると言えそうである。このようにアイデア・ストアへの来訪者数が大幅に増加した理由としては、地域住民のニーズを丁寧に捉えたうえでの計画策定や、適切な利用圏設定とそれぞれの地域特性に応じたプログラムの提供、駅や商業集積に隣接することによる「ついで利用」の促進、そして周辺との連続性を重視した図書館建築のデザインなどが、相乗的に功を奏したためと考えられる。

サラボルサ図書館

2001年に開館したサラボルサ図書館(以下、サラボルサ)は、日本と同様に高齢化が進むイタリア・ボローニャ市立の図書館である。サラボルサは、ボローニャ市都心の代表的な公共空間であるマジョーレ広場に面し、2本の幹線道路の結節点に位置する。しばらく未使用状態であった既存建物を

改修して利用している。計画時の想定は1日平均2,000人であったが、開館すると1日平均4,000人以上が来訪している。

その理由は、情報化にいち早く対応したサービスを利用できるだけでなく、後述するが、さまざまな市民向けプログラムが市民の来訪を促していること、さらには、入りやすさや居やすさを備えた空間であるため、明確な目的がなくても行ってみようと市民が思う場所になっているためと考えられる。

整備の経緯

1980年代末にマッジョーレ広場[図20]と周囲の建物を総合的に再整備するための計画「マッジョーレ広場周辺の都市公園整備」が策定された。その中で現在サラボルサが入居する建物については、屋外のマッジョーレ広場に対して（運営者が言うところの）「屋根のある広場」として「市民の場所」をつくるという考え方が生まれ、二つの「広場」のつなぎ方が検討の焦点となった。

この再整備計画に並行して、偶然にも当時、市民向け図書館整備が計画されており、そこでは「文化の拠点」づくりが目指されていた。ここで言う「文化の拠点」とは、芸術文化活動の拠点ではなく、市民やコミュニティをつなぐ拠点という意味で使われている点に注目しておきたい。

この「文化の拠点」づくりを具現化するために、①社会と直につながり、②多文化が共生し、③新しい情報テクノロジーにアクセスできる場所をつくることが重視された。さらに、中心市街地に分散するボローニャ大学は、その空間的な拡張が困難であるため、大学も協力して学生の学習場所を確保することになって、2001年に開館した。

「まちの居場所」となるための空間的対応

サラボルサの空間は5層にわたる[表2,3,図21]。組石造建築を利用することは、今日の図書館としては空間的制約であった。小さな入口や柱や壁で細かく分節された内部空間はその一例である[図22〜27]。書架を中心に図書館空間を構想するのが難しい建築である。よってサラボルサでは、中央のアトリウム周りには書架を並べず、利用者が滞在して本や雑誌などを閲覧するためのスペースやカフェなどとし、書架はその奥の部屋に置かれている。つまり、アトリウム周りに立って目に入るのは、本や書棚ではなく、そこに滞在する人々の姿である。

また、2008年の改修では、情報化が進む図書館には従来書架に要した面積は不要と考えられ、縮小された。一方、アトリウムではイベントが行われることも多いため、アトリウム周辺はざわついた雰囲気になりがちである。そのため、静かに本を読む部屋は別途用意されている。さらに、図書館職員が立つカウンターはアトリウムの奥に配置されているので、職員が来館者を待ち構えていたり、監視している雰囲気はない。これは前述のアイデア・ストアにも通じる雰囲気である。なお、ブックディテクションシステム（BDS）のゲートは建物入口それぞれに設置されている。

イタリアも他の欧米諸国と同じく、伝統的に本は聖なるものであるという認識から、図書館は一般の市民には敬遠された。しかし、毎日4,000人を超える市民がやって来る理由の一つは、この図書館には入りやすい、居やすいと市民が感じる空間特性があるからだと思われる。

図20　サラボルサ図書館／マッジョーレ広場

表2　サラボルサ図書館の概要（2013年時点）

市人口(都市圏人口)	37万人(100万人)		
運営形態	ボローニャ市立		
開館年月	2001年12月		
来館者数	4,650人／日		
図書関連		一般	子ども
蔵書	書籍	157,621	51,290
	雑誌	353	—
	ビデオ	19,633	8,519
	音楽CD	27,944	1,338
	電子図書	30,000	—
貸出	貸出点数	602,060	140,294
	貸出人数	42,685	12,725

表3　サラボルサ図書館の階構成

	面積(m²)	主な空間・機能
3階	1,189	アーバン・センター・ボローニャ(都市計画・事業の展示空間、会議兼学習室)
2階	1,461	定期刊行物・雑誌の閲覧、学習スペース、開架式書架・閲覧スペース、学習室
1階	4,000	受付カウンター、アトリウム、カフェ、開架式書架・閲覧スペース、乳幼児・幼児・児童向け図書スペース、PCスペース
地下1階	4,186	講堂、青少年向け図書スペース、ローマ時代の遺跡
地下2階	2,048	倉庫
計	12,884	

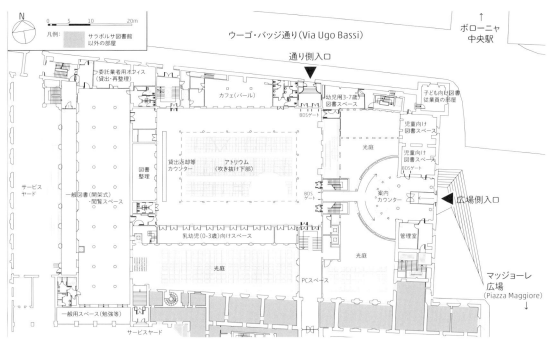

図21　サラボルサ図書館の1階平面図

図22　サラボルサ図書館／サラボルサ図書館の入口

図23　サラボルサ図書館／アトリウム(1階)

図24　サラボルサ図書館／読書・学習スペース(2階)

図25　サラボルサ図書館／一般スペース(1階)

図26　サラボルサ図書館／乳児向けスペース(1階)

図27　サラボルサ図書館／青少年向けスペース(地下1階)

さまざまな市民向けのプログラムや対応

サラボルサでは従来からの図書館サービスだけでなく、学生、高齢者、子ども、移民、ホームレスなどへの興味深いプログラムが提供され、また押し寄せるさまざまな要求への対応が行われている。その結果、多くの市民が図書館を訪れることになった。まさに、「屋根のある広場」という雰囲気である。

・学生

サラボルサの整備予算は十分ではないので、大学と協力関係を結んで資金提供を受けることになった。その関係は継続している(2014年時点)。実際には多くの大学生が日常的に滞在しており、その数は閉鎖的な大学の図書館よりも多いという。実際、多くの学生が勉強したり、友人と時間を過ごしている様子が確認できる[図24]。サラボルサが学生にとっての日常的な「まちの居場所」になっている様子を、進学先に悩む高校生が目にして、ボローニャの大学やまちに興味をもつきっかけになるなど、これまでのところ大学の方がより多くの恩恵を受けていると学内外で認識されている。

・情報弱者

「パンとインターネット」というプログラムは、インターネットを利用するために必要な情報リテラシーの習得を目的とした学習プログラムである。高齢者や失業者、ホームレス、子育て中の母親などは、情報技術の進歩から一旦離れてしまうとその遅れを取り戻すことは容易ではない。IT機器が整った公共図書館としてはPCの使用を無料で提供するだけでなく、その操作方法を習得してもらい、現代社会の動きについていくことを支援している。講師役の多くはボランティアである。高校生が教えることもあり、学校も単位を付与するなどして後押ししている。

・高齢者

「生きた本の図書館」というプログラムが興味深い。本は著者が知っていることや考えていること、語りたいことを読者に伝える媒体であることから、外国籍の市民や経験豊かな高齢者を「本」に見立てて、彼らと対話をすることで偏見や先入観をなくす機会をつくるのがこの活動の主旨である。前述の

まちライブラリーに似たプログラムである。

具体的には、まず語り部を募り、次に彼らがどんな人生の経験をしてきたのかについての概略を黒板や紙に書き出しておく。それを見た来場者が聞きたい話を選択して、別室に移って一対一で30分ほど話を聞く。話を聞く際は、語り部への質問はよいが討論や意見は禁じられ、とにかく話に耳を傾け、共有することが求められる。知識や経験を介して人と人をつなぐことが目的であるがゆえのルールである。

・親子向け

サラボルサは2008年に内部の改修を行った。その理由の一つは、より多くの親子に利用してもらいたいためであった[図26]。日本の公共図書館でも親子は主要な利用者であり、子ども向けのサービスや空間の充実は早くから取り組まれてきた。サラボルサでは、親子で来てもらい、子どもを介してサラボルサでできることや、抱える問題の解決につながるサービスや場所があることを知ってもらうことを重視している。また、小児科の医師が子どもたちに読ませたい本を薦める「読むために生まれてきた」という、日本のブックスタートに似たプログラムも行っている。

このようなサービスや場所が用意されたサラボルサについて、ある母親が「ここは子どもを連れてきても、一銭も使わずに一日過ごすことができる場所だ」と職員に語ったそうだ。とても印象的な感想だが、サラボルサの運営者は市民がこのような感覚を持てることが重要だと考えている。このように感じられる場所が、日本に今どれだけあるだろうか。

・移民やホームレス

ボローニャ市でも移民は社会適応や日常生活においてさまざまな問題を抱えており、サラボルサにもイタリア語の習得や仕事の斡旋、手頃な住居の取得に関する問い合わせや要求などが次第に持ち込まれるようになった。そこで、サラボルサは各国語の子ども向け絵本だけでなく、イタリア語講座や各国の料理を楽しむ会、サラボルサの使い方を知る多国語でのツアーなどを、関連施設やボランティア団体と連携して実施した。

また、失業率の高さを反映して、気候が厳しくなる夏や冬にサラボルサにホームレスが滞在し始め、他の利用者からクレームが多く寄せられるようになった。こうした事態に対してスタッフ全員が最初から積極的に、また適切に対応できた訳ではなかった。例えば、においを放つ者や仕事を探している者がいた場合に、その対応方法や彼らに伝える情報が職員によって異なることが問題になった。具体的には、まずはホームレスを外に連れ出そうという職員がいれば、別の対応をした職員もいた。また、仕事が欲しくて来た人に図書館で職を与えるのか、それとも職を斡旋する窓口を紹介するのかについても職員によって対応が異なっていた。ガードマンや事務員、司書などさまざまな職種のスタッフがそれぞれ異なる認識を基に行動していた。

このように、職員が別々に場当たり的な対応をしたことが混乱を招き、またそれが他の利用者に不満を募らせた一因でもあったため、社会心理学の専門家を雇って統一した対応方法の規則をつくり、次に市の関連部署に協力を得てホームレスの対処方法を改善した。つまり、ホームレスを追い払うのではなく、職員がカウンターという砦を自ら出て、彼らが求めるサービスなどの在処を伝えるというフレンドリーな対応を始めたのである。その結果、2年程の間にホームレスに関するクレームは出なくなったという。

市民の来訪や要求を受け入れられた理由

組積造建築であるために屋外から内部の様子が見えないことや、制約の少ない一定規模の屋内空間が確保できないことは、現代の図書館としては不利かもしれない。しかし、ヒューマンスケールの空間が多く存在することは、市民にとって落ち着いた滞在場所を用意するという点からすると、利点であるとも言える。また、サラボルサに隣接するマッジョーレ広場もまた開かれた公共空間であるが、屋外であるため使い方のルールが不明瞭でトラブルも起きやすい。それに対してサラボルサは天候の影響を受けにくく、また市民ニーズに応じた空間やサービスが用意されている。つまり、年中入りやすくて居やすく、またさまざまなサービスやプログラムが用意されている図書館は、「まちの居場所」として市民に選ばれやすいと言えよう。

また、スタッフの資質も重要な要点である。開館時のスタッフは、ベテラン司書と新たに採用した若い司書がほぼ同数であった。後者は公募で約30名が採用されたが、大卒であることと文化的事業での勤務経験があることが求められたものの、司書資格は必要とされなかった。他の公共図書館とは異なる職員体制の中で、新任の職員は図書館業務を覚える必要があり、ベテラン職員は、現代の情報技術やマルチメディアを理解するだけでなく、カウンターの外で市民に接する能力や、「図書館はどれだけ使ってもらえるかでその価値が決まる」という認識を持って働くことが求められた。これは、ベテラン職員にとって働き方の大きな変革であり、すべての職員がうまく順応できたわけではない。

また、各種活動の多くを担うボランティアは、利用者との間にサービス提供者と受け手という関係ではなく、サービスや活動プログラムを介した自然な双方向の人間関係を築くことを心がけている。一人の人が、ある時はプログラムの実施側になり、またある時はプログラムへの参加側になることを大事にしているのである。つまり、サラボルサでは、一人ひとりの背景は違えども、市民同士は対等であるということであり、サラボルサを「市民の場所」にしていく姿勢の一つと言える。

しかし、開かれた図書館であるために、さまざまな要求や課題が発生することは開館前からある程度予想されていた。地域社会の課題の一端に直面するのは必然だったのである。それでもサラボルサが前向きに対応したのは、サラボルサを市の文化部が所管し、「市民の場所」そして「文化の拠点」として整備した経緯があることが大きい。空間的な制約はあっても、図書サービスや活動プログラム、幅広い人材の登用など運営面の改革を推し進めることによって、課題に向き合い、解決していったのである。

「まちの居場所」となる公共図書館とは

かつての図書館は、本というモノのための場所であり、そこから直接恩恵を得る人々のための場所であった。しかし今では、情報を享受し、共有し、そして伝達する場所に変貌しつつある。そして、そこ

では生身の人間の存在や役割が大きくなっている。つまり、デジタル化が進み、人の存在や営みが見えにくくなった現代社会の中で、人と知、知と知、そして人と人の関係が織りなす場所として再編された公共図書館に、自らの居場所を見いだそうとする市民が増えていると言える。これは、公共図書館がソーシャル・キャピタルの形成拠点の一つになりつつあると言い換えられるかもしれない。公共図書館が「まちの居場所」となっている所以である。

また高い公共性を有した空間、すなわち公共空間という点から考えると、公共図書館があらゆる市民の滞在場所となり、また市民同士をつなぐ役割を果たせるのは、ユネスコの公共図書館宣言にもあるように、何人も拒まず、無料で利用することが保証されているためである。これは、学校は子ども、病院は患者というように、実際には特定の利用者やニーズに応えるべくカスタマイズされた他の公共施設と大きく異なる点である。齋藤純一が指摘する公共性が備える三つの側面(Open, Common, Official) *7を援用すれば、非排他的(Open)で「知」という共有(Common)したい関心事や情報源などがあり、そこへのアクセスを制度上も保証する(Official)公共図書館は、まさに公共空間としての高い特性を備えている場所である。

わが国の地域社会における居場所づくりは、孤立化や無縁化が進む地域社会に対する一つの対応策であり、各地に「コミュニティカフェ」などが生まれているのはその具体例と言える。前書*7では、主宰者である「あるじ」の存在や主宰者主導の比較的小規模の空間づくり、また個別の事情に合わせた柔軟な運営を丁寧に取り上げた論考が並んだ。しかし近年では、本稿が取り上げた事例をはじめ、多くの市民にとっての「まちの居場所」となっていると感じられる公共図書館も少なくない。さらに最近では、同様な趣きや雰囲気を持った場所が他の公共建築、例えば児童館や学校、高齢者施設などでも確認できるようになってきた。公共建築を「まちの居場所」とすることは、これからの重要な計画目標になると思われる。

しかし、公共図書館が高齢者や親子の居場所となっている場合、その位相はコミュニティカフェのような利用圏が徒歩圏であったり、顔見知りの人々の居場所、つまり地域コミュニティ単位の居場所と

はやや異なる。コミュニティカフェはおもに個人や組織が目を向けるCommonな課題に立脚しながら開設され、運営や空間づくりが行われているが、公共図書館はOpenを旨とするOfficialな運営や空間づくりが幅広い市民の来館と滞在を担保し、図書に限らない情報媒体を介した知的な活動や、それが行われる場所自体の持つCommonとしての特性が、人と公共図書館、もしくは人やコミュニティ同士をつないでいる。

よって、Officialの今日的なあり方が、公共図書館がいかなる公共空間になれるか、そして市民の居場所となりえるかの鍵を握っている。とはいえ、この三つの側面はそれぞれ独立しているわけではない。問われるのは三つのバランスであり、ひいては、「これからの公共空間はだれのためにあるべきか?」という問いかけでもある。このことは公共図書館だけでなく公共建築が「まちの居場所」となるための、また公共建築を市民や地域のニーズに応えながら「まちの居場所」へと育んでいくうえでの課題である。

注釈

*1 「ユネスコ公共図書館宣言 1994年」日本図書館協会ウェブサイト URL：http://www.jla.or.jp/library/gudeline/tabid/237/Default.aspx
*2 古田大介＋小島悠暉＋小松尚「市民の多目的利用の視点からみた全国の公共図書館の空間と運営の傾向」『日本建築学会計画系論文集』84巻759号、2019年
*3 李燕＋小松尚「地域の課題とニーズに基づくロンドンの区立図書館『Idea Store』の再編と都市・地域計画の関係」『日本建築学会計画系論文集』80巻717号、2015年
*4 李燕＋小松尚「ロンドンの区立図書館『Idea Store』の立地及び建築空間と提供プログラムの関係」『日本建築学会計画系論文集』81巻729号、2016年
*5 小松尚＋小篠隆生「公共空間としてのボローニャ市立『サラボルサ図書館』に関する考察」『日本建築学会計画系論文集』82巻739号、2017年
*6 小篠隆生＋小松尚「「地区の家」と「屋根のある広場」イタリア発・公共建築のつくり方』鹿島出版会、2018年
*7 齋藤純一『公共性』岩波書店、2000年
*8 日本建築学会編『まちの居場所 まちの居場所をみつける／つくる』東洋書店、2010年

本稿の一部は、文部科学省科学研究費補助金（課題番号25630247および15K14083。ともに代表は小松尚）を得て実施された調査研究の成果である。

Chapter 12　私有を共有する居場所
インドネシアのバレバレ

はじめに

インドネシア中部にあるスラウェシ島の南西、マカッサル沿岸に位置するラエラエ島[図1]には、古くから住民に利用され続けている「バレバレ」(Bale Bale)という名の縁台的しつらえがある。ラエラエ島はわずか0.22km²の面積で、徒歩で一周するのに30分ほどしかかからない小さな島であるが、225のバレバレが置かれ、島に暮らす人々の居場所として日常的に利用されている[図2]。そこでは、ただ一人で座っているだけであったり、集まって話をしたり、昼寝をしたり、調理器具を持ち込んで食事をしたりと、使われ方は様々である。島内には、住宅331戸が高密度に立ち並んでおり、男性794人、女性713人の合計1,507人が生活を送っている[*1]。民族はブギス族とマカッサル族の二つで成り立ち、多くの住民は漁業を営む。主な宗教はイスラム教で、島の施設としてはモスクをはじめ、共同井戸、診療所、集会所、役所の出張所、墓地などがある。学校施設は小学校のみのため、中学校へはモーターボートで通学することになる。電力は18時以降のみ使用可能と

図1　インドネシア・スラウェシ島とラエラエ島の周辺地図

なり、住宅に冷房機器は設置されていない[*2]。車・バイクも利用されておらず、みなが歩いて移動している。日中は子どもと女性、そして年配者層が中心となり、屋外のバレバレで過ごす人々が多く見られ、穏やかな時間が流れる島である。

なお、2018年9月28日に中部スラウェシ州で発生した地震の影響について、マカッサルおよびラエラエ島での大きな被害は確認されていない。

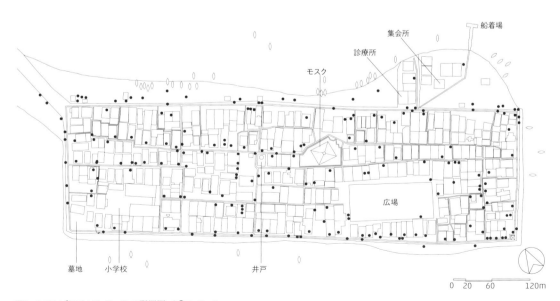

図2　ラエラエ島におけるバレバレの配置図　●：バレバレ

「バレバレ」とは

大きさと形

バレバレのサイズは、1m²未満の小さなものから、13m²以上の大人数で座れるものまで様々である。平面の縦横比は1:1と1:2の間で、同じようなサイズであっても、ベンチや住居とは明確に区別されている。置かれている縁台について島民に質問すると、バレバレなのかベンチなのか、誰もが即答し教えてくれる。形が似ていたとしても、寝そべることができるものがバレバレと呼ばれているらしいが、筆者らが一見しただけで見分けるのは難しい。素材は木または竹である。店で購入することもあるが、ほとんどは自分たちでつくっている[*3]。ペンキで色を塗ったり、座面が壊れたら補修したり、脚が折れたら全体を低くしたりと、一つのバレバレを長く大事に使っている。

バレバレの基本的な形は、縁台型と小屋型の二つである[図3]。縁台型は座面に脚がついたシンプルな形であるが、中には背もたれを取りつけたもの、脚を囲って座面の下を鳥小屋にしたものもある。小屋型にはトタンの屋根や壁が設けられ、部屋の一室のようにしつらえられた立派なものもあり、こちらもまたバレバレなのか住居なのか見分けるのが難しい。またバレバレでは靴を脱いで利用する。足が折れて20cmほどの低いバレバレになったとしても、その習慣は変わらず、当たり前のように必ず靴を脱いで上がっている。

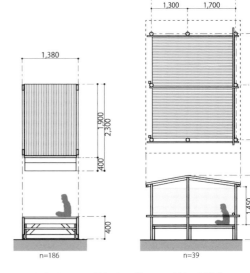

図3 縁台型バレバレ（左）と小屋型バレバレ（右）の標準的なサイズ／平面の縦横比は1:1と1:2の中間が多く、一般的なベンチよりも、ずんぐりむっくりした形である

用途

バレバレにおける利用用途は様々で、生活全般の行為に対応できる柔軟さを持つ。のんびりと座っているだけ、お喋り、昼寝、料理、食事、子守り、散髪、歯磨き、子どもたちの遊び、勉強、洗濯物干し、喫茶、船の部品修理、タワシづくり、ギターを奏でるなど、島民はその時々で必要な道具を持ち込み、固定的な利用にとどまらず幅広く活用している[図4～6]。

所有者

バレバレにはオーナー（あるじ）がいる。設置した人がオーナーとなる私有物なのである[*4]。名前が書かれていないのにもかかわらず、島民たちは誰のバレバレなのかを良く知っており、写真を見せて尋ねると、オーナーの名前や住居、さらには普段置かれている場所まで教えてくれる。またバレバレを複数所有している家族の中では、誰のバレバレなのかが決められている場合もあり、子どものバレバレ、親のバレバレ、家族みんなのバレバレなどと分けて使われている。

なおバレバレ所有数は、1つ所有が107戸、2つ所

図4 バレバレで語らうラエラエ島の人々

図5 調理器具と食材が持ち込まれたバレバレ

図6 大きなバレバレで思い思いに過ごす人々

有が38戸、3つ所有が8戸であった。その他にも10以上のバレバレを持ち、他の島から遊びに訪れた人々に貸し出している所有者がいる一方で、島の約半数の176戸はバレバレを所有していない[*5]。

バレバレの形態と配置にみる 場のひらかれかた

ラエラエ島における住居は、1階にピロティを持つ伝統的な高床式の木造住宅ルマ・パングン(Rumah Panggung)73戸[図7,8]と、モダンタイプのコンクリート造住宅258戸[図9,10]に分かれる。かつてはルマ・パングンが主要な住居形式であったが、現在ではコンクリート造が多くなり、内外の境界が明らかな住居形態へと変化している[*6]。バレバレは、ルマ・パングンの1階ピロティ部分に置かれたものが原型であると言われているが、現在、同じ形式で置かれているのは約1割のバレバレのみである。その他のバレバレは住居から少しずつ遠ざかっていき、その配置場所は以下の5つに分類できる[図11]。

① ピロティ(ルマ・パングンの場合)
② 住居の敷地内
③ 住居の敷地外で塀や垣の傍ら
④ 通りを挟んだ道沿い
⑤ 通りからさらに海側に下った浜辺

バレバレは島民が自由に設置し、家族のみならず訪問者の誰でも利用することができる。バレバレが①②のように敷地内に置かれる時には、住民のプライベートスペースとしての機能が強まる。④のように通りを挟んだ道沿いに置かれると、通行人との接触や、持ち込まれたイスなどによる領域の拡張によって利用者の幅が広がり、多くの人々が集う場所になっている。また配置別のバレバレ数をみると、通りに沿って置かれたものが最も多く、一日のバレバレ利用者数も多く見うけられた。

島民たちは日中、よく屋外で散歩をしている。どこにいくのか、何をしているのかと尋ねると、「ジャランジャラン(ただ散歩をしているだけだよ)」と笑顔で答えてくれる。通りにはたくさんのバレバレが置かれているため、島を散歩しながら出会う人々がい

図7 伝統的な高床式木造住宅のルマ・パングン／1階のピロティにバレバレが置かれている

図8 ルマ・パングンのピロティに置かれた三つのバレバレ／左奥のバレバレでは子守用ハンモックが吊るされ、家族専用のリビングとしても機能している

図9 モダンタイプのコンクリート造住宅／手前の住居はもともとルマ・パングンだったが、1階に部屋を増築したため、ピロティがなくなっている

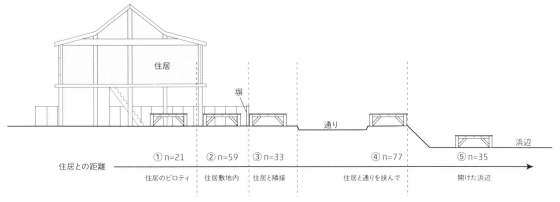

図11 5種類のバレバレ配置場所と住居との関係

ると、バレバレで立ち止まり、話をしたり、昼寝をしたり、一日を屋外でゆったり過ごすのである。また屋根や壁が設けられた小屋型バレバレも、その向きは通りに対してひらかれ、島民が行き交う場所への方向性が重視されている。たとえ美しい海が傍らにあっても、そちらを見るためにバレバレを開放しているのではなく、海側には壁が設けられ、通りに向かって入口が設けられている。筆者らにはバレバレ＋海が風景として美しく見えるが、バレバレに座る人々は海を見ておらず、通りを向いて座っている。多くのバレバレは、歩いている人々が立ち寄りやすい通り沿いに置かれ、そこで過ごす人々も通りにひらかれた形で座り、みなが立ち止まるのを待っているかのように存在しているのである。

バレバレの使われ方と緩やかな領域意識

バレバレはオーナーが所有する私有物であるが、利用者の制限などがない。オーナーに尋ねると、家族以外の誰が使ってもいいし、特に許可もいらないと言う[*7]。通り沿いに置かれているバレバレはもちろん、住居のピロティに置かれているバレバレであっても、好きな時に使っていいと言うのである。ある一つのバレバレで、5人が寛ぎ昼寝をしているところがあった。人々が行き交う通りから奥まった人目につかない場所に置かれ、ひっそりと家族の時間を過ごしているようにうかがわれた。ところが利用者の関係性を質問すると、隣に寝ている人は知らない人だと言う。名前も知らないし、どこの家の人なのかも知らない、でもいつも来ていると言うのである。家族4人と見知らぬ人1人が、ともに昼寝をしている状況なのであるが、特に困った様子もなく、自然なことのように説明してくれた。傍から見ると、バレバレに集う人々は、家族か親族のような近しい間柄のように見える。時にはバレバレにあふれんばかりの人が集まっていることもあり、まさかそこに他人が紛れているとは想像しがたい。バレバレは私有物であり、置かれる場所によっては、よりプライベートな空間を生み出したように見える場合がある。だが実際は誰に対してもオープンな場所、いわゆるコモンズ的なスペースとして存在し、島民はそうした認識を共有しているのである。

また縁台型バレバレのほとんどは、大人2人で持ち上げて移動できるサイズである。一日のうち朝、昼、夕それぞれのバレバレ配置場所を確認すると、住居の敷地内から道沿いへ、道沿いから浜辺へと移動しているケースがあった[図12]。尋ねると、移動時はオーナーに許可をとる必要がなく、置く場所も自由で、誰が移動しても構わないと言う。利用する人々が、よりよい環境を求めてバレバレを移動させているのである。ただし移動していたとしても、30mほどしか動かしておらず、他住居をまたいで移動させているのは島内で4つのバレバレだけであった。誰が使ってもいいし、誰が移動してもいいという自由な領域意識を持ちながらも、非常識に遠方まで持ち出すことはなく、オーナーやその住居位置との関係を意識しながら利用していることがうかがわれる。

バレバレを中心とした集まり方と場の伸縮性

バレバレの面積と集まる人数との間に、明確な相関関係はない。小さなバレバレでも、まるですし

図10 増築された住居の玄関前に置かれたバレバレ／時間により②敷地内と④道沿いとの間で移動がある

図12 道沿いに移動された図10のバレバレ／開放された場となり10人以上が集まっている（手前が通りで奥が海）

図13 売店前のバレバレで過ごす人々／イスを持ち寄り集まっている

詰め状態で、バレバレが見えなくなるほどの大人数で集まっていることがある[図13]。モダンタイプの住居では、リビングが石貼りのところが多く、昼寝の時間帯や暑い日中でもひんやりとしている。また豪華なソファーが置いてあるなど、居心地がよさそうな空間があるのにもかかわらず、バレバレに集まり座ったり、寝そべったりしているのである。多くの人々が集まるバレバレにて、なぜ屋外で過ごすのかを尋ねると、「涼みたい、屋外は気持ちがいい」という答えであった。大勢で密着して座る姿を見ると、本当に涼しいのかどうか少々疑問ではあるが、島民が日中の生活の場として、住居よりもバレバレを選択していることは明らかである。

また筆者らがバレバレに近づいて挨拶をすると、気づいた島民がおいでおいでと手招きしながら、密着して座っている場所に隙間を開けてくれる。さすがに座る所はないだろう、と思えるほど人々が集まったバレバレであっても、輪になった場所がひらかれて中に入れてくれるのである。バレバレに座るスペースがない場合は、イスやソファーを持ち寄って、バレバレ周辺に集まりがひろがり、バレバレが核となることで人々の居場所が柔軟に形成されている。また、あるバレバレのオー

表1 図12のバレバレ利用者とオーナーとの関係

No.	性別	年齢	バレバレ所有	結婚	オーナーとの関係
1	女	40	○	既婚	本人
2	女	25	○	既婚	娘
3	女	20	×	未婚	娘
4	女	30	×	既婚	姪(女兄弟の子ども)
5	女	28	×	既婚	姪(女兄弟の子ども)
6	女	30	×	既婚	男兄弟の息子の嫁
7	女	19	×	既婚	女兄弟の息子の嫁
8	女	65	×	既婚	No.7の祖母
9	女	23	○	既婚	近隣住民
10	女	不明	×	不明	近隣住民
11	女	不明	×	不明	近隣住民

ナーと利用者との関係をみると、近しい親族から遠い親族、さらには近隣住民まで多様であった[表1]。バレバレが中心となり、場が伸縮することで、様々な関係の人々が共存し過ごしていることがうかがわれる。

さらにオーナーは、周辺環境にも気を配っている。集まった人々が木陰で過ごせるように、バレバレの傍らに樹木を植えたり、木々の間にテントや屋根を張って領域を広げたりと、バレバレで快適に過ごすための工夫が随所でなされている[図14〜16]。バ

図14 木々の間に屋根がかけられたバレバレ／オーナーにより育てられている木には、柵や囲いが設けてある（左奥）

図15 通りと家との間に屋根がかけられたバレバレ／バレバレに木陰を落とす低木が少なく、高木しか育っていないため、住居からテントを張り、日中を涼しく過ごすための工夫がなされている

図16 図15のバレバレオーナーにより育てられている木／バレバレで快適に過ごすために植えられたもので、無事に育つよう柵が設けてある

レバレ単独の形のみならず、バレバレを含む空間すべてが、みんなで集まることを意識したものとしてカスタマイズされ、構築されているのである。

住居におけるバレバレの役割と位置づけ

多くのバレバレは誰に対してもオープンな場所、いわゆるコモンズ的な場所として存在しているが、一方で、個人のための場所、または限定された用途のための場所として位置づけられるバレバレもある。ラエラエ島における標準的な住居の間取りをみると、玄関を入ってすぐに客間を兼ねた居間があり、中ほどに壁で仕切られた寝室、奥に台所と洗い場、井戸がある。寝室は専用部屋として使われており、家族の人数に応じて設けられている。あるバレバレは、住居内に寝室を持たない子どものために父親が設けたものである[図17]。入口にはカーテンがかけられ、壁に布をまとわせ、マットが敷かれた床には、楽器やテレビ・スピーカーなどの電化製品などが置かれており、専用部屋としての役割を持たせている。

また、ある住居の玄関前に置かれたバレバレは、オーナーである17歳の男性が購入したもので、自分の専用だと言う。家族構成は、父、母、本人(長男)、弟の4人であり、住居内には個室にあたる寝室が設けられている[図18]。長男は一日のうち、モスクに出向くこと3回と、自宅での昼食、シャワー、睡眠以外の約13時間をバレバレで過ごしている。また島内で活動するヤングマンクラブの一員であり、毎日、そのメンバー10人ほどを自分のバレバレに招いて集まっている。この住居には、玄関前に2つ、室内に1つ、合わせて3つのバレバレが置かれているが、母専用、長男専用、台所の調理専用といったバレバレの使い分けがなされており、長男専用バレバレを他の家族が使用することはない[図19〜21]。また長男の日

図17 専用部屋として使われているバレバレ／入口にはカーテンがかけられ、床にはマットが敷かれ、楽器や電化製品などが置かれている

図19 母専用バレバレ／洗濯物をたたむために使用している

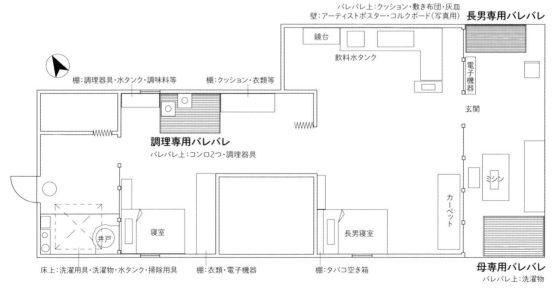

図18 バレバレを複数所有する住居内における家族間での使い分け

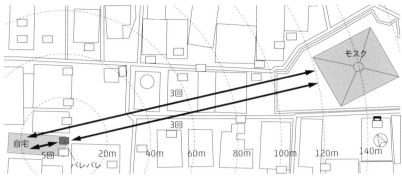

図22　長男の一日のスケジュールと生活行動

図20　長男専用バレバレ／背面の壁には、ヤングマンクラブのポスターやメンバーの写真が貼られている

図21　調理専用バレバレ

常の生活行動圏は約140mの範囲で、自宅以外の生活はバレバレとモスクの2か所で完結しており、バレバレが日中の居場所の中心となり、一日の生活が成り立っていることがうかがわれる[図22]。

おわりに

インドネシア・ラエラエ島のバレバレは、かつて高床式住居ルマ・パングンの1階ピロティに置かれていたものが、現在では住居から離れた場所にも置かれるようになり、多様な形態や役割に変化しながら、島に暮らす人々の生活に息づいている。バレバレは私有物である一方で利用者の制限などがなく、固定的な利用にとどまらない柔軟性を持つものをはじめ、住居からあふれ出した専用部屋として位置づけられるものも存在する。また、バレバレは単独で場を形成するのではなく、オーナーや利用者たちの手で周辺環境が取り込まれ、快適に過ごすための工夫がなされることで、豊かな共有空間を生み出している。誰もが思い思いに選択し利用することができるバレバレでの様子は、一見すると自由に見えるが、利用時にオーナーが属していなくとも、その存在が理解され、緩やかな秩序を保って使われている。バレバレは、オーナーの生活の場であると同時に、様々な関係の人々が集まり、共存できる居場所として幅広い意味を持ちながら、ラエラエ島の日常を支えているのである。

注釈
- *1　2011年9月の調査時データによる。
- *2　島内の一部は自家発電機および冷房機器を備えている。
- *3　ラエラエ島には、代理でバレバレをつくる住民はいるが、既製のバレバレを購入できる店舗がないため、購入時はモーターボートで隣の島（マカッサルなど）まで買いに行くことになる。
- *4　ラエラエ島にはオーナー不在のバレバレが1か所あり、選挙時に使用すると言われている。選挙期間以外の日常においては、近隣住民が自由に利用している。
- *5　2011年9月の調査時データによる。
- *6　かつて伝統的な高床式木造住宅ルマ・パングンであり、現在、1階のピロティ部分に部屋を増築している住居については、ルマ・パングンの一部として戸数を集計している。
- *7　動かすことが難しい小屋型バレバレの一部や、個人のための場所として位置づけられるバレバレについては、利用時および移動時に許可が必要な場合がある。

参考文献
- 笹岡正俊「サゴヤシを保有することの意味：セラム島高地のサゴ食民のモノグラフ」『東南アジア研究』44巻2号、2006年
- Central Board Statistic of Makassar, *Makassar in Figure*, Pemerintah Kota Makassar, 2010
- 吉住優子＋鈴木毅＋向阪真理子ほか「インドネシア・ラエラエ島における縁台『Bale bale』の領域性に関する研究」『学術講演梗概集』E-1、日本建築学会、2011年
- ラジャ・アブドゥ・ムフティ＋鈴木毅＋吉住優子ほか「インドネシア・マカッサルのラエラエ島における『バレバレ』に関する研究」『日本建築学会計画系論文集』77巻675号、日本建築学会、2012年
- 向阪真理子＋鈴木毅＋松原茂樹ほか「インドネシア・ラエラエ島の縁台『Bale Bale』による場の形成の仕方と利用者の位置づけに関する研究」『日本建築学会近畿支部研究報告集　計画系』52号、日本建築学会、2012年

Chapter 13　使いこなしによって自ら獲得する「まちの居場所」

身近な場所で目にした光景

休日の公園でピクニックをしている人たち

　みなさんが最後に公園を訪れたのはいつだろうか。筆者は2012年頃から双子の父親として、週末ごとに公園を訪れる機会が急に増えたのだが、子どもを連れた親が同じように公園を訪れ、遊具で遊ばせたりしているだけで、正直なところ退屈なひとときを過ごしていた(自分の子どもが喜んで遊ぶ姿をみるのは楽しいのだが)。ただあるとき、彩都西公園[*1]で、広い原っぱにポップアップテント(誰でも容易に設営・撤収できるテント)がポツポツと並んでいる光景に出会った[図1]。この何気ない光景は、公園における日除けのため、もしくは持ってきた荷物をおいておくためにテントを広げている、という説明が可能である。ただ、大学で建築を学び、パブリックスペースにおける人間と環境の関係に関心を持ち、居方の研究に取り組んだ筆者にとって、とても印象的な光景で、「(なんだかよくわからないけど)いいなぁ」という感情とともに、公園の使い方の一つとして記憶にとどまるものとなった。

　その後も、わが子が喜んで遊べる公園は他にないか、と探しては訪れてみる、ということを繰り返す中で、服部緑地[*2]で目にした光景は、さらに鮮烈な印象を残すものであった。まず、とてもたくさんの人がいた[図2,3]。週末とは言え、これほど多くの人たちが公園にいることに(純粋に)驚いた。次に、活動が多様であった[図4~6]。砂場や遊具で遊ぶ親子、自転車の練習をする子ども、バドミントンをする家族、ジョギングする人、池で釣りを楽しむ人(釣り禁止の看板のすぐそばで)、太鼓を持ち込み演舞の練習をするグループ、木陰で楽器の練習をする男性、東屋のベンチに座って休んでいる人、BMXの練習をする男性、大学生サークルが子どもを集めて何かゲームをはじめたり、紙芝居をするおじさん(何年ぶりに目にしたかさえ思い出せない)。こんな具合に多様な活動がみられ、大きな集団もいれば、一人や二人、数人のグループもいた。そして最も驚いたことが、公園のあちこちで、レジャーシートやポップアップテントをひろげて「ピクニック」[*3]をしている人たちの姿

図1　テントが点在する彩都西公園

図2　たくさんの人が居る服部緑地

図3　たくさんの人が行き交う

図4　砂場やブランコで遊ぶ家族連れ

図5　太鼓をたたきながら演舞の練習

図6　たくさんの人が集まっている「青空紙芝居」

図7 シートを敷くだけでピクニックをする人
図8 椅子を持ち込んで本を読む人
図9 自分たちでものを持ち込んでピクニックしている人たち

だった[図7〜9]。読者の中には「今どきのアウトドア好きな家族のふつうの休日の過ごし方」と思われるかもしれないが、家族連れだけではなく、数人組の若者だったり、10人以上のグループもいて、属性に偏りはない。また、テント、テーブル、チェアとたくさんのものを持ち込んでいる人もいるが、レジャーシートと手荷物だけという非常に簡易な持ち込みだけの人もいる。彼らは、奥まった木陰や広場の隅だけではなく、通路際だったり、小高い丘の上だったり、砂の上だったり、いろいろな場所でピクニックをしている。中には何も手がかりのない場所(しいて言えば木陰)に椅子を持ち込んで本を読む様子もみられる。また一言にピクニックと言っても、各々がいろいろな色や形のテントやレジャーシートを持ち込んでいるため、均質・同質にはみえない。鈴木毅による居方の研究において時折紹介される台湾の公園[*4]と同じように、たまたまそこに「居合わせた」人たちが、そこでのひとときを、実に楽しそうに、「思い思い」に過ごしているように感じられる光景であった[*5]。

ショッピングモールで買物をしない人たち

筆者の生活範囲の狭さを露呈するようで恥ずかしいかぎりだが、子どもがうまれてから行く機会が増えたもう一つの場所が郊外にある商業施設、いわゆる「ショッピングモール」[*6]である。建築を学んだ(もしくは学んでいる)多くの方ならご理解いただけると思うが、学術分野ではどちらかというと否定的な存在(例えば、巨大すぎるボリュームであったり、どこに行っても同じ、周辺と関係がないなど)として論じられることが多いそれである[図10]。しかし、ショッピングモール自体はそんな批判的な眼差しを気にする素振りもみせず、交通渋滞や地域商圏の破壊などの問題がとりあげられながらも、未出店地域に新規オープンしたり、既存店舗をリニューアルしながら、相変わらず営業し続けている。

子どもを連れた日々の生活の中で買物に行かざるをえなくなった筆者も、「これは建築ではない」的な目線でショッピングモールを捉えていて、とても退屈に感じていた記憶が残っているのだが、訪れる回数が重なるにつれ、いくつか気になることが出てきた。一つは、ショッピングモール内を歩いていると、あちこちに設置されたベンチやソファに座って、休んでいる人たちの中に、「買物をしに来ていない人たち」がいそうなことである[図11]。新聞をひろげている高齢の男性、パソコンを出して作業をしているオフィスワーカー、一人でオンラインゲームをしている若者、買物袋をもたずじっと寝ている高齢の女性、ただ居るとしか言えない男性(例えば、吹抜越しにひろがる光景に目を向けている)など、ショッピング

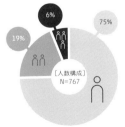

図10 巨大なショッピングモールの外観
図11 ショッピングモールのベンチやソファに居る人たちの人数構成とその行為(小林健治「ショッピングモールの使いこなしに関する研究」2018年より)

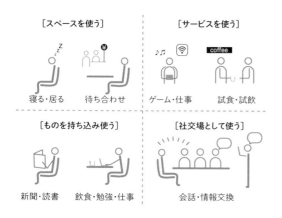

図12 ショッピングモールを長時間にわたり使いこなす人たち

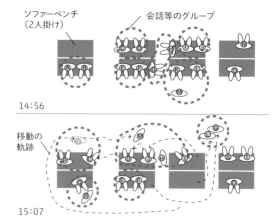

図13 ショッピングモールにおける「常連さん」の場の使いこなしの例

モールを訪れたことがある方なら一度は目にしたことがあるであろう彼らの姿は、ものを売る／買うという行為を前提とした空間の中において、やや異質に感じられるとともに、筆者には「人間のたくましさ」のようなものを感じさせてくれる光景でもあった。もう一つは、「いつも来ている人たち」がいることである。先に挙げたように、いろいろな使い方があるものだなぁ、と感じた筆者は、通勤途中にあるショッピングモールに時折立ち寄るようになったのだが、何度か訪れるうちに、いつもいる人たち、いわゆる「常連さん」がいることに気がついた。筆者がみるかぎり、「常連さん」にはいくつかのタイプがある。一つは、一人で長時間過ごしている人である[図12]。彼らは新聞を読んだり、スマホを操作したり、寝たりしながら、ショッピングモール内でひとときを過ごしている。彼らは基本的に誰とも話さず、一人でいるだけである。もう一つは、一人で来るのだが、同じように一人で来た「顔見知り」と会話したりして過ごす人である[図13]。彼らは待ち合わせしているというより、買物のついでに立ち寄り、「顔見知り」がいれば会話する、という感じで、時には全体で10人以上のグループとなり、吹抜けの中におかれたベンチのほとんどが「常連さん」となることもある。彼らは高齢の方が多いのだが、女性が中心となったグループと男性が中心となったグループがあると同時に、フロアで棲み分けがなされているようである。彼らの会話の中には、世間話の他に、「○○さん、今日は来ていないね」「寒くなってきた、ここは15時になったら空調が切れるからね」というものもありショッピングモールの「常連さん」であることが伺える。また、保育園児を連れた保育士の一向[図14]も何度か見かけたし、施設内に、市立図書館がある、祈祷室がある、ウォーキングコースがある、投票所がある、という具合に、多様に変化し続けるショッピングモール[*7]の「常連さん」は他にもいそうである。

環境を「使いこなす」人間

環境行動研究の立場から前節で述べた光景をみると大きく二つの共通点が浮かんでくる。

○○するために自分で場所を選択している

公園でお弁当を食べたり、ショッピングモールで昼寝をしたりしているのは、当然ながら誰かに命令されてそこにいるわけではない。それぞれが自分の目的を達成するために場所を選択している。つまり、自分たちで環境を意識的(あるいは無意識的)に読み解いていると言える。

図14 ショッピングモールは保育園の外出ルートに組み込まれている(写真は館内を出たところ)

図15 ものを持ち込むことによってうまれる人間と環境のトランザクショナルな関係

○○するために自分でものを持ち込んでいる

公園でテントやレジャーシートなどを敷いてピクニックをしたり、ショッピングモールで新聞や本を読んだりしているのは、そこでのひとときをより心地よく過ごすためにものを持ち込んでいる。つまり、自分たちで環境に働きかけを行っていると言える。

こうした環境に対する二つの関係（読み解きと働きかけ）を環境の「使いこなし」と定義すると、前節で述べた光景は、人間が環境を使いこなして獲得した「居場所」ということができ、人間と環境のトランザクショナル[*8]な関係の現れとみることができる[図15]。

「使いこなし」に見る「居場所」のデザイン

本節では筆者が公園・広場、ショッピングモールを中心としたパブリックスペース[*9]において観察、記録してきた場面を環境行動研究の視点から考察する。

フラットな関係だからこそうまれる「居場所」

公園はその規模が大きくなればなるほど、その場に同時にいる人の数や種類は多くなるが、互いの関係は所有者―利用者という関係ではない。例えば、先にレジャーシートを敷いている人から離れて自分たちの場所を選定する、ピクニックで食事をしているすぐそばでボール遊びをしない、風上でシャボン玉遊びをしない、など、とても些細かつ人間の心理からすると当たり前のことではあるが、みんながフラットな関係であるがゆえにうまれている互いの配慮が存在している[図16]。こうした緩やかな他者との関係の選択により互いに「居場所」を獲得している。

空間をシェアする、異なる質の「居場所」

春先や秋口などの季節に、ピクニックをしている人たちの中には、アルコールを飲みながら、ワイワイ騒いでいるグループもいる。まわりに迷惑をかけるほど騒いでいる様子はまだみたことはないが、小さな子どもを連れてピクニックに来ている家族の中には距離を置きたいと感じる方もいるだろう。そうした質が異なる「居場所」を共存させるデザインがある。服部緑地の場合、明確にバーベキューができる場所（有料1か所と無料2か所の計3か所）と禁止場所が明確に分けられているため[図17]、近くで騒がれるのが嫌な人はその周囲には近づかなければよくなっている（話は逸れるがフェンスで囲まれた有料ゾーンでのバーベキューの方が騒がしいように思う）。仮に距離的に近くても、水路や植込みなどで区切られていることで心理的な距離を確保することができる。またピクニックは、犬の散歩やジョギングのために普段から公園を訪れている人の行為との相性はあまりよくないが、舗装を変えることで最低限の使い分けができている[図18]。

図16 互いの距離を意識して場を共有する

図17 異なる質が共存するための明確なゾーニング

図18 舗装の違いによるゾーニング

図19 声をかけられない公園の入口

図20 ショッピングモールの入口は誰にでも開かれている

図21 図書館などの公共施設でも「いらっしゃいませ」とは言われない

こうした質が異なる「居場所」の共存には、物理的に最低限必要な規模はあるものの、動線計画やゾーニングと言った建築計画の考え方は十分活用できそうである。

誰に対しても開かれた「居場所」

公園に入る際「いらっしゃいませ」と誰かに言われることはまずないだろう[図19]。ものを売り買いをするお店が集まったショッピングモールの入口[図20]でも(熱心かつよく教育された従業員スタッフと会わないかぎり)言われなくなってきていると感じる。多くのテナントが入居するショッピングモールでは、来ている人が全員自分のお店で買い物をするわけではなく、自分(各テナントの店員)にとって全員がお客様ではないことが影響しているのかもしれない。「いらっしゃいませ」と言われない他の施設には、病院、学校、図書館などがあるが、それらは公共施設と呼ばれるものが多いことから、公園だけでなく、ショッピングモールもある種の「公共性」を有していると言うことができそうである[図21]。

開いている時間が長いこととあわせて入るときに何も言われないこと(バリアがないこと)は、環境を使いこなす前提として必要な「居場所」のデザインと言えそうである。

多様な人が居られる「居場所」

たくさんの人で賑わう週末のショッピングモールをみるかぎり、何の問題もなさそうにみえるが、収益面では厳しい時代に突入しており、一人でも多くの来場者を求め、テナントを入れ替え、四季折々のイベントを駆使して日々限られた商圏内で争っている。その争いに勝つためにはできるだけ多くの人に施設内に入ってもらい、商品に触れてもらう機会を設けなければならない。そうした商業ベースの視点は「居場所」とリンクする部分もある。

まず、多機能であること。物販店舗の抱負さもさることながら、飲食店、クリニック、映画館、ゲームセンター、占い、銀行、理髪店、学習教室、旅行代理店、クリーニング店、というように、多様な世代が過ごすための機能が盛り沢山である[図22]。つぎに、自由であること。まわりに迷惑をかけさえしなければ買物をしなくても居られるし、いつ来てもいつ帰っても誰にも何も言われない[図23]。いずれも商業ベースで考えたことだと思うが、これらの特徴が結果的に多様な人が同時に過ごせる場所を提供しているのである。多様な人たちがただ居られる、ということは場所が持ち得る初源的な価値の一つである。その目的は違えど、多機能で自由であることは「居場所」のささえになっている。

図22 多様な世代が利用できるショップやサービスがならぶ

図23 ショッピングモール内の禁止事項はほとんどないとも言える

図24　一人でジャグリングの練習をする人

図25　一人でも複数でも居られる都市のパブリックスペース

図26　一人掛けの設えを基準とした場のデザイン

一人で居ても違和感がない「居場所」

公園には、集団でのピクニックだけではなく、一人で楽器やパフォーマンスの練習をしている人たちもいる[図24]。人数だけで言うと圧倒的に少数な彼らだが、そのことを全く臆することなくそこに居るし、まわりの人たちも彼らのことをさほど気にする様子はない。

また、ショッピングモールの休憩スペース、フードコートに居る人の大半が一人である。この状況をいわゆる「ぼっち」としてそこでの「ひとり」をネガティブに捉える考え方も可能であるが、ここでは一人でも複数人でも居られる設え（椅子）について触れておきたい。フードコートでよくみられる椅子は一人掛けである。人数に合わせて動かすことができるこの椅子は、当然ながら一脚につき一人の使用を前提とするため、ひとりがその場所に居てもよい最小単位となっているのである。そのおかげで誰かと約束をせずとも一人でふらっと立ち寄ることもできるし、気軽にその場を立ち去ることもできる。また、最小単位が一人であることは二人や三人以上で居ることも排除しない。

不特定多数の人間が生活する都市において、はじめから複数を前提にしがちであるが、ひとりを基準にデザインすることを忘れてはならない[図25, 26]。

「居場所」のサポーターとしての店舗

営業行為が原則禁じられている公園でもその規模によっては園内に売店があることがある[図27]。また、まちの広場であれば、その周辺に飲み物や軽食（テイクアウト含む）を提供してくれるお店や移動販売車を見かける機会が（休日やイベント時は特に）増えた気がする[図28]。そうした店舗はそこで飲食する人の存在を前提としている。つまり、店舗の目の前にあるオープンスペースに人が居ることを店舗がサポートしているのである。また店舗の人（スタッフ）が居ることは、その場所の見守り人的な立場として、前述した互いの配慮に貢献することもあるだろう。ショッピングモールではテナント契約上、自身のテナントの目の前に人がいる状況をつくりだすことは困難であるが、飲食を提供するお店が施設内にあることで、そこで飲食することが許容されている。

決して飲食に限ったことではないが、そこに居てもよくなるサービスを提供する店舗の存在は「居場所」のサポーターとしての役割を担うことができる点を見過ごすことはできない。

小さな持ち込みで獲得できる私たちの「居場所」

休日に大きな公園でテントやレジャーシートなどのアウトドア用品を広げピクニックをしている

図27　公園にある売店（キオスク）

図28　移動販売車があることでそこに居る理由ができる

図29　キャンプ場にみえるほどものが持ち込まれた公園

図30 レジャーシートをおくだけで「居場所」が認識できる

図31 テントに囲まれた「居場所」

図32 さまざまな形や色のテントを持ち込んでいるため均質にみえない

光景に出会うのは先にあげた彩都西公園、服部緑地限定というわけではない。季節や気候にもよるが、まるでキャンプ場かと錯覚するほど、多くのテントが設営されている公園もある[図29]。そうしたアウトドア用品を公園に持ち込む理由は、利用する人の数と公園内の座席数のバランスが取れていないとか、地面に直接座りたくないとか、グランピングやアウトドアリビングなどの流行であるとか（キャンプを題材にしたアニメ『ゆるキャン』やキャンプ好きを公言する芸能人も多数いる）、さまざまな要因が考えられるが、ここでは持ち込むものによって獲得した「居場所」の見え方について取り上げたい。図30は、誰かが土の上に敷いたレジャーシートとその上においてある荷物である。ここで指摘したいことは（誰もいないのにものがなくならない日本の安全性ではなく）当事者が自ら獲得した「居場所」が観察者に認識しやすくなっている点である。テントであればその認識がより一層強くなるが[図31]、公園でピクニックをしている人たちは、自分たちでものを持ち込むことで「居場所」を獲得している。と同時に、その獲得した「居場所」が観察者に視覚的に認識できる様態となっているのである。さらに、各々持ち込むものが固有であるため、均質な印象を受けないことも各々が獲得した「居場所」の見え方に影響しているだろう[図32]。

公園という広大でパブリックな環境に自分たちが小さなものを持ち込むことで獲得できる「居場所」の影響範囲は非常に大きい、と言える。

「居場所」は当事者だけのためのものではない

ベンチやソファはその向きやレイアウトにより、人間同士の関係に変化が生じるといわれる*10。吹抜のあるショッピングモールでよくみられるレイアウトとして、吹抜側に向いたソファがある[図33]。ここに座る人はまわりに背中を向けて座ることになり、まわりと視線が交わりにくくなることで、持ち込んだ新聞を読んだりする人だけでなく、ただ休んでいるだけの人も、自分の世界に入りやすくなっており、たくさんの人がいる施設内であっても「居場所」を確保しやすくなっている。こうしたまわりに背中を向けて座るデザインにおいて注意したい点が、吹抜側の設えである。吹抜には当然手すりが必要になるが、その手すりが視線を遮る透過性のないものの場合、座っている人が行き止まりにいるようにみえ、近づきにくくなってしまう可能性がある[図34]。

当事者にとっては非常に心地いい「居場所」が、それを眺めるまわりの人にとっては、別のものになってしまうということになりかねない。「居場

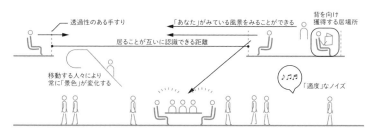

図33 ショッピングモールの吹抜で起こる人間─環境関係

図34 透過性のない手すりでは「行き止まり感」がある

所」は個人の満足度のためだけのものではないことを改めて考える必要がある。

環境の「使いこなし」によって獲得する「まちの居場所」

　本章で取り上げた、環境を使いこなして獲得する「居場所」はどのような特質や価値およびこれからの可能性を有しているか、本書の主題である「まちの居場所」と比較して考えてみたい。

　前書で大野隆造は「まちの居場所」を「利用者が主体的に環境に働きかけ獲得する場所」としており、それに従えば、環境を使いこなして獲得した「居場所」は「まちの居場所」と言うことができる。

　同じく前書で橘弘志により整理された11の「まちの居場所」の特質・価値をみると、公園・広場、ショッピングモールにあてはまるものとそうではないものがあることがわかる[表1]。全体としてみると、番号が進むにつれてあてはまらなくなってきており、⑧キーパーソンがいる、⑩地域との接点がもたらされること、については公園・広場、ショッピングモールともにあてはまらない。

　こうした状況から、環境の使いこなしによって獲得する「居場所」が有する特質・価値は「まちの居場所」と完全に一致するとは言えないが、共通する特質（例えば、①訪れやすいこと、②多様な過ごし方ができること、など）は、公園・広場に限らず、公共的な場所のほとんどが有しているし、ショッピングモールなどの民間施設でも、その目的は違うところにあるにせよ、新店舗を計画するうえで、出店者サイドが必ず考慮している項目であろう。そう考えると、環境の「使いこなし」によって獲得する「居場所」は「まちの居場所」となりえる可能性を十分有している、また同様の場所は他にもたくさんある、と言うこともできるだろう。

　そもそも「居場所」という言葉には、自分すなわち当事者にとっての場所という意味合いがある。ぼく／わたしの居場所、みんなの居場所などの言い方をするように、ある特定の当事者にとっての場所を指す場合がこれに該当する。また、社会的に弱い立場の人のためのシェルターとしての意味合いやニュアンスをもって用いられる傾向がある（子どもの居場所や高齢者の居場所という言い方にはそうした意味合いが強い）。このような「居場所」として表現される場所には、多数の人が1か所に集まる場合もあるが、ベース

表1　公園・広場、ショッピングモールと「まちの居場所」の関係

「まちの居場所」の特質・価値	公園・広場	ショッピングモール
①訪れやすいこと 入りやすいこと、明確な目的がなくても訪れることができること	◎	◎
②多様な過ごし方ができること さまざまな振る舞い方、自由な居方が許容されること	◎	○
③多機能であること 個別の機能に整理・分類しづらいこと	◎	○
④多様な人の多様な活動に触れられること さまざまな人が顔を合わせること、さまざまな活動が行われていること	○	○
⑤自分らしく居られること どのように振る舞うか選択できること	○	△
⑥社会的関係が作り出されること コミュニケーションの場となること	△	×
⑦参加出来る場であること その環境やそこに集う人々との関わりを自らつくり出していくこと	△	×
⑧キーパーソンがいること 中心にいる顔がみえるキーパーソン	×	×
⑨柔軟であること 時間とともに常に変化し続けること	△	△
⑩地域との接点がもたらされること 取り巻くまち・地域と関わっていること	×	×
⑪物語が蓄積されていること 時間の経過とともにつくられる特有の質がある	△	×

＊橘「居場所にみる新たな公共性」（前書）より作成

として同じ境遇や状況の人たちとそれを支える人のみという、閉じた関係が存在しているように思われる。

そうしたどちらかというと閉じた印象を想起させていた「居場所」に、前書で「まちの居場所」という新たな表現(具体的には「まちの」という接頭語が付加)がなされた。前書で紹介された「まちの居場所」は、「まちの」という単語が示す通り、それまで閉じていた「居場所」がまちや地域との関係を有する事例が多く、その関係は実に多様であった。例えば「まちの居場所」を訪れることでそこでしか入手できないまちの情報を得る、「まちの居場所」があることで人と人がつながる、というような、その「まちの居場所」があることで、そこに関わる人や地域が関係づくることができるような事例であった。そうした視点でみると、本章で取り上げた公園・広場やショッピングモールは、決して社会的に弱い立場の人にとってだけの場所ではなく、それがないと生きていけないというほど切実な場所でもない。また、まちや地域との関係もほとんどない。そう考えると環境の使いこなしにより獲得する「居場所」と前書で取り上げた「まちの居場所」は異なるものと考えることもできるが、これからの「まちの居場所」を考えるうえで取り上げておきたいことが二つある。

一つは、地域活動の拠点となるような公園の使い方であったり(寝屋川公園)、地域情報が掲載されたフライヤーがおいてあるショッピングモール(イオンモール伊丹)などもすでにあり(筆者が知らないだけでもっと他にもあると思う)、訪れやすさや多様な過ごし方といった「まちの居場所」と同じ特質を有していることを考慮すると、今後公園やショッピングモールが「まちの居場所」となる可能性は十分ある。もう一つは、公園・広場やショッピングモールが「まちの居場所」となるためには、使いこなしという文言から明らかな通り、場所を使う人がどう使うかにかかっていると筆者は考えている。使う人が「まちの居場所」ないしはそれになりえるポテンシャルを有する場所に対して、主体的に働きかけることによって「まちの居場所」はさまざまに変化しながら生まれ得る。したがって、これからの「まちの居場所」がどうなるのか、という問いに対する答えはわれわれが握っているのである[図35]。

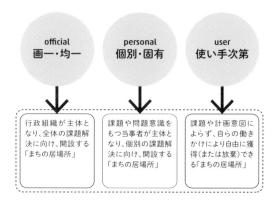

図35 主体や課題解決からみた「まちの居場所」の類型

環境の「使いこなし」から考える人間―環境系のデザイン

最後に、本章の内容に基づき、環境行動研究が導き得る人間―環境系のデザインについて探ってみたい。

本章で取り上げた使いこなしに関するキーワードの中で、「フラット」「シェア」は、人間と人間の関係を表しており、その場所を使う人たちが直接ふれあうという関係だけではなく、「低い濃度のふれあい」[*11]を持ちながら思い思いに居る状況を示している。また「開かれた(オープン)」「サポート」は、人間と環境の関係を表しており、その場所のハード面(例えば、入口に段差があるといった物理的なバリア)だけではなく、ソフト的な面も多く含まれている。さらに「持ち込み(カスタマイズ)」は、人間と環境が一体となった関係を表しており、使う人がいることによってのみ成立する関係である。

これら使いこなしから得られた人間―環境関係を示すキーワードは、どのような建物をつくるうえでも大切なものであると考える。また、つくるという点では、設計者、施工者、施主といった建設に携わる専門家だけでなく、その場所を使う人を含めた関係するすべての人にとっても大切なことであると考える。現在建物をつくるうえで求められる、快適さや居心地は、人それぞれ異なるものであることは自明であり、また同じ人であっても時代の変化や年齢によっても変わるものである。そのため、当事者の居心地のよさだけを主としてデザインしていくことには限界がある。例えば、筆者の子どもがかつて通っていた水泳教室には、親が待つ(見守る)ため

flat·share
人間同士の直接的なふれあいだけではなく、 場を共有するだけのゆるい関係

open·support
ハード面だけではなく、ソフト面も含んだ場を 管理し運営する可変システム

customize
人間を守るべき対象としてだけではなく、環境に 主体的に働きかけることができる対象として位置づけ

図36　使いこなしからみた人間─環境系のデザイン

のベンチがあるのだが、そこで顔なじみの母親たちは楽しそうに話をしていた。その様子は、親たちが待つための場所を心地よく使い、過ごしているようにみえる。しかし、その光景からはまちへつながっていく感じがしないし、その親たちだけの居場所にはなっても、他の人の居場所にはなりえない。つまり、個人やグループの居心地をいくら重視しようとして、多種多様な要望を満たすためのデザインを目指したところで、結局、多数の意見を優先することしかなくなってしまう恐れが高い。また当事者の居心地だけを追求するデザインは、開設当初はいいかもしれないが、いずれ飽きられてしまう。大切なのはそうした場所を適切に維持管理し、時にメンテナンスを行いながら、持続していくことではないだろうか。

　これから成熟（もしくは縮小）していく社会において、われわれ建築の専門家が「居場所」に対してどう関わるべきか、簡単に結論づけられるものではないが、「居心地」に代表される個別解だけを追い求めるのではなく、つくり、その後もささえ・まもり・そだて・つなぐためには専門家としてだけではなく、時に当事者として関わり続けることが必要である。それが「居場所」のデザインの本質であり、人間─環境系のデザインとは、建物としてではなく、人が使いこなすことによってリノベーション（刷新）するデザインと言えそうである[図36]。

注釈
*1　大阪府茨木市にある広さ約5万2,000㎡の公園。管理事務所と大型遊具（滑り台）、小型遊具があるが、大半が平地。
*2　大阪府豊中市にある広さ約126.3 haの公園。都市緑化植物園をはじめ、音楽堂、グラウンド等もある。本章でおもにとりあげる場所は、「こどもの楽園」「ちかくの森」「谷あいのはらっぱ」「集いのはらっぱ」の4か所。
*3　本章での「ピクニック」の定義は、「必ずしも飲食をすることを必要条件とせず、自分たちで種々のものを持ち込み、自然豊かな場所でのんびりすること」とする。類義語として、ハイキング、デイキャンプ、グランピング、お花見、野点なども広義に含むものとする。
*4　台北の公園の「居方」（鈴木毅「人の居方からの環境デザイン」『建築技術』1994年4月号、建築技術）にて紹介された中正記念公園、中山公園、興隆公園を指す。
*5　「居合わせる」とは、直接会話をするわけではないが、場所と時間を共有し、お互いどのような人が居るかを認識し合っている状況。「思い思い」とは色々な人がそれぞれ違うことを思い思いにしていて、しかもそれをまわりから認識できること。
*6　本章では、ショッピングモールを専門店があり、飲食店や映画館などが併設されている、郊外型の商業施設（ショッピングセンター）の総称としている。
*7　例えば、茨木市立穂積図書館（大阪府茨木市）は「イオンモール茨木」内に設置されており、「イオンモール名古屋茶屋」には祈祷室がある。また2019年4月に実施された第19回統一地方選挙において、「期日前投票所」や「当日投票所」が全国79のイオンの商業施設に設置された。
*8　環境行動研究の中で、人間と環境とをそれぞれ独立のものとして決定論ないしは相互作用論として扱うのではなく、全体を人間と環境の分離不可能な一つの行動の中の働きとみる相互浸透論（transactionalism）のこと。
*9　彩都西公園、服部緑地のほか、万博記念公園（大阪府吹田市）、山田池公園（大阪府枚方市）、三軒寺前広場（兵庫県伊丹市）など。
*10　ハンフリー・オズモンドによると、ソシオペタルなデザイン（円形内向きや対面型など）は人間同士の交流を活発にし、ソシオフーガルなデザイン（円形外向きなど）は人間同士の交流をさまたげるとされる。
*11　ヤン・ゲールによると、「直接的なコミュニケーションへのきっかけとしてのふれあいの価値のこと」とされる（ヤン・ゲール著、北原理雄訳『屋外空間の生活とデザイン』鹿島出版会、1990年）。

参考文献
・日本建築学会編「人間─環境系のデザイン」彰国社、1997年
・齋藤純一『公共性』岩波書店、2000年
・舟橋國男編著『建築計画読本』大阪大学出版会、2004年
・日本建築学会編「まちの居場所　まちの居場所をみつける／つくる」東洋書店、2010年
・糸井重里『インターネット的』PHP研究所、2014年
・小林健治「ピクニックにみる一時的な居場所の形成」『人間・環境学会誌』39号、人間・環境学会、2017年
・小林健治「パブリックスペースの使いこなしに関する研究　ピクニック利用者が設える一時的な居場所にみる人間──環境関係」『学術講演梗概集』2017年
・小林健治「パブリックスペースの使いこなしに関する研究　その2　ピクニック利用者が設える一時的な居場所の空間特性」『学術講演梗概集』日本建築学会、2018年
・小林健治「ショッピングモールの使いこなしに関する研究」『人間・環境学会誌』41号、2018年
・小林健治「ショッピングモールが有する『まちの居場所』としての可能性」『人間・環境学会誌』43号、2019年

Part 3

「まちの居場所」の事例と
文献の紹介

Chapter 14　「まちの居場所」のアイデアガイド

　ここでは、Part 2の論考において示された「まちの居場所」の各事例から特質を切り出し、その特質を成立させている具体的なアイデアを紹介する。

　「まちの居場所」はそれぞれ個別かつ固有の存在であるが、共通する点もある。ここではその共通点を12のアイデアとしてまとめ、多種多様な「まちの居場所」の様態を横断的に紹介する。併せて、みつける／つくる／ささえる／まもる／そだてる／つ

「まちの居場所」の特質から導き出した12のアイデアと各事例／●で示した事例は本章でも取り扱っている

	Chapter 4	Chapter 5		Chapter 6	Chapter 7	Chapter 8		
	マギーズセンター	ひなたぼっこ	あがらいん	東京シューレ	鞆の浦	西圓寺	ガーデン	ぺこぺこのはたけ
アイデア 1 ついでに利用できるところにつくる					○		○	●
アイデア 2 まちにある「資源」を活かしてつくる					●	●		●
アイデア 3 立ち寄りたくなる仕掛けをつくる					●			
アイデア 4 機能を混ぜ合わせる		○	○		●	●	○	○
アイデア 5 家具で「居やすさ」を設える	●			●		●		
アイデア 6 「居やすい」雰囲気をつくる	●	○	○	●	●	○		
アイデア 7 ルールで縛らない				○	●			
アイデア 8 絶えず関わる者のニーズを汲み、改変する		●		●	●			
アイデア 9 人びとが関わる「余白」をつくる	●		○		○	●	●	
アイデア 10 新しいつながりを生み出す		○			○	●		●
アイデア 11 そこにしか果たせない役割を担う	●	○	○			●		
アイデア 12 まちのこれからを指し示す		●	●			●	●	●

なぐという「まちの居場所」を捉える6つの視点と12のアイデアとの関係も示している。

これから「まちの居場所」を計画しようとしている、もしくはすでに運営している実践者の方々や設計課題で「まちの居場所」を計画しようとしている学生の方々に手がかりとなるよう、テキストと写真を交えて編集した。

	Chapter 9				Chapter 10	Chapter 11				Chapter 12	Chapter 13	
	桜井本町たまり場	佐藤邸	櫻町珈琲店(旧井田青果店)	ル・フルドヌマン〜櫻町吟〜(旧京都相互銀行)	居場所ハウス	武蔵野プレイス	まちライブラリー@大阪府立大学	アイデア・ストア	サラボルサ図書館	バレバレ	公園・広場	ショッピングモール
			●			●	●	●		○		○
	○	●	○	○	○				●			
	●					●		●	●			
	○								●	●	●	○
					●	●				○		
					●				○		○	●
						○	●	●	●	○	●	
					●				●			
					●				○	●	○	
	●	○	○	○	○		●		●		○	○
			●			●			●			
					●							

アイデア
1 ついでに利用できるところにつくる

「まちの居場所」が都市に位置する場合は、
公共交通ネットワークの結節点、例えば駅や街中で開設する。
いろいろなまちからアクセスが可能な立地であれば、たまたま通りかかったり、
何かのついでに利用できる。

みつける
つくる
ささえる
まもる
そだてる
つなぐ

ついでに利用できる立地
利用者が一端自分の居場所として使い始めれば、今度は、その場所に立ち寄りやすい道を開拓するかもしれない。「ついでに利用できるところにつくる」ことは、これまでのまちの人の生活をも変えることができるのである。
「武蔵野プレイス」は、武蔵境駅から徒歩2分。主機能は図書館だが、駅前という好立地にある。
駅前での開設は、図書目的ではない市民も、通勤通学や買い物などのついでに利用がしやすい。また、市民以外、例えばサラリーマンや旅行客もふらっと利用したくなる場所である。
車交通を排除した円形の公園に直接面しており、公園という開けた場所に面することで、建物全体が道行く人からも見えやすい。

開けた場所に面する
すなわち、武蔵野プレイスは、「開けた場所に面する」ことで、まちゆく人から目につきやすいだけでなく、館内のにぎわいの様子を、外へ伝えることに成功している。開けた場所にあることで、たまたま通りかかった人を内部へ引き込むきっかけをつくることができる。

まちの中に埋め込む
人通りが多い、もしくは人が集まることの多い商業施設や公共施設の一角に位置取ることも効果的だ。
「まちライブラリー」は、公共施設などの一角につくられた本棚コーナーにおいて、運営者や利用者が本を置き、その本が交流の媒介になるものである。つまり、まちライブラリーが生活の動線上に登場することで、「立ち寄り」が起こりやすくなる。

徒歩20分以内に来れる
徒歩20分以内という利用圏は、気軽な立ち寄りを誘発できる。「アイデア・ストア」は、既存の商店街や屋外マーケット、地下鉄など鉄道の駅近くに立地している。また近くには学校や病院などが存在する。さまざまな属性のニーズを丁寧に汲み取り、適切な利用圏を設定している。

地域コミュニティの中心に
位置取る
住民の生活上の中心を読み解くことも重要である。
「櫻町珈琲店」は、かつて地域コミュニティの中心であった札の辻に建つ。また、「ぺこぺこのはたけ」は駅の近く、メインストリートに面すると同時に保育所や小学校、役場などがあるまちの中心部に位置する。
その場所に訪れることを目的にしなくとも、何かの「ついで」や「通りかかり」といった自然な流れの中で訪れることが、「まちの居場所」をより身近で関わりやすい環境へと押し上げていくのである。

武蔵野プレイス／駅前に立地する。通勤や通学の途中に立ち寄りやすいだけでなく、公園に近接していることから、散歩や公園で遊んだ後などふらっと利用できる

アイデア・ストア／既存の商店街や屋外マーケット、公共施設の一角等に立地するため、買い物などのついでに立ち寄りやすい

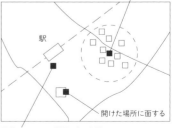

ついでに利用しやすい立地の例

まちにある「資源」を活かしてつくる

アイデア **2**

歴史的建造物はもちろん、空き家、空き店舗、休耕地やまちなみ。
さらに、そのまちだけの歴史や文化。そうしたすでにまちにある「資源」をみつけて活かすことは、
まちがまもられていくことと同義であり、「まちの居場所」の特質でもある。

資源を活かす

まちに既にある「資源」を活かすことは「まちの居場所」をつくることと相性がよい。
「サラボルサ図書館」は、イタリア・ボローニャ市都心の代表的公共空間マッジョーレ広場に面する、しばらく未使用であった建物を改修している。組積造の古い建物であるが、入ってすぐの3層のアトリウムに書架を並べず、閲覧スペースやカフェなどを配置し、利用者が滞在できる場所を実現している。

記憶をまもる

ある期間まちにあった建物は、その建物の規模や用途、立地によってもかわるだろうが、まちで生活している人の記憶に大なり小なり（その善し悪しは別として）焼き付いているものである。そうした建物を「まちの居場所」として活用することは、ものとして「資源」を残すだけではなく、まちの記憶をまもることにもなる。

江戸時代から続く寺院を転用した「西圓寺」では、寺院の外観や内装といった表面的な部分だけを残したわけではない。かつて寺院という存在が担ってきた文化や教育といった機能を残そうと、音楽会などの行事を開催している。また、増築された温泉棟の裏側には住民が自由に出入りできる専用の玄関を設け、住民と関係を持ち続けようという意思（配慮）を示している。

「佐藤邸」は、地域に残っていた町家をアートイベントのメイン会場としてリノベーションした際、正面ファサードを工夫することで町家の面影を再生し、中庭・本庭を前面道路に対して開放的な空間として改修することでまちに対して開かれた場となっている。

点在する「資源」

まちの「資源」は一つに限らない。まちの中に点在する多様な「資源」を活かすことでまち全体が「まちの居場所」となる。

「鞆の浦」では、玄関先、店先、バス停、土手など、まちの中に分散している戸外の居場所が、各々違う意味や価値を有しており、まち全体で高齢者を見守っている。

ものだけでなく人も「資源」

また「資源」はものだけに限らない。人間が培ってきた経験やその人しか知らないこと。まちにあるものすべてを巻き込んでいけることが「まちの居場所」の特質でもある。

「ぺこぺこのはたけ」では、地域で暮らす農業経験者から技術提供を受け、障害者が農作業をしたり、移住してきた団塊世代の高齢者が畑仕事をして、収穫した野菜を、障害者が調理して提供している。地産地消のレストランを中心にさまざまな人が関わる仕組みになっている。

つくる
ささえる
まもる
そだてる
つなぐ

サラボルサ図書館／しばらく未使用だった建物を利用してできた「屋根のある広場」

佐藤邸／地域に開くことができる中庭。その建築が有する価値を読み解くことは設計者に求められる能力の一つである

ぺこぺこのはたけ／住民と障害者、さらには小学生との共同作業の場になっている

アイデア **3**

立ち寄りたくなる仕掛けをつくる

「まちの居場所」は、
利用者に「何となく行きたくなる」と思わせる仕掛けをたくさん備えている。
同時にさまざまな活動ができるよう、
幅広い世代を受け入れる工夫がされている。

みつける
つくる
ささえる
まもる
そだてる
つなぐ

さまざまな属性に対応する空間をもつ

幅広い年齢、属性に対応した空間を持っていることは重要である。
「武蔵野プレイス」は、地上3階は大人と子ども向けの生涯学習のための機能と空間、市民活動支援のオープンな空間が用意されている。
また、地下2階には青少年のための空間が用意されている。スタジオラウンジという無料で自由に利用できるオープンスペースの周りには、音楽や工作、調理、パフォーマンスを楽しめるスタジオが配されている。
地上3階は大人向け、地下2階は青少年向けと利用者層は異なるが、共通して建物外周側に固有の空間機能を、中央に共用空間を配している。そのフロアに来ると、他の利用者が滞在する姿がまず見えることで、その場所の性格を一目で理解できる。また、地下2階の青少年のためのスタジオラウンジを設置したのは、放課後に中高生が駅近くの商業施設で時間を過ごしていることがきっかけになっている。つまり、お金を使わなくても青少年が過ごせる場所を用意したのである。

建物内部の活動が道行く人から見える

道行く人の目を引くとともに、館内の滞在できる場所が外壁際に配置され、内部のアクティビティが外部から見えるとよい。
「アイデア・ストア」は、内部は商業施設のようなデザインで特徴的なガラス張りの外壁を持つ。周囲の商店街と連続するようにエントランスにカフェが配置され、まちを歩く自然な流れの中で立ち寄りやすくなっている。

利用目的がなくても滞在したくなる

「何となく行きたくなる」「行けば何かみつかる」と思わせる仕掛けは重要である。
「サラボルサ図書館」は、一銭も使わずに一日過ごせる。子ども向けや親子で楽しめるプログラムが多彩で、高齢者や青少年、ホームレス、移民など、多種多様な属性の人々に対応した幅広いサービスを提供している。

食事も勉強もできる、読書もおしゃべりもできる

武蔵野プレイス1階にはカウンターやラウンジに加えカフェが配置されている。書架が並ぶ図書館ならではの風景は、そこにはない。さらに、反対側にもう一つの建物玄関があり、ただ通り抜けていくことも可能である。よって、1階の様相は図書館というよりも、むしろ街路の延長のようである。

敷居なく気軽に入れる

利用者がその空間に気軽に入れるような仕掛けをするといい。
本町通商店街のほぼ真ん中に位置する布団屋を改修した「桜井本町たまり場」は、前面ファサードは透明ビニルシートで仕切られているが、それを開けると開放的なおもてなしスペースとなる。

武蔵野プレイス／主機能は図書館であり読書や本の貸出機能はもちろん、学習や音楽活動、工作、調理など幅広い活動ができる。18歳以下の子どもしか使えないフロアもある

アイデア・ストア／商店街から入ると、図書館カウンターよりも先にカフェが待ち受ける

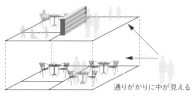
前を通ると中が見える仕掛けによって、立ち寄るきっかけを与えやすくなる

機能を混ぜ合わせる

アイデア 4

「まちの居場所」は日や時間によって使い方に変化がある、
いわゆるビルディングタイプで表現しづらい場所である。
つまり、まちの誰もが思ったように使うことができる、公共性を持つ場所である。

公共性を持つ多機能な場所

まちには多くの人が生活しており、まちの要望は実に多様である。その多様な要望を受け容れる「公共性」が「まちの居場所」には必要である。
「西圓寺」は、障害者・高齢者の福祉事業サービスだけではなく、カフェ、温泉、駄菓子屋などの機能を併せ持っており、障害者や高齢者にとっては働く場やデイサービスの場として、子どもにとっては遊びの場として使われている。そうした別々の機能がごちゃまぜになりながらも各々がつかず離れずの関係を持ち、居合わせることができる。

機能の混在を許容する
ゆとりのある器

「まちの居場所」の使われ方は実に多様である。その多様な使われ方を受け容れるためにはゆとりのある器が必要である。
「サラボルサ図書館」では、入ってすぐにある大きなアトリウムがゆとりのある器として、展示に使われたり、本を読んだり、会話をしたりする空間としてまちの多様要望を受け容れている。

屋外空間を巧みに使う

機能を混ぜ合わせるうえで、屋外空間は使いやすい。気象条件に左右される面は仕方ないが、簡易で軽量な設え(テントや椅子など)を設置するだけでみんなが居られる場所をつくることができる。
まちのクロスポイントに面した「三軒寺前広場」は、机や椅子を並べるだけで、まちの定期イベント会場に様変わりする。火を使ったり、音楽を演奏したり、実にさまざまな使われ方がなされているが、それらはすべてそのときどきに必要なものを設営することによって実現している。

多様な使い方をささえる家具

「まちの居場所」の多様な使い方は「まちの居場所」が新たにつくりだしたものばかりではない。まちですでに行われている活動やイベント、ないしはリアルな活動として顕在化していなかった要望やイメージが具体化したものがある。
インドネシアの縁台「バレバレ」は、座る、昼寝、料理、食事という異なる使い方ができ、また時折それらが同時に行われている。固定的な利用にとどまらず、生活全般に対応できる柔軟さを持っている。

ものを持ち込み使う場所

「まちの居場所」の機能は一つに固定されるものではなく、空間的にも時間的にも変化する。その変化の担い手は運営者だけではなく、利用者でもできる。
「服部緑地」はさまざまな使い方がされている。その使い方はレジャーシートやテント、紙芝居、ボール、自転車、釣り道具、楽器など、利用者によるさまざまなものの持ち込みによって実現している。

人が混ざり合う

「鞆の浦」では、まちを代表する景観である常夜灯を媒介として、住民仲間の集まりと観光客が同じ空間を共有し場が形成されていることで、住民が外の世界にふれるきっかけになっている。

みつける
つくる
ささえる
まもる
そだてる
つなぐ

三軒寺前広場／食事や物販、コンサート。簡易な設えで同時に多くの機能が混ざりあうことができる屋外広場

バレバレ／座る、寝転ぶ、机などの多様な使い方がされる

服部緑地／さまざまなものを持ち込むことでその場所を使いこなしている

Chapter 14 「まちの居場所」のアイデアガイド

アイデア 5 家具で「居やすさ」を設える

「まちの居場所」には、多種多様な家具が配置される。
当然、そこでの時間の過ごし方が異なれば、利用のために選ぶ家具も異なるはずである。
リラックスできるソファーから資料を広げてミーティングできるコーナーまで、
そのときどきに合わせて使い分けられることが、
「まちの居場所」での過ごしやすさにつながっていく。

多様な家具を用意して多様な姿勢がとれるように

多様な家具を設えると、利用者の好みにあった姿勢がとりやすい。
「武蔵野プレイス」は、ルームと呼ばれるスペースの壁沿いに高めの書棚、中央部に視線が通る高さの書棚が配置され、書棚というよりも部屋に包まれている感覚を誘発している。これは、ほどよく包み込む曲壁や開口によるだろう。その「包まれる空間」には、さまざまなデザインの家具が配置され、ときには本に向き合えるよう堅い椅子。ときに、家のリビングにいるようにくつろげるソファー。家具は着席の向きや人数を固定しないものが多く、オブジェにも見える。利用者に「今日はどの場所に座ろうか」「どの椅子を使おうか」といった、空間利用を楽しむための幅を与えている。

気の行き届いた家具配置

家具の置き方も重要である。
「マギーズセンター」では、受付を設けず、気軽に立ち寄りやすい気遣いがされているほか、キッチンを中心に緩やかに部屋が連続する。キッチンは誰もが日常使う場所であり、自然な生活の流れの中で、交流が起こる。同時にオフィスは、キッチンなど人が多く集まる場所を見渡せるように配置されている。化粧室を広めにとり、椅子と雑誌を配置して一人きりで過ごせる。
「居場所ハウス」や「西圓寺」では、カフェ・食堂の営業行為が行われている。代金を支払って飲食することは、そこで過ごすことの理由を問われないこと、帰りたいときに帰れることにつながる。

一人でもグループでも居やすい

さまざまな人数で使えるよう家具配置するとよい。
「東京シューレ」では、一人でも大勢でも居やすい空間が複数用意されている。ロッカーや壁で囲われた半個室的空間は一人や数人で居心地よく居ることができる。逆に行き来する動線上にわざと個人の場所を配置し、誰からも視認できる仕掛けも施されている。

武蔵野プレイス／窓際の椅子は窓の方向に向けられており、風景を眺めながら読書ができる

武蔵野プレイス／新聞コーナーでは、大きなベンチに腰掛けて読める。家にあるソファーや椅子とは異なる雰囲気が楽しめる

武蔵野プレイス／飲食可能なエリアには屋外の木々にむかって椅子が並べられ、緑を眺めながら時間を過ごすことができる

武蔵野プレイス／1人用椅子は本棚の隣にあり、気軽に座って読める

居場所ハウス／大きなテーブルは大勢で囲むことができ、グループで談笑しやすい

西圓寺／居やすいように大きなテーブルがいくつも用意されている

東京シューレ／こたつと本棚によって、家に居るかのようにくつろぐことができる

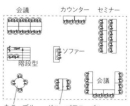
多様な家具を用意して多様な姿勢がとれ、一人でもグループでも居られるように、家具を組み合わせている。

「居やすい」雰囲気をつくる

アイデア **6**

「まちの居場所」では、ただ家具が置かれ利用しやすいだけでなく、
その場所にとどまりやすい空気をつくり出している。

生活感を重視する

「何か特別な場所にいる」というよりも、日常生活の延長として利用しやすい雰囲気を生み出すために、生活感を強めるといい。
「東京シューレ」は、日中に小学生から高校生まで幅広い年齢の子どもがやってくる。家具や身のまわりで使用するものはもらいものが多い。結果、生活感にあふれ、特別でない、敷居の低い空気をつくることに一役買っている。具体的には、楽器やこたつ、電子レンジやトースター、マンガやパソコン、テレビなど、およそ家庭で日常目にするもので風景がつくられている。

家庭的スケールを持ち自宅にいるような居心地のいい空間

自宅にいるような居心地のよさは重要だろう。「マギーズセンター」ではスタッフも患者も私服である。「カウンセリング」の場所では利用者の緊張感をほぐし、安心感のある空間を提供している。「交流」のための居場所、特に居間においては、そのときどきの利用人数に合わせて柔軟に利用できるよう、自由度が高く多様性のある空間を設え、「単独」で過ごすための居場所は、周囲の気配を感じながらも、落ち着いて過ごすことができる空間が計画されている。また、施設らしさを払拭するために各室名は表示していない。
テーブルに置いてあるおやつは自由に食べてよく、自宅にいるかのよ

東京シューレ／生活感にあふれた家具たち。特別なものはないが、それゆえに日常生活が送りやすい空気が生まれている

居場所ハウス／家のような雰囲気。椅子やテーブルだけでなく、薪ストーブを囲むことによって、くつろぎやすい空気が生まれている

うに、自分で紅茶を入れ、カップを選び、食洗機にしまうことをルールとする。

はじめから交流を意識せず、人びとが居合わせる状況をつくり出す

利用者が、居心地よく「まちの居場所」を活用するための要件として、「そこで過ごすことの理由を問われない」ということがある。無目的で気軽に訪れることができ、帰りたいときに帰れる、何事にも縛られないことが「居やすい空気」をつくるのである。
「居場所ハウス」では薪ストーブの周りに自然に輪ができ、会話が始まることがある。

大きな空間に人をミックスする

大きな空間の中でさまざまな活動が同居すると、自然な賑わいが生まれるだろう。
「西圓寺」では、福祉機能の利用だけでなく、大きな空間の中に、働く場所、食べる場所、売る場所、買い物す

る場所、集まる場所、遊ぶ場所を用意している。高齢者や障害を持った人にとっては働く場であり、デイサービスを受ける場所である。また、子どもにとっては遊び場となり、幅広い属性の人々が温泉を楽しむことができる。各々の利用目的や過ごす時間が異なっていても、同じ空間に同居して一つの賑わいのある風景が生まれている。
属性が自然に混じり合えることが「居やすい」と感じられる要因である。

座るデザインで多様な人を受け入れる

既製品ではなく、わざわざデザインされた家具があることで、できるかぎり多くの人を受け入れ、安心してそこに居られるよう配慮していることが、来訪者に伝わる。
「ショッピングモール」には、デザインされた家具が置かれ、「ここにとどまってください」というメッセージを放っている。

Chapter 14 　「まちの居場所」のアイデアガイド　155

アイデア 7 ルールで縛らない

「ここで○○をしてはいけません」というルールがある場所が多い。
こうしてほしいというルールをつくるのではなく、そこにいる人たちに自由を与えることをルールとする。
その場所に居ることに、禁止行為を明示するだけのルールは不要である。

はじめに見える風景

従来の施設では、エントランス部分にその場での禁止行為が明示されていることが多いが、「まちの居場所」では必ずしもそうではない。「サラボルサ図書館」に入って最初に見えるのは、大きなアトリウムまわりに居るさまざまな人びとである。彼らは雑誌を読んだり、お喋りしながら、さまざまな姿勢でさまざまな方向を向いている。そこにいる彼らの姿からは、その場所での「自由さ」がダイレクトに伝わってくる。入口に図書管理システム（BDS）はあるが、職員が常駐するカウンターは一番奥にあり、入館時に監視されているという感じはまったくしない（ガードマンはゲート付近にいるが、まったく管理する素振りをみせない）。
「武蔵野プレイス」の1階でも、本（書棚）やカウンターではなく、自由に過ごす人の姿を見ることができる。通り抜けるだけで建物に用事がない人たちでさえ、建物内で自由に過ごす人の姿を目にすることができる。公共図書館として驚異的な来館者数は場の自由な雰囲気と無関係ではないだろう。

「管理者」は不要

「まちの居場所」にいる人たちは互いの存在を認識しながら思い思いに過ごしている。彼らは「まちの居場所」を互いにシェアしながら、その場所を管理しているのである。
「服部緑地」でピクニックを楽しんでいる人たちは、いわゆるパーソナルスペースを保ちながら、そこにたまたま居合わせているが、その様子からは、自分がされて嫌なことはしない、という不文律のようなものが働いているように感じられる。いわゆるマナーといえばそれまでだが、一時的であれ同じ場所に居合わせた人たちが、互いにこの場所の雰囲気が悪くならないように過ごしている。その要因の一つとして「管理者」の不在が影響していると考えられる（もちろん公園を維持管理するうえでの清掃員などの管理者はいるが、ピクニックを監視する人はどこにもいない）。ピクニックしている人たちは、その場を利用する立場であると同時に、管理する役割も担っており、いわゆる施設でみられる、サービスの「利用—提供」という図式が成立しない状況が生まれている。

大きさと色ではない伝え方

とはいえ、場所を運営するうえで、してもらいたくないことはある。その思いを伝える際に、大きく目立つ色の×印とともに「○○してはいけません」と至るところに明示してしまいがちだが、一考の余地がある。サラボルサ図書館では、先に挙げたアトリウムに禁止行為に関するサインはなく、奥の開架書架スペースの柱にさりげなくアイコンで明示されている。「まちライブラリー」でも机の上に小さなサイズで禁止していることが、ささやかながら明示されている。

アレンジできる

「鞆の浦」の戸外の居場所は、近所の住民たちが必要な場所に椅子を持ち寄っている。自分たちのなわばりの中で自ら好きなようにアレンジし、使うことができる結果として、愛され使われる居場所として成立している。

サラボルサ図書館／そこにいる人たちのふるまいによって、この場所の可能性や許容性が伝わってくる

服部緑地／現場に「管理者」がいないからこそ、互いに配慮しながら使っている

サラボルサ図書館／柱に描かれたさりげない禁止サイン

まちライブラリー／机に置かれた小さく控えめなサイン

絶えず関わる者のニーズを汲み、改変する　アイデア 8

「まちの居場所」では、そのときどきのニーズを固定化したものとは捉えない。
その場所に関わる者の個性やキャラクター、
見えないニーズを感じとりながら運営が進む。

一度に完成させようとせず、徐々につくり上げていく

さまざまな準備を完全に、一度に早急に整えるのではなく、関わる人々の顔ぶれやそのときの要求、必要なことを見極めながらすこしずつつくり上げていく心持ちが非常に重要である。

「鞆の浦」は、多くの経営者が個人事業主である。個人経営のため、随時自由に個性を出しながらニーズに対応することができる。

「居場所ハウス」は、試行錯誤によって運営のあり方を決め、運営体制を確立させ、農園での野菜づくり、朝市、食堂を運営するに至った。ソフト面に限らず、オープン時に不足していたものを補ったり、使いづらい部分を改善したり、空間にも手を加えながら運営している。

一つずつ課題を解決していく

そして徐々につくり上げていくために、居場所ハウスでは、運営に関わるメンバーでの話し合いを重ねる。また、来訪者からの提案を受け、活動に反映させていく。

サラボルサ図書館／多様な利用者のニーズにあわせて運営方法を変えたり、人材を登用している

具体的な役割を見いだす余地をそなえる

また、居場所ハウスは大工仕事、花・植木の手入れ、事務作業、チラシの作成、農作業など、誰が来ても関わりのきっかけとなる余地を備えている。

決定権を身近なものにしておく

時間外に誰かの許可を得ずとも出入りできることは、地域住民にとって「自分の場所」と感じられる要因となる。
居場所ハウスでは、鍵の管理、火の始末、金銭の管理は地域住民が共同で行っている。

常に仮設状態・制度化されない姿勢

ある居場所に通ってくる顔ぶれ、年齢、個性、興味や課題が変動する場合、円滑な活動のために、随時調整が必要となる。

「東京シューレ」は、子どもたちが話し合いながら随時、状況的かつ巧みに模様替えする。また定期的に子どもとスタッフ全員でミーティングを行い、活動に反映させていく。

「ひなたぼっこ」は地域にネットワークを張り、ニーズを的確につかむことで、的確な支援につなげている。

要求の増加に対応する

空間で対応できないことは、運営面の改革や幅広い人材の登用によって対応できる。

「サラボルサ図書館」は市の文化部に所管され、多様な市民の来訪や要求を受け入れるべく、「市民の場所」「文化の拠点」として整備していった。

居場所ハウス／運営に関して話し合いを重ねる

みつける
つくる
ささえる
まもる
そだてる
つなぐ

Chapter 14　「まちの居場所」のアイデアガイド　157

アイデア 9 人びとが関わる「余白」をつくる

建築に限らず「利用者」という呼び方がある。
その呼び方には、必然的にサービス提供者の存在が含まれているが、
そうした運営のスタンスは「まちの居場所」に必ずしも適していない。
あるときはサービスの受け手だった人が、あるときはサービスの担い手になるような、境界線がない関係。
そうした関わりが「まちの居場所」には必要である。

自身の役割がある

「まちの居場所」には、いわゆる施設でみられるようなサービスを受ける側─提供する側といった境界線が曖昧な様相がある(ほとんどないと言ってもいい)。

「居場所ハウス」では、来訪者とスタッフが一緒に座って話をしながらクルミを剥く姿や、来訪者が食べ終えた茶碗を洗う姿など、通常の飲食店では見ることができない光景が見られる。そこには、サービスを受ける側と提供する側という「利用─提供」という関係性がなく、その場に関わっている人たちみんなが各々自分でできることは自分でするというスタンスを読み取ることができる。

きれいに整備されたまちの中には、自身の役割がある場所は多くなく、まちと関わる機会がほとんどない。「まちの居場所」に自分の役割があることは、「まちの居場所」を支える(ともにつくりあげる)ことにつながると同時に、そこで自分らしく過ごすことにもつながる。そしてそれらの積み重ねによってその場所への「愛着」が育まれる。

役割のバリエーション

「まちの居場所」での役割にはバリエーションがある。自身に役割があることで、そこで自由に過ごしやすくなると同時に、「まちの居場所」と関わる人たちが一体となっていくことにもつながる。

「マギーズセンター」の基本的な運営姿勢は、医療施設ではなく、「家」と考えられている。空間的な設えだけではなく、キッチンを使い自分でお茶を入れることができ、自宅でしている役割と同じ役割を担うことができる。

「西圓寺」で福祉サービスを受けている高齢者は、体重計やランチョンマットを買ってきたり、畑でとれた野菜を販売したりしている。その一つひとつが「まちの居場所」での自分の役割であるが、それ以外の意味として、あるときサービスの受け手だった人が、あるときにはサービスを提供する側にまわっていることも見逃せない。

関わっても良い雰囲気

人びとの関わりを促すためには「いらっしゃいませと言わない」「自分でできることでも(あえて)やってもらう」「他の人にも役割を残す」「気持ちを抑えてあえて手を出さない」などの姿勢がある。

「ガーデン」では、喫茶利用者がコーヒーを飲みに来る日以外は、駄菓子屋の店番をしたり、合間に織物をしたり、野菜を提供したりして、施設を支える側にも立っている。

こうして担う(担ってもらう)役割は「ボランティア」と解釈できる一面もあるが、「まちの居場所」においてはやや違うものと考えておいた方がいい。その場所に「何か貢献しよう」という意気込みは必要ない。自分ができることを自分のできる範囲でやる。それはあくまで自分のためであり、決して「まちの居場所」のためだけであってはならない。

自分たちで工夫する

「バレバレ」には所有者はいるが誰が使ってもよいし、移動しても構わない。関わる人びとすべての手によって工夫され、周辺環境が取り込まれ、快適に過ごすことができている。

居場所ハウス／スタッフ・来訪者が関係なく、共同で作業する

マギーズセンター／自宅のような設えに囲まれる

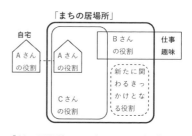

「まちの居場所」には関わってもいい雰囲気がある。自宅でしていること、仕事や趣味の延長という具合に「まちの居場所」での役割はそのためだけのものではない

新しいつながりを生み出す

アイデア **10**

これまでにない機能や設えをつくることにより、
「まちの居場所」がなければふれあうことがなかった人と人とをつなぐこともできる。
まちに新しい関係をつくることは、人と人、人とまちをつなぐ機会になり、
それがまた新たな出来事につながる。

「ゆるい」つながり

知らない人同士がふれあいや交流といった直接的な関係をつくることは容易ではない。建築でそれを生み出すとなればなおさらである。「まちの居場所」ではそうした直接的な関係とは異なる人と人のつながりがみられることが多い。
「サラボルサ図書館」では、さまざまなニーズをもった市民の滞在を受け入れている。勉強する場所のない学生、就職などに関する情報や技能を取得するために訪れる移民、ホームレスなどが、公共図書館という一つの建物に同居している。
「ぺこぺこのはたけ」では、建物が広場を囲むようにL字型に配置されているため、向こう側で働いている障害者の姿がカフェを訪れた人の視界に自然と入ってくる。
同じ地域の中で生活しながら、これまで関係がなかった人たちがつながるという意味では、会話するといった直接的な関わりよりも「居る―見守る」というレベルでのつながりの方が自然である。そうした「ゆるい」つながりが密なつながりになっていく。

つながりをつくるきっかけ

そうしたゆるいつながりを生み出すためにはモノやコトを媒介とする方法が効果的である。
「まちライブラリー」では、本をきっ

サラボルサ図書館／同じ場所に居合わせるだけの関係がちょうどいい

かけにつながりが生まれている。本は老若男女を問わず身近なものであるし、知らない人でも同じ本の話となれば一気に意思疎通できる。定期的に行われる本にまつわるさまざまなイベントにより、たくさんの人のつながりが生まれている。また、直接会話できる環境になくてもカードや掲示物などの紙面を通じたつながりも生まれている。
「西圓寺」では、温泉に入湯する住民は世帯ごとの木札を裏返すことになっている。その小さな木札が「私はそこにいる」という目印になり、近所付き合いのきっかけになっている。
ぺこぺこのはたけにある畑では、リタイアした住民と小学生が一緒に畑仕事をすることでこれまでなかったつながりが生まれている。
「今日も来ているんだな」「あそこに誰かいるな」というような直接的ではないけれどもゆるくつながるような関係であれば、これまで関わりがなかった人たちでも、比較的容易に

桜井本町たまり場／同じ地域で暮らしている人たちが集まれる場があることで知らない人同士がつながる機会が生まれる

実現できる。なぜなら、それは多数の他者が暮らすまちそのものだからである。

きっかけを重ねる

これまであまり関係がなかった人たちをつなぐきっかけとして、イベントも有効である。
「桜井本町たまり場」では、子どもに読書の楽しさを伝えたいという一人の主婦の思いから生まれた読書サークル、映画好きの理髪師の個人的な趣味から始まった映画会、地域の住民が交代で自分の職能や専門性について語る講座などのイベントが年間を通じて数多く開催されている。こうした同じ場所で行われる多種多様なイベントを通じて、同じ地域で暮らしているがなかなかつながる機会がない人たちが自然とつながる場となっている。

アイデア11 そこにしか果たせない役割を担う

「まちの居場所」は、社会が支援してこなかった隙間を埋める重要な役割を担っている。
公に注目されてこなかった問題やニーズに応える活動を
意識的に行っているのである。

利用者に依存させず主人公にする

利用者にとって、一方的に運営者側に依存しサービスを受けるだけではなく、利用者が「自分の場所だ」という実感を持ちながら時間を過ごすことができることは重要である。
「西圓寺」では、運営者と利用者との特別な関係ではなく、「日常」的で自然な関係が築かれている。利用者が一方的に運営者側に依存する従来の福祉のあり方ではなく、障害者の参画と地域住民が協力する形をとって運営が開始された。設立時点では、地域住民の協力の内容は特に決まっておらず、何度も法人と地域住民が会合を重ね、住民の積極的関わりを促していった。
そして温泉を掘り、障害者・高齢者の福祉事業サービスに加え、カフェ・温泉・駄菓子屋の機能を備えた、地域住民が自由に過ごすことができる場所が生まれたのである。もとの本堂は、みなが集える空間として計画し、その脇を調理場・カウンターに改修、温泉は寺に隣接して増築し、足湯はお寺と増築部の間に設けられ、この場所にしかない価値を生み出している。

支援されてこなかった属性に注目する

制度の狭間で支援が届かない、また孤立してしまいがちな人びとのニーズに応えることもあるだろう。
「武蔵野プレイス」は、青少年の活動を支援するための専用フロアを備えている。放課後に中高生が駅近くの商業施設で時間を過ごしている実情を受けてのことだ。専用フロアには、無料で利用できるオープンスペース、音楽や工作、調理などを楽しめるスタジオが配されている。
「サルボルサ図書館」は、学生の居場所不足を課題とし、大学と協力関係を結んで資金提供を受けている。また、情報弱者への支援、すなわちコンテンツの無料アクセス、リテラシー修得などを支援している。さらにホームレスへのサービスの在処の伝達を行うといった、さまざまな属性の人々のニーズに細かく対応している。

気持ちをトータルに支援する

限られた時間ではなく、その利用者の生き方全体を支えることもある。
「マギーズセンター」では、現在の病院建築が患者の気持ちを受け止めきれていない現実をふまえ、さまざまな課題や葛藤を抱える患者やその家族に対して、病院では担い切れなかった、患者の生き方を包括的にサポートする。

地域の問題を支援する

特定の人ではなく、ある地域の支援を担う場合もある。
「旧井田青果店」(櫻町珈琲店)は、もともと野菜や果物を販売する店であったが、閉店し、空き店舗になっていた。また、桜井駅前のスーパーマーケットも撤退したため、この地域には「買い物難民」とも呼べる高齢者が多数住んでいる。この旧井田青果店の前面道路に、移動スーパー「とくし丸」が来る。あらかじめ来る時間は周知されているので、その時間の前から地域の高齢者が自然に集まってくる。旧井田青果店の内部にも商品が陳列され、生鮮食料品が売られている。

西圓寺／調理場やカウンター、足湯を備えるなど、この場所にしかない価値を持つ

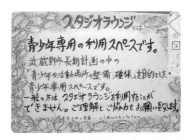

武蔵野プレイス／限られた属性の利用者だけが占有できる空間を備えている

旧井田青果店／まちなかの休憩場所を兼ね、この周囲にはない価値を持っている

まちのこれからを指し示す

アイデア **12**

「まちの居場所」は弱い部分を支援していくだけではなく、
まちで暮らす人たちが心の中に持っている何かを呼び覚まし、
未来につなげる役割を担うことができる。

徐々に見えてくるまちのこれから

今ある課題や問題を解決しようとしてつくられる「まちの居場所」は多い。ただ、「今」だけを考えればいいかと言えばそうではない。
「居場所ハウス」で行われている朝市と食堂は、まちに不足していた買い物できる場所、食事できる環境があったらいいな、という思いから生まれた。それらは「今」のまちの課題に対する対応であったが、朝市や食堂の運営が続くにつれ、まちとは本来こういうものだという認識が住んでいる人たちに徐々に生まれはじめた。また、朝市で販売したり、食堂の食材として利用している野菜は、休耕地となっていた場所を活用し生産されたものである。「まちの居場所」の運営が眠っていたまちの「資源」の発見につながった例である。

みんなで考えるたくさんのこれから

まちの未来は誰か特別な人によって特定の誰かのためだけに決めるものではない。
「西圓寺」や「ガーデン」「ぺこぺこのはたけ」は福祉法人によって運営されているが、特定の福祉対象者を法人が支えるのではなく、住民が手を差し伸べたり、関わっていく仕組みを実践している。特定の人にとってのこれからではなく、たくさんの人が暮らすまち全体をまちの人とともに見ているのである。

制度とつきあう

「まちの居場所」は制度から抜け落ちやすいもの、または扱いにくいものを対象にしていることが多い。従って従来の公共施設に対して行われていたような制度的な支援（公共施設をつくりあげるシステム、補助金、助成金など）との相性がよくない場合がある。「まちの居場所」の設立時には制度的支援を受けざるをえないこともあるが、それだけに依存せず、制度とうまくつきあいながら事業を起こすことも必要となる。
居場所ハウスの朝市や食堂、西圓寺の温泉や物販は、運営資金を生み出す事業的役割を多分に持っている。「ひなたぼっこ」は公的な支援の隙間を埋めるパブリックシェルターとしての活動を仙台市（公）から委託されて取り組んでいる活動と場である。「あがらいん」は、震災という特殊な状況において、制度だけでは支えきれない人たちを支援する場として、石巻市から事業委託を受けると同時に、地域住民の暮らしに関わる事業として、配食とレストランでの食事提供を核とした事業を地域とともに行っている。

「まちの居場所」があるまち

「まちの居場所」がつくられ、みんなでまちの課題を乗り越えながらあり続けていく中で、まちのこれからがおぼろげに見えはじめ、まちの人たちに共有されていき、具現化されていく。その過程を見ると「まちの居場所」はその存在自体がまちのようでもあり、時間軸の中で人間と環境が一体となっている様態と言い換えることができる。「まちの居場所」はまちのみんなに開かれており、役割が固定されない性質を持つ。それがゆえに「まちの居場所」はまち全体に波及しやすく、まちを育てていく役割を担うことができる場所である。
西圓寺やガーデン、ぺこぺこのはたけは、障害者の就労環境整備、雇用を創出しているが、その根底にあるのは専門性としての福祉ではなく、足湯・温泉・駄菓子屋・カフェといったまちのことを考えた視点、まちやコミュニティをみるまなざしである。

みつける
つくる
ささえる
まもる
そだてる
つなぐ

居場所ハウス／「まちの居場所」があることにより、まちにあったらいい場所を実現することができる

あがらいん／震災、仮設居住によって断絶した人とのつながりを、昼食を通して取り戻し、これからにつながっていく

Chapter 14　「まちの居場所」のアイデアガイド　161

Chapter 15 「まちの居場所」のブックガイド

　ここでは、「まちの居場所」に興味を持った人、あるいは、「まちの居場所」を「みつける」「つくる」「ささえる」「まもる」「そだてる」「つなぐ」ことを考えている人に、ぜひとも読んでほしい重要な文献を紹介する。

　「まちの居場所」は、全国各地でつくられ、多様な展開を見せている。しかし、その背後には、建築計画、建築設計・建築デザイン、都市計画・都市環境デザイン、環境行動論、まちづくり論、社会学・心理学・教育学、福祉住環境、「居場所」づくりの実践論などの学術的理論が潜んでいる。これらの学術的理論に触れ、知的好奇心の赴くままに「まちの居場所」の深遠な世界を旅することは単純に楽しく、「まちの居場所」の創出・維持・管理・運営に関して多くのヒントを得ることができる。

　なお、ここで紹介した文献は、本書のChapter1から13の論考の理論的背景(バックボーン)となっている。したがって、それぞれのレビューの末尾に、特に関連の深い章を示している。初学者にとっては、これらの文献を読むことで、「まちの居場所」の楽しさ、面白さを感じてもらいたい。なお、文献の選定にあたっては、「手に入りやすさ」や「実用性」も考慮した。

建築計画

パタン・ランゲージ
環境設計の手引

人間―環境系のデザイン

子どもたちの「居場所」と対人的世界の現在

住まいに居場所がありますか？
家族をつくる間取り・壊す間取り

253個の「原型」(パタン)が紹介され、それらが網の目状につながりあっている。「コミュニティや近隣のなかに、人びとがくつろぎ、肩を触れ合い、自己を取り戻せるような公開空地を用意すること」「個々の住宅クラスターや仕事コミュニティのなかに、地区用のささやかな共有地を用意すること」などは、そのまま「まちの居場所」の必要性を説いている。社会福祉法人佛子園のメンバーは「シェア金沢」をつくるにあたって同書を輪読している。

クリストファー・アレグザンダーほか著、平田翰那訳、鹿島出版会、1984
Chapter 3

環境心理学・環境行動論・環境デザイン研究等の「人間―環境系研究」の蓄積を踏まえ、従来の建築計画・建築設計の方法にとどまらない、新しい生活環境の計画理論(生活環境デザインの方法論)の可能性を示した書。第3章9節では鈴木毅が、伊東豊雄氏による住宅設計課題のプロセスを追いながら、「行為の場」から建築を設計することの可能性を検証している。

日本建築学会編、彰国社、1997
Chapter 13

不登校児童・生徒の増加現象を背景として「居場所」が必要とされる社会になってきたことが指摘され、「学校的価値」が家庭にまで浸透し、その結果、本来心を落ち着かせる場所であった家庭までもが「施設化」する現象がとらえられている。

住田正樹+南博文編、九州大学出版会、2003
Chapter 1, 6

「人は『居場所』なくして生きていくことはできない」「住まいは本来、家族の心の拠り所であり、『身体的居場所』と『心理的居場所』を同時に満たし、『生きる力』を育む場」と著者は語る。また著者は、自分自身のための「小さな空間」、二つ以上の「無駄な空間」、家族の気配がわかる「広がりのある空間」が住宅には必要であると述べている。住宅設計に興味がある人や「居場所」に関心がある人が気軽に読める入門書。

横山彰人、筑摩書房、2009

都市と建築のパブリックスペース
ヘルツベルハーの建築講義録

「空間をつくること、つくり込み過ぎないで残しておくこと」「解釈されることが考慮された空間」「ふとした佇みの場」などが、豊富な事例とともに解説されている。これらの記述は感覚的にわかりやすく、「まちの居場所」を計画・設計する際の思考の幅を広げてくれる。刺激に満ちた、初学者向けの良書。

ヘルマン・ヘルツベルハー著、森島清太訳、鹿島出版会、2011

Chapter 13

第3の住まい
コレクティブハウジングのすべて

「家族でもない、友達でもない、もう1つの関係である居住者仲間」が生じることから、コレクティブハウスは「第3の住まい」と呼ばれている。同書では、「コレクティブハウスかんかん森」などの実例が紹介され、そこで起こる生活行為、生活場面、活動、コモンスペースの重要性、コミュニティの形成などが論じられている。

小谷部育子+住総研コレクティブハウジング研究委員会編著、エクスナレッジ、2012

プレ・デザインの思想
建築計画実践の11箇条

「建築設計の前提条件をデザインする」という「プレ・デザイン」という職能にスポットを当てた良書。第1章は「建築計画基礎」、第2章は「環境行動論」ととらえることができる。また、第7章では、公営団地を事例とし、リビングアクセスに触れながら、コミュニティをつなげる方策が論じられている。さらに、第4・5章では、面積表とダイアグラムの「計画の道具」としての有効性が語られている。

小野田泰明、TOTO出版、2013

居場所としての住まい
ナワバリ学が解き明かす家族と住まいの深層

1990年代から著者が独自に温めてきた住宅設計の計画理論が示されている。著者を筆頭とする研究グループが、丁寧に一つひとつの事例を調査・考察し、研究成果としてまとめられている。住宅・集合住宅・シェアハウスの中で、家族の一人ひとりがどのようにして自分の居場所を確保しているか。「ナワバリ学」がそれを解き明かしている。

小林秀樹、新曜社、2013

建築設計・建築デザイン

近居
少子高齢社会の住まい・地域再生にどう活かすか

著者らは、近代計画理論が暗黙のうちに前提としてきた「一世帯一住宅」の住まい方を超えた「近居」という現象に着目している。近居は、「同じアパート内で複数の住戸を使って暮らしている家族」に始まり、「2.5世帯住宅」「ネットワーク居住」「地域に住む」などへ発展し、さらに、「中心市街地活性化」「地方再生」「外出行動の促進」などの現代社会の課題解決につながっていく。地域コミュニティにおける「世帯同士がとり結ぶ家族的関係性」を学ぶうえで必読の書。

大月敏雄+住総研編著、学芸出版社、2014

まち建築
まちを生かす36のモノづくりコトづくり

同書は、建築設計・施工のような「つくる行為」だけではなく、維持管理や解体などの「フィジカルな建築物の生涯をめぐる営み」や、「まちにおける建築物の価値」に言及している。豊富な事例が丁寧に紹介され、それらが「使いこなす」「終える」「構想する」「工事する」「見つめる」といったサイクルのどこに位置するかがわかりやすく解説されている。

日本建築学会編、彰国社、2014

「地区の家」と「屋根のある広場」
イタリア発・公共建築のつくりかた

現代日本では、「無縁社会」という言葉が表すとおり、「人々が集まるという基本的な営み」を受容する器がない。著者らはこの状況を公共建築計画の今日的な課題と捉え、イタリアの「地区の家」と「屋根のある広場」に解決の糸口を見出している。市民や住民が必要とする「コト」に関わる空間、活動、運営、プロセスを共創し、居心地の良い場所をデザインし、時間とともに育て、コミュニティの拠点（ハブ）としていく。これからの公共建築の計画、デザインのあり方を示した良書。

小篠隆生+小松尚、鹿島出版会、2018

Chapter 11

原っぱと遊園地
建築にとって
その場の質とは何か

著者にとって建築とは、「いたれりつくせり」から最も遠い、「もともとそこにあった場所やものが気に入ったから、それを住まいとして使いこなしていく」ような建築である。そこで行われること（人びとの活動）でその中身がつくられていく「原っぱ」（空き地）のような建築。そこでは、「自分を取り巻く環境は自分次第であるという感覚」が顕在化する。今日何が起こるかわからないという楽しみに満ちた建築。それは、「目的なくまずは動きまわる」という人間生活によってかたちづくられるとしている。

青木淳、王国社、2004

都市計画・都市環境デザイン

コモナリティーズ
ふるまいの生産

「個」と「公」に重きを置きすぎた20世紀の建築がとりこぼしてきた「共」を、著者らは「コモナリティーズ」と呼び、これに軸足を置いた建築実践の冒険を促している。「ある集落において、一つ一つは違ったオーナーの家でありながら、屋根やファサードが調和した景観」「都市の広場のようなところで、人々が気ままにふるまっているが、互いの違いを認めながら、互いに干渉せずに同じ場所と時間を共有している状況」などを、著者らは「建築のタイポロジーと人びとのふるまい」の観点から捉え、「ビヘイビオロジー」(ふるまい学)を展開している。

アトリエ・ワンほか、LIXIL出版、2014

都市のリ・デザイン
持続と再生のまちづくり

1999年に欧州連合11か国の都市計画家によって採択された「新アテネ憲章」に掲げられた「市民が都市計画に参加すること」「再利用地に公共スペースを含めること」「都市のアイデンティティーを守ること」「都市の持続的発展と経済的繁栄および快適な交通システムの構築」「都市の多様な利用の促進」「住民の健康と安全の保障」などの理念が紹介されている。共生的・都市活性的な仕組みづくりを含む新しい都市デザイン論の書。

鳴海邦碩編著、加藤恵正+角野幸博+下田吉之+澤木昌典著、学芸出版社、1999

場所の力
パブリック・ヒストリーとしての都市景観

著者は、「共有された土地の中に、共有された時間を封じ込め、市民の社会的な記憶を育む力」を「場所の力」と呼び、「場所は三次元的空間とは異なる」「人々の生活の営みが空間を場所化する」「空間に手を入れ、使い込んでいくことにより、様々な意味が派生し、そこに記憶が蓄積されていき、場所と呼ぶべきものになる」と述べている。

ドロレス・ハイデン著、後藤春彦+篠田裕見+佐藤俊郎訳、学芸出版社、2002

**復刻版
日本の広場**

『建築文化』(1971年8月号)の特集「日本の広場」の復刻版。著者らは、「日本の広場は、ただ広々とした物理的な空間ではない。『広場化』という主体的な行動があって初めて存在できる人工のオープン・スペースである」と述べ、原始から現代までの日本の広場の歴史に立脚し、13の広場のパターンを導き出している。また、広場化の媒体となる六つのアクティビティとして、「買う」「詣でる」「祭る」「遊ぶ」「デモる」「洗う」を取り上げている。伊藤ていじ氏は、「1960〜70年代は、まだ日本には西洋の広場とは違った独自のコミュニティが顕在化しており、人と人の関係も、精神性も、今よりもずっと高尚で健全であった」と述懐している。

都市デザイン研究体編著、彰国社、2009

都市をリノベーション

膨大な建築ストックを抱えたまま人口減少時代に突入するなか、「場所」の眠った可能性を発見し、条件を設定し、状況をつくり出すことこそ、デザインの最も重要なフェーズではないかと著者は問いかける。アメリカ各地のリノベーションのケーススタディ、東京・地方都市・郊外におけるリノベーションプロジェクトのドキュメントが掲載されている。

馬場正尊、NTT出版、2011
Chapter 13

RePublic
公共空間のリノベーション

著者は、「管理する側の論理でつくられた空間を『抽象空間』と呼び、それが利用者の自由やいきいきとした空間の使われ方を阻害している」というアンリ・ルフェーブルの公共空間批判を取り上げ、同書においては「使う側の論理」で公共空間のあり方を考察している。数多くの事例・アイデア・関連制度が掲載され、このような個別解の集積が状況を変えていくのではないかと訴えている。

馬場正尊+OPEN A、学芸出版社、2013
Chapter 13

ひとの居場所をつくる
ランドスケープ・デザイナー
田瀬理夫さんの話をつうじて

田瀬理夫氏の作品、および著者と田瀬氏の対話を通して、「ひとが仕事をして、生活して、生きていくために、『居場所』をどうつくれば良いのか」があぶり出されている。「時間と手間をかけた空間の魅力」「地域に開放され、個人が自由に使える公共空間の豊かさ」「その場所固有の環境の大切さ」などが示されている。

西村佳哲、筑摩書房、2013

ストリートデザイン・マネジメント
公共空間を活用する
制度・組織・プロセス

近世日本では、間口が「道」に直接面した町家型住宅が普及し、道は地縁を育む場所として庶民に親しまれ、世情が安定した江戸中期以降は、都市生活の場としての道は大衆文化の舞台でもあった。しかし、明治以降、人びとの生活は道から切り離される。1970年代以降、道は「自分らしく過ごせる自由な広場のような空間」「居場所になる公園のような空間」として見直されていく。現在は、それよりも一歩踏み込んで、「人びとの生業に近い存在」「他者とも共有できる空間」としてデザイン・マネジメントされることが望まれている。

出口敦+三浦詩乃+中野卓編著、学芸出版社、2019

環境行動論

プレイスメイキング
アクティビティ・ファーストの都市デザイン

「これまでの都市計画は上空および外側からの目線で『建築→空間→活動』の優先順位で計画してきた。これでは、豊かな活動が生まれる可能性がなく、『活動→空間→建築』という順序で都市を計画することが原則である」というヤン・ゲールの指摘を受けて、著者は「アクティビティ・ファーストの都市デザイン」を提唱する。さらに著者は、多様な活動の受け皿となる街なかの公共空間を「人々の居場所＝プレイス」と呼び、都市において利用者がその場所の使い方や意味を自由に解釈できる「余白」的な機能を果たし、都市の多様性を受け入れ、地域の個性を顕在化させると述べている。

園田聡、学芸出版社、2019
Chapter 9

構築環境の意味を読む

著者は同書で、「設計者と一般人の、環境に対する反応のちがい」に着目し、「建築家が知覚的なことばにもとづき設計するのに対し、利用者は連想的なことばで建物を評価する」と述べ、設計者と利用者の間にある「ギャップ」を具体的に論じている。「構築環境の意味は誰のためにあるか？」という普遍的な問いに対して、建築家の職能をどう生かすべきかを環境行動論の視点から問うた大書。

エイモス・ラポポート著、花里俊廣訳、彰国社、2006

環境とデザイン

現代において建築は、企画→計画→設計（デザイン）→施工（工事）→維持管理という手順で進められ、それぞれの職能分化が進み、「生活者」は「建築の利用者」（ユーザー）という立場に落とし込められている。そのような状況に対して同書は、「人間は家を作る猿である」という言葉を投げかける。「生活者全てが建築の作り手」であり、現在の職能分化に至るには太古から気の遠くなるような長い時間の経過を必要としたことを示す。シリーズ「人間と建築」の3番目の書であるとともに、建築計画・設計（デザイン）を学ぶ初学者にとって、「環境行動論とは何か？」を知る最適の書。

高橋鷹志＋長澤泰＋西村伸也編、朝倉書店、2008
Chapter 1

文化・建築・環境デザイン

著者は、人の営みをサポートする環境を創造するためには、文化と構築形態の一致が必要であると述べている。この意味で、デザインの到達点あるいは目標は「ぴったりフィット」であるべきだが、文化と構築形態の関係は「ゆったりフィット」と言えるべきものであり、デザインはできるかぎり「オープンエンド」であるべきとしている。環境行動論の本質と役割をわかりやすく解説しながら、よりよい環境をデザインする際の留意点を教示してくれる同書は、建築を学ぶ学生にとっても、実務家にとっても、必読の書と言える。

エイモス・ラポポート著、大野隆造＋横山ゆりか訳、彰国社、2008

建物のあいだのアクティビティ

1990年刊行の『屋外空間の生活とデザイン』（鹿島出版会）の改訂・新装版。屋外活動には三つの型があり、「必要活動」「任意活動」「社会活動」があるとしている。「集中させるべきものは建物ではなく、人と出来事である」という著者の主張は、人びとのアクティビティの考察を都市計画や敷地計画のレベルにまで昇華させている。また、「ふれあいの濃度」というアプローチは「まちの居場所」を考えるうえで、必要不可欠な視点である。

ヤン・ゲール著、北原理雄訳、鹿島出版会、2011
Chapter 12, 13

サードプレイス
コミュニティの核になる「とびきり居心地よい場所」

1989年刊行の *The Great Good Place: Cafés, Coffee Shops, Bookstores, Bars, Hair Salons, and Other Hangouts at the Heart of a Community* (Da Capo Press, Boston, 1997)の待望の訳書。インフォーマルな公共のつどいの場。あらゆる人を受け入れて地元密着。人びとが出会って言葉を交わす場所。近所のあらゆる人を知っていて、近所のことを気にかけている人々（パブリックキャラクター）。オフィスワーカーのライフスタイルを想定した狭義の「サードプレイス」概念を超えた、コミュニティライフに不可欠な「良い場所」と「社会的なつながり」が豊富な実例とともに示されている。

レイ・オルデンバーグ著、忠平美幸訳、みすず書房、2013
Chapter 2, 9

人間の街
公共空間のデザイン

『パブリックライフ学入門』（鈴木俊治＋高松誠治＋武田重昭＋中島直人訳、鹿島出版会、2016年）とともに、1971年刊行の *Life Between Buildings: Using Public Space* (Island Press, London, 1971. 邦訳『建物のあいだのアクティビティ』）に続いて刊行されたヤン・ゲールの近年の邦訳書。近年、全国各地で行われているシンポジウム「プレイスメイキング」の理論的背景を構成する書。日本ではヒューマンスケールのまちづくりの目指すべき方向として紹介されている。

ヤン・ゲール著、北原理雄訳、鹿島出版会、2014

ヒュッゲ
365日「シンプルな幸せ」のつくり方

「世界で最も幸せな国」デンマークでは、「心と体の健康」「満たされた暮らし」生活の質を高めること」に関する研究が進んでいる。著者は「ハピネス・リサーチ研究所」を設立し、デンマーク語で「幸せな時間の過ごし方、またはその雰囲気」を表現する古典的な語である"hygge"（ヒュッゲ）に着目している。それがどのような家具、食物、飲物、建築空間であり、どのような生活・シーンを指すのかがわかりやすく説明されている。

マイク・ヴァイキング著、アーヴィン香苗訳、三笠書房、2017

まちづくり論

北欧流「ふつう」暮らしから よみとく環境デザイン

編者らは、環境行動論の視点から北欧の暮らしを見つめ、北欧諸国における「ふつう」「あたりまえ」が、日本における「普通」「当たり前」と異なっていることを示している。日本人にとって、憧れにも似た魅力を持っている北欧流の暮らし。環境行動研究者の研究と実体験を通して生き生きと描かれた「居場所」づくりや環境デザインを支える制度や社会システム。環境デザインだけでなく、生活学、住居学、比較文化論の入門書としても最適の書。

北欧環境デザイン研究会編、彰国社、2018

スローフードな人生!
イタリアの食卓から始まる

いまや一般的に広く知られている「スローフード」という言葉は、北イタリアの小さなまち「ブラ」で1986年に生まれたことは案外知られていない。当時は、ローマにマクドナルドの1号店がオープンし、「ファーストフード」が世界を席巻し始めた頃だ。同書は、その土地の風土や気候から生まれてくる料理を大切にすることで、食文化を見直し、後世に受け継いでいこうというコンセプトに満ちている。現代の「食育」を先駆けし、まちづくりにまで発展させた原点の書。

島村菜津、新潮社、2000
Chapter 8

公共空間の活用と賑わいまちづくり
オープンカフェ／朝市／屋台／イベント

日本の街路・公園・河川は、きちんと整備されているが、利用に対する制約が厳しく、魅力に乏しいものとなっている。同書は、既存の公共空間の積極的な利活用に向けて、公民連携で取り組む基本的な考え方を示し、「現行制度のもとでもここまでできる」という事例を紹介している。公民連携(PPP：Public-Private Partnership)のまちづくりを学ぶうえでの入門書。

都市づくりパブリックデザインセンター編著、篠原修+北原理雄+加藤源ほか著、学芸出版社、2007
Chapter 8, 9

コミュニティデザイン
人がつながるしくみをつくる

ランドスケープ・デザイナーという立場をはるかに超えて、実際にまちを歩き、まちについて議論したフィールドワークの書。そのような実践とワークショップから見えてきたことは、「コミュニティという社会そのものをデザインするということ」。一方で、「イベントがなくては人びとはつながれないのか？」という辛辣な課題も匂わせている。現在のコミュニティが抱える課題を、著者特有の軽いタッチで示した書。

山崎亮、学芸出版社、2011
Chapter 9

住み開き
家から始めるコミュニティ

「ひつじ不動産」「東京R不動産」などが展開する新しい住まいを紹介した書。同書では、徹底して「そこで生活する人々のアクティビティとイベント」が前面に出ており、それを包み込む「家」は舞台装置として後方に隠されている。生活者の若々しい感性が繰り広げる「ライフスタイル」が、「家というビルディングタイプ」を「シェアハウス」へと進化させ、「まちやコミュニティ」へと拡張される過程が生き生きと描かれている。

アサダワタル、筑摩書房、2012
Chapter 9

町の未来をこの手でつくる
紫波町オガールプロジェクト

少子高齢化、人口流出、地域コミュニティの変容といった切実な課題に直面する地方の小さなまち。2014年に刊行された増田寛也氏の『地方消滅　東京一極集中が招く人口急減』(中央公論新社)は、「日本には896の消滅可能性都市がある」と発表し、反響を呼んだ。岩手県紫波町は、そのような地方都市の逆境を跳ね返し、紫波町公民連携基本計画を立案し、紫波中央駅前に「オガールプラザ」「オガールベース」「オガール広場」「紫波町図書館」をつくり、まちを変えた。同書は、「紫波町オガールプロジェクトにおける公民連携(PPP)」のルポルタージュである。

猪谷千香、幻冬舎、2016
Chapter 9

マイパブリックとグランドレベル
今日からはじめるまちづくり

建築や都市が大好きな著者がまちを「居場所」として使いこなす様子がリアルに描かれ、ついには「居場所」づくりの実践として「喫茶ランドリー」をつくるに至る。そのプロセスが生き生きと描かれている。「1階づくりはまちづくり」「自然に生まれたコミュニティは居心地が良い」「どんな人も受け入れられる環境をつくりたい」「様々な種類の人たちが居合わせることができる」などの記述は、「居場所」づくりの方向性を示している。

田中元子、晶文社、2017
Chapter 9

社会学・心理学・教育学

ゆらぐ家族と地域

同書は、「子どもの居場所をどこにつくりだせるか」という問いに対して、戦後教育のすべてを問い直し、現代社会と家族・地域の教育力の再構築、子育ての課題解決に向かう方策をさぐっている。同書で佐藤一子氏は、子どもにとっての「地域の居場所」には、信頼できる大人、異年齢・異文化の仲間との出会いが重要な要件になっていることを示している。

佐伯胖+黒崎勲+佐藤学+田中孝彦+浜田寿美男+藤田英典編、岩波書店、1998
Chapter 1, 6

現代人の居場所

「東京シューレ」などの「まちの居場所」が取り上げられ、登校拒否、ホームレス、ジェンダーなどの問題だけでなく、バーチャルな居場所、盛り場が与える居場所感覚などが論じられ、地域に居場所が必要であることが強調されている。同書で「居場所」は、「社会的居場所」と「人間的居場所」に分類され、前者は「自分が他人によって必要とされている場所」、後者は「自分であることをとり戻すことのできる場所」であり、「そこに居ると安らぎを覚えたり、ほっとすることのできる場所」と分類されている。

藤竹暁編、至文堂、2000
Chapter 1

子ども・若者の居場所の構想
「教育」から「関わりの場」へ

同書では、「居場所」の意味として、「居場所は『自分』という存在感とともにある」「居場所は自分と他者との相互承認という関わりにおいて生まれる」「居場所は生きられた身体としての自分が、他者・事柄・物へと相互浸透的に伸び広がっていくことで生まれる」「同時にそれは世界(他者・事柄・物)の中での自分のポジションの獲得であるとともに、人生の方向性を生む」の四つが示されている。

田中治彦編著、学陽書房、2001
Chapter 1

ソーシャルデザインで社会的孤立を防ぐ
政策連動と公私連携

同書では、社会的孤立を防ぐための「ソーシャルデザイン」のあり方が論じられている。経済学者、介護政策研究者、住宅政策研究者、労働法の研究者など、他分野の専門家たちが協働し、異なる分野の政策連動が示されている。同書で東野定律氏は、「地域社会における居場所の必要性と役割」を論じ、「居場所」の分類とその意義について考察している。

藤本健太郎編著、ミネルヴァ書房、2014
Chapter 5

人間の居る場所

日本の郊外では、今まで住宅づくりばかりをしてきたが、今後はそこに「自分たちの地域に必要なもの」「働く場所」「遊ぶ場所」「子育ての場所」「お店」「自然」を、企業任せ、行政任せではなくて、市民自身がつくっていく必要があると述べられている。また、同書では、「東京ピクニッククラブ」を主催する伊藤香織氏が、「ピクニック体験を通して、自分の家のひきこもりの中だけでなく、公共空間での居心地の良さも自分の手で変えられる」「パブリックライフを自分で創造できる」ことを実感してほしいと述べ、「この場所をより良い場所にするために自分自身が関わっているという当事者意識に基づく自負心」を「シビックプライド」と定義している。

三浦展、而立書房、2016
Chapter 9

「居場所」づくりの実践論

場所でつながる／場所とつながる
移動する時代のクリエイティブなまちづくり

「コミュニティカフェや盛り場になぜひとは集まるのか?」「それらの場所の機能は何か?」などの端的な疑問を社会学の視点から読み解いている。「コワーキングスペース」や「アートまちづくり」についても、実例を詳細にルポルタージュしながら、人と人のつながり、そのための場所について論じている。

田所承己、弘文堂、2017
Chapter 9

心理臨床と「居場所」

臨床心理学者である著者は、「居場所」を「私」という主体が「居る」という「現象」としてとらえている。不登校やひきこもりを支援する際の「フリースクール」「適応指導教室」「中間施設」などの「居場所」が事例とともに紹介されている。精神科クリニックのデイケアなどで「居場所」の現場に携わってきた著者の博士論文がもとになった読み応えのある書。

中藤信哉、創元社、2017
Chapter 5

居場所づくりと社会つながり

「居場所」づくりの実践者が、「居場所は大人がつくるものなのか?」「居場所の中で留まっていて良いのか?」といった疑問を踏まえたうえで、「居場所」「参画」「社会つながり」という三つの概念の相互関係と整理が試みられている。子ども・若者が社会につながるうえで「居場所」が果たすべき役割について詳細に考察された良書。

子どもの参画情報センター編、萌文社、2004
Chapter 1

居場所のちから
生きてるだけですごいんだ

著者は、NPO法人「フリースペースたまりば」の理事長であり、不登校児童・生徒やひきこもり傾向にある若者、高校を中退した若者、様々な障害のある人たちとともに地域で育ち合う「居場所」をつくり、運営している。同書では、「場を固定にするか」「会費をどうするか」「スタッフがどうあるべきか」など、安定した「まちの居場所」として地域に存在し続けるための苦労と工夫がまとめられている。

西野博之、教育史料出版会、2006
Chapter 8

福祉住環境

コミュニティ・カフェをつくろう!

同書では、「人と人がつながることを大事にする」「行くとほっとできる場所」を総称して「コミュニティ・カフェ」と呼んでおり、そのつくり方を紹介している。また、編者である「長寿社会文化協会」(WAC)は、「ともに働き、社会に役立ち、元気に学び、もっと楽しもう」というスローガンのもとに活動しており、全国にコミュニティ・カフェを増やすための支援を行なっている。

WAC編、学陽書房、2007
Chapter 1, 9

多摩ニュータウン物語
オールドタウンと呼ばせない

都市計画・建築計画・住宅計画の分野で、約半世紀をかけて壮大な実験を繰り返してきた多摩ニュータウンの全貌を知るための良書。建設当初に一斉に入居した住民は年々高齢化し、住宅団地も年々老朽化する。そのような状況のなか、近隣センターの空き店舗を活用して運営されている「福祉亭」の意義が考察されている。

上野淳+松本真澄、鹿島出版会、2012
Chapter 1

子どもの参画
コミュニティづくりと身近な環境ケアへの参加のための理論と実際

同書は、国際的に重要度を増す環境問題と子どもの権利問題を関連させて解決しようとしている。著者は、子どもの参加する能力の発達に関して、教育界で普及しているピアジェの発達の理論を取り上げ、数学的論理的な知能を強調するだけでなく、違った文化・環境・社会階層に住む子どもは、違った資源に囲まれ、違った経験をしており、教育の内容も違うので、異なる時期に違った能力が現れると述べている。多くの子どもの参画事例が取り上げられるなか、日本の代表的な「冒険遊び場」である「羽根木プレーパーク」も取り上げられている。

ロジャー・ハート著、木下勇+田中治彦+南博文監修、IPA日本支部訳、萌文社、2000
Chapter 6

自宅でない在宅
高齢者の生活空間論

ある高齢者施設の入居者は「ここはどこですか?」との問いに、「ここは学校ですよ」と答える。日本の高齢者施設には「身の置き所」がない。入居者は何らかの理由で高齢者施設に生活の場を移さざるを得ず、彼らは失意と落胆に打ちひしがれ、無力感と戦いながら、たった一人で大集団と向き合わなくてはならない。日本の高齢者施設にユニットケアがまだなかった時代、「人間性の問題」に正面から向き合った著者の魂の書。ぜひ、「クリッパンの老人たち スウェーデンの高齢者ケア」(外山義、ドメス出版、1990年)と合わせて読んでほしい。

外山義、医学書院、2003
Chapter 4

エイジング・イン・プレイス
超高齢社会の居住デザイン

高齢者が、いままで生活していた馴染みのある環境から不慣れな場所へ転居するという「環境移行」を経験すると、生活能力低下や生活事故の要因となる。これを「トランスファーショック」と呼ぶ。「エイジング・イン・プレイス」とは、地域に住み続けながら幸福な高齢期の生活を送り、生活の質を維持していくことであり、そのためには、住み慣れた家だけではなく、親密な近隣コミュニティ、馴染みのある店や各種の施設などの「居場所」などが不可欠である。同書では、豊富な事例とともに、「住まいを住み継ぐ」「地域を住み継ぐ」方法が示されている。

大阪市立大学大学院生活科学研究科+大和ハウス工業総合技術研究所編著、学芸出版社、2009
Chapter 4

空き家・空きビルの福祉転用
地域資源のコンバージョン

地域に残存する空き家・空きビルのうち、利活用可能なポテンシャルを秘めている地域資源に着目し、積極的な福祉転用を図った37の事例が詳細にレポートされている。同書では、改修前後の平面図や改修費、福祉転用のための技術や制度、運用の状況、今後の課題などがまとめられており、これから福祉転用を実践しようとする人にとってのガイドラインとなっている。

日本建築学会編、学芸出版社、2012
Chapter 2, 7, 8

高齢社会につなぐ図書館の役割
高齢者の知的欲求と
余暇を受け入れる試み

近年の国内外の図書館の多様な取り組みが紹介されている。図書館情報学および図書館は、いまや高齢者だけではなく、障がい者や子ども、子育て支援、就労支援、移民への住民サービスなどの機能も担っている。超高齢社会を迎え、機能拡張と変貌を遂げる図書館情報学と図書館の解説書。

溝上智恵子+呑海沙織+綿抜豊昭編著、学文社、2012
Chapter 11

住みつなぎのススメ
高齢社会をともに住む・
地域に住む

同書では、「住みつなぐ住み方」を、「自らの住まいをまちに開く」「まちにもうひとつの住まいをつくる」「ともに住む住まいをつくる」という三つの方法が複合している12の事例を交えて解説している。超高齢社会を迎えた現在、これらの住み方、生き方は、「分かち合う豊かさ」「抱え込まないシンプルさ」という共通の新しい価値観が示されている。「まちの縁側クニハウス」「まちの学び舎ハルハウス」は、地域に対して住まいを開き、「もう一つの居場所」をつくり、地域との緩やかな関係をつくる試みである。また、「リブロニワース」は、自宅の書庫をまちに開き、歴史と文化を語り合う場をつくっている。

住総研高齢期居住委員会編著、萌文社、2012
Chapter 9

その他

福祉転用による建築・地域のリノベーション
成功事例で読みとく企画・設計・運営

国内外の異なる歴史や文化を持つ国々のさまざまな福祉転用の事例調査から見えてきた「福祉転用による建築と地域のリノベーション」がまとめられた書。福祉転用を取り巻く齟齬と障害にも切り込み、福祉制度や制度外事業、空き家所有者と事業者とのマッチング、福祉事業や不動産経営の課題など、建築計画・福祉住環境以外の分野を取り込みつつ進めていく必要性も論じられている。同書で紹介されている事例は「成功事例」であるが、「利用者の生活経験にもとづくリアルな要求と生活の場づくり」が福祉転用事業を成功に導いている。

森一彦+加藤悠介+松原茂樹+山田あすか+松田雄二編著、学芸出版社、2018
Chapter 2, 7, 8

近畿大学英語村
村長の告白

近畿大学のユニークな英語教育施設「英語村」の設立3周年を記念して発行された書。日本には「恥の文化」が根強く残っており、多くの若者は「他人に笑われることは恥ずべきこと」という意識を持っている。しかし、英語村に来て、英語村が繰り広げるイベントとアクティビティに参加して時を過ごすうちに、若者は「臆せず突破する能力」を身につけていく。建築デザインのコンセプトは「何もない大きな箱」。このことは、「建築の内で展開される人々の活動」が最も大切であり、「建築は、そのなかでおこるイベントやアクティビティへの期待を抱かせる、夢のあるメッセージ性を持つものでありたい」という考え方を示している。

北爪佐知子編著、閑文社出版、2010
Chapter 3

知の広場
図書館と自由

司書歴三十余年、数々の図書館リノベーションに携わってきた著者が、図書館の展望を鋭く見通している。巻末の「17の忘れてはならないポイント」は、図書館のみならず、市民や住民に開かれた「公共的な居場所」の計画、デザインのあり方を示している。「図書館に行かない人についての調査」を含むここ30年の図書館をめぐる状況が総括され、なぜ「アイデア・ストア」「サン・ジョバンニ図書館」が評判になっているかが生き生きと描かれている。

アントネッラ・アンニョリ著、萱野有美訳、みすず書房、2011
Chapter 11

建築―新しい仕事のかたち
箱の産業から場の産業へ

著者は、「新築」に過度に重点化したこれまでの日本の建築の仕事を「箱の産業」と呼び、新しい建築の仕事のかたちとして「場の産業」を示す。同書では、「アーツ千代田3331」「マルヤガーデンズ」などの建築事例、「リノベーションスクール」「住棟ルネッサンス事業」「建築病理学ナレッジベース」などの取り組みを通して、空間資源を「場」として成立させる人と組織、関係のデザイン、まちの管理と経営に言及し、「場」の産業の中に新しい経済を埋めこむことが今後の課題となると論じている。

松村秀一、彰国社、2013
Chapter 3

シェアをデザインする
変わるコミュニティ、ビジネス、クリエイションの現場

「場所」「もの」「情報」を「シェア」(共有)することで、これまで見えなかったコミュニティや人々のつながりという本質が見えてくる。さらに、それは新しいビジネスやクリエイションの場の創造に繋がっていく。同書では、建築家、デザイナー、クリエイター、起業家、社会学者などの立場や境界を越えて、「シェアのデザイン」に対する考え方と実例が紹介されている。シェアハウス、コワーキングスペースなど、次世代の「まちの居場所」を指し示す良書。

猪熊純+成瀬友梨+門脇耕三+中村航+浜田晶則編著、学芸出版社、2013
Chapter 12

つながる図書館
コミュニティの核をめざす試み

いまや、日本における公共図書館は、「無料貸本屋」をはるかに超えて、「課題解決型図書館」としてコミュニティをささえ、つなぎ、そだてる「情報拠点」に変貌している。その様子が、「武蔵野プレイス」「小布施町 まちとしょテラソ」「武雄市図書館」などのルポルタージュを通して描かれている。指定管理者制度やコミュニティデザインにも果敢に切り込む視点は、「まちの居場所」研究とも通底する。

猪谷千香、筑摩書房、2014
Chapter 3, 11

マイクロ・ライブラリー図鑑
全国に広がる個人図書館の活動と514のスポット一覧

「マイクロ・ライブラリーサミット2012」に参加した全国の私設図書館の主宰者の講演記録が掲載され、514か所の「マイクロ・ライブラリー」の活動が紹介されている。「個人の蔵書をまちに開き、閲覧や貸し出しを行う」「誰もが気軽にどこでも始められる」「自宅、オフィス、カフェ、ショップ、寺院、公共図書館などの固定的な場だけでなく、移動する場もある」。主宰者だけでなく、利用者も運営に参加し、地域コミュニティの活性化に寄与している」など、「マイクロ・ライブラリー」の現状がまとめられている。

礒井純充著、マイクロ・ライブラリーサミット2013実行委員会企画、まちライブラリー、2014
Chapter 3

まちライブラリーのつくりかた
本で人をつなぐ

カフェやオフィス、個人住宅から、病院、お寺、アウトドアまで、さまざまな場所にある本棚に人が集い、本を通じて自分を表現し、人と交流する。みんなでつくる図書館。それが「まちライブラリー」。その提唱者が、まちライブラリーの誕生と広がり、個人の思いと本が織りなす交流の場の持つ無限の可能性を伝えている。

礒井純充、学芸出版社、2015
Chapter 3

おわりに

　本書では、多様な展開を見せる「まちの居場所」に関して、12名の論者が「まちの居場所」の事例研究および実践活動を通した論考を展開したが、Chapter 3で鈴木毅が論じているように、すでに現代は「まちの居場所」が当事者によってつくり出される時代を迎えており、そのような「場」が全国各地で生まれている。

　したがって、本書の執筆者の視野には入っているものの、本書の執筆・編集時点で本書にて取り上げられなかった事例や、論考を加えるべき対象はまだ残されている。

　例えば、「子ども食堂」は、Chapter 1で田中康裕がその存在について触れているものの、事例として取り上げ、調査・研究することはできなかった。子ども食堂は、既存のビルディングタイプにはない「場」であり、空き家・空きビル・空き店舗を利活用して、地域のなかにつくられることが多い。本来は、ファーストプレイスである「いえ」こそ、家族が揃って食事をしつつ、温かい雰囲気のなかで、団欒が体験できる「場」であるべきだろう。しかし、そのような「場」が「いえ」の中にみつけられない、また、つくれない理由は、社会現象としての「孤食」や「貧困」であろう。このように、「居場所がない」という感覚や状況は、現代日本の老若男女が誰しも感じているところであるが、それを建築計画・都市計画の専門性・職能だけでは改善できないところまで来て

いることは周知の事実である。経済学者・社会学者・心理学者などの文系研究者、医療・福祉や社会制度を含めた専門家などが、適切に協働して研究し、公助・共助・自助をネットワーク化し、システム化していく必要がある。研究成果を研究対象建築物・研究対象エリアへ還元させる必要性は論を俟たない。

　一方で、すでに、朝日生命保険の支援による「こども食堂ネットワーク」(URL：http://kodomoshokudou-network.com/) が立ち上がり、全国の子ども食堂をつなぐ仕組みができている。子ども食堂に限らず、今後は、このように、個々の「場」をつなぎ、活性化するシステムが増えていき、個々の「まちの居場所」が発展していくことが望まれる。

　しかし、ここで、「現在の社会制度は、これら『まちの居場所』を十分にささえることができているか？」という命題に突き当たる。答えは「否」である。行政側は、「まちの居場所」をささえる支援や助成の制度を組み立てるフットワークが重い。したがって、(敢えて繰り返すが)鈴木が指摘するように、「当事者が日常生活上の必要性に応じて『場』をつくる」のだ。

　「子ども食堂」だけではない。全国各地に、「サ高住(サービス付き高齢者向け住宅)ニュータウン」と言える居住環境が形成されている。団塊の世代が後期高齢者となる2025年を見据え、郊外のニュータウンから都心の集合住宅への高齢世帯の転居がすでに

始まっている。その受け皿となる居住環境の周辺には、各種のアソシエーションの「場」が形成されている。例えば、医療・福祉施設、スポーツクラブ、ヨガ教室、囲碁・将棋クラブ、各種の店舗は、そのような高齢者のための「まちの居場所」になっている。

さらに、近年、多様な子育ての仕方をソーシャル・ネットワーキング・サービスが支援している。しかし、子育て世代のための「まちの居場所」の考察はいまだ不足していると言わざるを得ない。

加えて、近居・2拠点居住・週末居住・単身赴任・海外赴任などを含めた「多拠点ネットワーク居住」をささえる「まちの居場所」の事例研究・考察、コワーキングスペースの多様な展開、多様な働き方、多様な仕事のあり方を見据えた「働く場」としての「まちの居場所」の事例研究・考察も不足している。

また、新しいタイプの公園の使われ方、郊外型ショッピングモールの興味深い利用のされ方などは、まちにおける「現象」や「人びとのアクティビティ・イベント」が先行し、事例研究・考察が追いついていない。

このように、「まちの居場所」はまだまだ発展途上であり、丁寧にそれらの事例を研究し、論考を展開する必要がある。本書をまとめるにあたり、そうした事例を紹介できなかったことは遺憾ではあるが、今後の課題としたい。

なお、本書の執筆にあたり、執筆者の地道な「まちの居場所」に関する研究と実践、考察、執筆を支えてくださった数多くの方々にお礼を申し上げる。本書は、「まちの居場所」をみつけ、つくる人びとと、「まちの居場所」に居る人びとと、「まちの居場所」に関わる人びとのそれぞれのご尽力なくしては成立しなかった。重ねて心より御礼申し上げる。

また、本書の編集にあたり、力足らずの編者を長い目で支援して下さった鹿島出版会の橋口聖一氏にお礼を申し上げる。

最後に、本書は、「まちの居場所」の事例紹介であるとともに、各章が独立した論考であり、各執筆者の研究活動・実践活動の産物であることを特記しておきたい。各執筆者の今後の活動が実を結び、「まちの居場所」が増え、発展していくことを心から願っている。

日本建築学会建築計画委員会
環境行動研究小委員会
「まちの居場所」研究ワーキンググループ
主査 林田大作

執筆者略歴

石井 敏
いしい・さとし

東北工業大学建築学部建築学科教授
建築計画・福祉施設計画・環境行動学
1969年米国生まれ。東北大学大学院博士前期課程修了、1997〜2000年ヘルシンキ工科大学大学院、2001年東京大学大学院博士後期課程修了。博士（工学）。2001年より東北工業大学講師、2010年より現職。2001年日本建築学会奨励賞。
主な著書に『グループホーム読本 痴呆性高齢者ケアの切り札』『小規模多機能ホーム読本 地域包括ケアの切り札』（ともに共著、ミネルヴァ書房）、『施設から住まいへ 高齢期の暮らしと環境』（共著、厚生科学研究所）、『認知症ケア環境事典 症状・行動への環境対応Q&A』（共著、ワールドプランニング）など。

垣野義典
かきの・よしのり

東京理科大学理工学部建築学科准教授
建築計画・教育施設計画・環境行動論
1975年京都市生まれ。東京理科大学大学院理工学研究科建築学専攻修了、東京大学大学院工学研究科建築学専攻修了。博士（工学）。東京理科大学理工学部建築学科助教、フィンランド・アアルト大学（旧ヘルシンキ工科大学）客員研究員、豊橋技術科学大学建築・都市システム学系准教授を経て2016年から現職。2014年日本建築学会奨励賞。
主な著書に『北欧流「ふつう」暮らしからよみとく環境デザイン』（共編著、彰国社）、『まちの居場所 まちの居場所をみつける／つくる』（共著、東洋書店）など。

小林健治
こばやし・けんじ

摂南大学理工学部建築学科准教授
建築計画・建築設計・環境デザイン
1977年中津市生まれ。大阪大学大学院博士後期課程修了。博士（工学）、一級建築士。遠藤剛生建築設計事務所、摂南大学理工学部建築学科講師を経て、2018年より現職。

小松 尚
こまつ・ひさし

名古屋大学大学院環境学研究科教授
建築計画・居場所論・まちづくり
1966年生まれ。名古屋大学大学院工学研究科建築学専攻前期課程修了。博士（工学）、一級建築士。2020年より現職。2021年日本建築学会著作賞。
主な著書に『「地区の家」と「屋根のある広場」 イタリア発・公共建築のつくりかた』（共著、鹿島出版会）、Towards the implementation of the new urban agenda: contributions from Japan and Germany to make cities more environmentally sustainable（分担執筆、Springer）、『まちの居場所 まちの居場所をみつける／つくる』（共著、東洋書店）など。公共建築計画・運営への指導・助言として「いなべ市石榑小学校」（第12回公共建築賞優秀賞）、「亀山市川崎小学校」「松阪市鎌田中学校」など。

鈴木 毅
すずき・たけし

近畿大学建築学部建築学科教授
建築計画・環境行動研究・建築環境デザイン
1957年豊橋市生まれ。東京大学大学院修士課程修了、博士課程単位取得退学。東京大学助手、大阪大学准教授を経て2014年から現職。博士（工学）。主な研究テーマは「人の居方からの環境デザイン」「当事者が造る新しい地域の場」「生態幾何学による建築デザイン」。千里ニュータウン研究・情報センター（ディスカバー千里）共同代表。
主な著書に『かたちのデータファイル デザインにおける発想の道具箱』（共著、彰国社）、『建築計画読本』（共著、大阪大学出版会）、『環境と行動』（共著、朝倉書店）、『まちの居場所 まちの居場所をみつける／つくる』（共著、東洋書店）など。

橘 弘志
たちばな・ひろし

実践女子大学生活科学部生活環境学科教授
建築計画学・高齢者居住環境計画・環境行動学
1965年生まれ。東京大学大学院工学系研究科博士課程中途退学。博士（工学）、一級建築士。早稲田大学人間科学部助手、千葉大学工学部助手、実践女子大学生活科学部助教授を経て、2011年より現職。
主な著書に『北欧流「ふつう」くらしからよみとく環境デザイン』（共著、彰国社）、『こどもの環境づくり事典』（共著、青弓社）、『まちの居場所 まちの居場所をみつける／つくる』（共著、東洋書店）など。

田中康裕
たなか・やすひろ

Ibasho Japan代表
建築計画・環境行動論
1978年八幡市生まれ。2007年大阪大学大学院博士後期課程修了。博士（工学）。大阪府の千里ニュータウンで居場所、アーカイブの研究・実践を行い、2012年より千里ニュータウン研究・情報センター事務局長（〜現在）。大阪大学大学院特任研究員、清水建設技術研究所研究員を経て、2013年から岩手県大船渡市で居場所ハウスの運営・調査に携わる（〜現在）。2014年からワシントンD.C.のIbashoがフィリピン、ネパールで進めるプロジェクトをサポート。2018年から現職。主な著書に『わたしの居場所、このまちの。：制度の外側と内側から見る第三の場所』（水曜社）など。

林田大作
はやしだ・だいさく

畿央大学健康科学部人間環境デザイン学科教授
建築計画・建築設計・環境行動論
1967年大阪市生まれ。東北大学大学院博士前期課程修了、大阪大学大学院博士後期課程修了。博士（工学）。大林組設計部、和歌山大学講師・准教授、大阪工業大学准教授を経て、2021年より現職。
主な著書に『名作住宅で学ぶ建築製図』『建築設計学I 住宅の設計を学ぶ』（ともに共著、学芸出版社）、『まちの居場所 まちの居場所をみつける／つくる』（共著、東洋書店）など。主な作品に「TCセンター」「キヤノン販売品川本社ビル」（ともに共同設計）、「櫻町珈琲店」「ル・フルドヌマン〜櫻町 吟〜」（ともに設計監修、奈良県景観デザイン賞2018活動賞）など。

松原茂樹
まつばら・しげき

大阪大学大学院工学研究科地球総合工学専攻准教授
建築計画・環境行動学
1976年生まれ。大阪大学大学院博士後期課程修了。博士（工学）、一級建築士。2006年より現職。
著書に『まちの居場所 まちの居場所をみつける／つくる』（共著、東洋書店）、『空き家・空きビルの福祉転用 地域資源のコンバージョン』『福祉転用による建築・地域のリノベーション 成功事例で読みとく企画・設計・運営』（ともに共著、学芸出版社）、『利用者本位の建築デザイン 事例でわかる住宅・地域施設・病院・学校』（共著、彰国社）など。

三浦 研
みうら・けん

京都大学大学院工学研究科建築学専攻教授
建築計画・環境行動学
1970年広島市生まれ。1998年京都大学大学院博士後期課程修了。博士（工学）。京都大学助手、大阪市立大学准教授・教授を経て現職。2004年日本建築学会奨励賞、2012年住総研研究選奨（共同）、2018年建築学会著作賞（共同）。
主な著書に『小規模多機能ホーム読本 地域包括ケアの切り札』（共著、ミネルヴァ書房）、『いきている長屋 大阪市大モデルの構築』（共著、大阪公立大学共同出版会）。訳書に『環境デザイン学入門 その導入過程と展望』（鹿島出版会）。計画・設計に関わった主な作品に「グループハウス尼崎」「ニッケてとて加古川」「ニッケあすも市川」など。

厳 爽
やん・しゅあん

宮城学院女子大学生活科学部教授
建築計画・医療福祉施設設計論・環境行動学
1970年中国・北京市生まれ。1992年中国礦業大学建築学科卒業、2001年東京大学大学院博士後期課程修了。博士（工学）。2004年より宮城学院女子大学助教授、2011年より現職。2006年日本建築学会奨励賞。2012〜2013年ヘルシンキ市ヘルスケアセンター客員研究員。
主な著書に『認知症ケア環境事典 症状・行動への環境対応Q&A』（共著、ワールドプランニング）、『建築のサプリメント とらえる・かんがえる・つくるためのツール』『北欧流「ふつう」暮らしからよみとく環境デザイン』（ともに共著、彰国社）、『福祉転用による建築・地域のリノベーション 成功事例で読みとく企画・設計・運営』（共著、学芸出版社）など。

吉住優子
よしずみ・ゆうこ

帝塚山大学現代生活学部居住空間デザイン学科研究員
建築計画・環境行動研究
1975年福岡県生まれ。大阪市立大学大学院博士前期課程修了、大阪大学大学院博士後期課程修了。博士（工学）。大阪大学大学院工学研究科特任研究員を経て、2018年より現職。
主な著書に『まちの居場所 まちの居場所をみつける／つくる』（共著、東洋書店）、『最短で学ぶJW_CAD建築製図』『最短で学ぶVectorworks 建築製図とプレゼンテーション』（ともに共著、学芸出版社）など。

まちの居場所
ささえる／まもる／そだてる／つなぐ

2019年9月20日　第1刷発行
2021年9月25日　第3刷発行

編者　　　日本建築学会

発行者　　坪内文生

発行所　　鹿島出版会
　　　　　〒104-0028 東京都中央区八重洲2-5-14
　　　　　電話03-6202-5200　振替 00160-2-180883

印刷・製本　壮光舎印刷

デザイン　　高木達樹（しまうまデザイン）

©Architectural Institute of Japan 2019, Printed in Japan
ISBN 978-4-306-04675-7 C3052

落丁・乱丁本はお取り替えいたします。
本書の無断複製（コピー）は著作権法上での例外を除き禁じられています。
また、代行業者等に依頼してスキャンやデジタル化することは、
たとえ個人や家庭内の利用を目的とする場合でも著作権法違反です。

本書の内容に関するご意見・ご感想は下記までお寄せください。
URL: http://www.kajima-publishing.co.jp/
e-mail: info@kajima-publishing.co.jp